高职高专测绘类专业“十二五”规划教材·规范版

教育部测绘地理信息职业教育教学指导委员会组编

摄影测量与遥感

主　编　刘广社

副主编　高　琼　张　丹

WUHAN UNIVERSITY PRESS

武汉大学出版社

图书在版编目(CIP)数据

摄影测量与遥感/刘广社主编;高琼,张丹副主编 .—武汉:武汉大学出版社,2013. 3(2021.1 重印)

高职高专测绘类专业“十二五”规划教材 · 规范版

ISBN 978-7-307-10516-4

Ⅰ.摄…　Ⅱ.①刘…　②高…　③张…　Ⅲ. 摄影测量—遥感技术—高等职业教育—教材　Ⅳ.P23

中国版本图书馆 CIP 数据核字(2013)第 027624 号

责任编辑:李汉保　　责任校对:王　建　　版式设计:马　佳

出版发行:**武汉大学出版社**　(430072　武昌　珞珈山)

(电子邮箱:cbs22@ whu.edu.cn 网址:www.wdp.com.cn)

印刷:武汉科源印刷设计有限公司

开本:787×1092　1/16　印张:14　字数:325 千字　插页:1

版次:2013 年 3 月第 1 版　2021 年 1 月第 7 次印刷

ISBN 978-7-307-10516-4/P · 216　定价:29. 00 元

高职高专测绘类专业“十二五”规划教材·规范版
编审委员会

序

武汉大学出版社根据高职高专测绘类专业人才培养工作的需要，于 2011 年和教育部高等教育高职高专测绘类专业教学指导委员会合作，组织了一批富有测绘教学经验的骨干教师，结合目前教育部高职高专测绘类专业教学指导委员会研制的“高职测绘类专业规范”对人才培养的要求及课程设置，编写了一套《高职高专测绘类专业“十二五”规划教材·规范版》。该套教材的出版，顺应了全国测绘类高职高专人才培养工作迅速发展的要求，更好地满足了测绘类高职高专人才培养的需求，支持了测绘类专业教学建设和改革。

当今时代，社会信息化的不断进步和发展，人们对地球空间位置及其属性信息的需求不断增加，社会经济、政治、文化、环境及军事等众多方面，要求提供精度满足需要，实时性更好、范围更大、形式更多、质量更好的测绘产品。而测绘技术、计算机信息技术和现代通信技术等多种技术集成，对地理空间位置及其属性信息的采集、处理、管理、更新、共享和应用等方面提供了更系统的技术，形成了现代信息化测绘技术。测绘科学技术的迅速发展，促使测绘生产流程发生了革命性的变化，多样化测绘成果和产品正不断努力满足多方面需求。特别是在保持传统成果和产品的特性的同时，伴随信息技术的发展，已经出现并逐步展开应用的虚拟可视化成果和产品又极好地扩大了应用面。提供对信息化测绘技术支持的测绘科学已逐渐发展成为地球空间信息学。

伴随着测绘科技的发展进步，测绘生产单位从内部管理机构、生产部门及岗位设置，进而相关的职责也发生着深刻变化。测绘从向专业部门的服务逐渐扩大到面对社会公众的服务，特别是个人社会测绘服务的需求使对测绘成果和产品的需求成为海量需求。面对这样的形势，需要培养数量充足，有足够的理论支持，系统掌握测绘生产、经营和管理能力的应用性高职人才。在这样的需求背景推动下，高等职业教育测绘类专业人才培养得到了蓬勃发展，成为了占据高等教育半壁江山的高等职业教育中一道亮丽的风景。

高职高专测绘类专业的广大教师积极努力，在高职高专测绘类人才培养探索中，不断推进专业教学改革和建设，办学规模和专业点的分布也得到了长足的发展。在人才培养过程中，结合测绘工程项目实际，加强测绘技能训练，突出测绘工作过程系统化，强化系统化测绘职业能力的构建，取得很多测绘类高职人才培养的经验。

测绘类专业人才培养的外在规模和内涵发展，要求提供更多更好的教学基础资源，教材是教学中的最基本的需要。因此面对“十二五”期间及今后一段时间的测绘类高职人才培养的需求，武汉大学出版社将继续组织好系列教材的编写和出版。教材编写中要不断将测绘新科技和高职人才培养的新成果融入教材，既要体现高职高专人才培养的类型层次特征，也要体现测绘类专业的特征，注意整体性和系统性，贯穿系统化知识，构建较好满足现实要求的系统化职业能力及发展为目标；体现测绘学科和测绘技术的新发展、测绘管理与生产组织及相关岗位的新要求；体现职业性，突出系统工作过程，注意测绘项目工程和生产中与相关学科技术之间的交叉与融合；体现最新的教学思想和高职人才培养的特色，在传统的教材基础上勇于创新，按照课程改革建设的教学要求，让教材适应于按照“项目教学”及实训的教学组织，突出过程和能力培养，具有较好的创新意识。要让教材适合高职高专测绘类专业教学使用，也可提供给相关专业技术人员学习参考，在培养高端技能应用性测绘职业人才等方面发挥积极作用，为进一步推动高职高专测绘类专业的教学资源建设，作出新贡献。

按照教育部的统一部署，教育部高等教育高职高专测绘类专业教学指导委员会已经完成使命，停止工作，但测绘地理信息职业教育教学指导委员会将继续支持教材编写、出版和使用。

教育部测绘地理信息职业教育教学指导委员会副主任委员

赵文亮

二〇一三年一月十七日

前　　言

本书是根据国家教育部高职高专摄影测量与遥感技术专业、工程测量技术专业、地籍测绘与土地管理信息技术专业、地理信息系统与地图制图技术专业和测绘与地理信息技术专业的摄影测量和遥感课程教学大纲的要求，同时结合摄影测量与遥感技术在各项工程中的应用与技术的最新发展，以及各兄弟院校对教材提出的宝贵建议编写而成。本书可以作为高职高专院校测绘工程专业的教材，也可以供其他非测绘工程专业摄影测量与遥感技术课程选用。

随着科学技术的不断进步，摄影测量技术的发展经历了模拟摄影测量、解析摄影测量、数字摄影测量等不同阶段，各种航空航天拍摄平台技术不断涌现，影像处理技术也不断更新与发展。本书剔除部分模拟阶段的陈旧过时内容，又考虑到知识内容的承前启后与循序渐进，以摄影测量与遥感技术的发展切入，通过单张航片与立体像对基本知识的讲解，逐步引入到航空摄影测量外业、数字摄影测量与遥感图像处理的应用上来。

全书共分 7 章，第 1 章到第 3 章由黄河水利职业技术学院刘广社编写，第 4 章由石家庄学院张兵编写，第 5 章由黄河水利职业技术学院高琼编写，第 6 章由黄河水利职业技术学院张丹编写，第 7 章由辽宁工程技术大学高职学院卜丽静编写。

由于作者水平有限，加之时间仓促，书中难免存在诸多不足与不妥之处，敬请读者批评指正。

作　者

2013 年 1 月 1 日

目　　录

第1章 绪　论

【教学目标】

学习本章，应掌握摄影测量的主要任务和特点；理解摄影测量与遥感的定义，摄影测量与遥感的发展历程；了解摄影测量与遥感的分类方法。

1.1 摄影测量与遥感的定义和任务

摄影测量与遥感是影像信息获取、处理、提取和成果表达的一门信息科学。

传统的摄影测量学是利用光学摄影机摄取的像片，研究和确定被摄物体的形状、大小、位置、性质和相互关系的一门科学和技术。其内容包括：获取被摄物体的影像，研究单张和多张像片影像处理的理论、方法、设备和技术，以及将所测得的成果如何以图解形式或数字形式表示出来。

摄影测量的主要任务是测制各种比例尺地形图、建立地形数据库，并为各种地理信息系统(geographic information system，GIS)和土地信息系统(land information system，LIS)提供基础数据。因此，摄影测量在理论、方法和仪器设备方面的发展都受到地形测量、地图制图、数字测图、测量数据库和地理信息系统的影响。

摄影测量的主要特点是在像片上进行量测和解译，无需接触被摄物体本身，因而很少受自然环境和地理条件的限制。像片及其他各种类型影像均是客观物体或目标的瞬间真实反映，人们可以从中获得所研究物体的大量几何信息和物理信息。

现代航天技术和计算机技术的飞速进步，使得摄影测量的学科领域更加扩大了。可以这样说，只要物体能够被摄成影像，都可以使用摄影测量技术，以解决某一方面的问题。这些被摄物体可以是固体的、液体的，也可以是气体的；可以是静态的，也可以是动态的；可以是微小的(细胞)，也可以是巨大的(宇宙星体)。这些灵活性使得摄影测量成为可以多方面应用的一种测量手段和数据采集与分析的方法。

由于具有非接触传感的特点，自20世纪70年代以来，从侧重于解译和应用的角度，又提出了“遥感”这一概念。在遥感技术中，影像的获取除了传统的框幅式胶片摄影机外，还使用全景摄影机、光机扫描仪(红外、多光谱)、电荷耦合器件(charge coupled device，CCD)、固体扫描仪及合成孔径测视雷达(synthetic aperture radar，SAR)等，这些高新技术提供了比黑白像片丰富得多的影像信息。各种空间飞行器作为传感平台，围绕地球长期运转，为人们提供大量的多时相、多光谱、多分辨率的丰富影像信息，传统的摄影测量发展成为了摄影测量与遥感。为此，国际摄影测量与遥感学会(International Society for Photogrammetry and Remote Sensing，ISPRS)于1988年在日本京都召开的第十六届大会上作出定义："摄影测量与遥感乃是对非接触传感器系统获得的影像及其数字表达进行记录、量测和解译，从而获得自然物体和环境的可靠信息的一门工艺、科学和技术。"

摄影测量的分类有多种。按摄影机与被摄物体距离的远近分类，可以分为航天摄影测量、航空摄影测量、地面摄影测量、近景摄影测量以及显微摄影测量。按用途分类，可以分为地形摄影测量、非地形摄影测量。其中，地形摄影测量主要用于测绘国家基本地形图，工程勘察设计和城镇、农业、林业、铁路、交通等各部门的规划与资源调查用图及建立相应的数据库；而非地形摄影测量是将摄影测量方法用于解决资源调查、变形观测、环境监测、军事侦察、弹道轨道、爆破，以及工业、建筑、考古、地质工程、生物和医学等各方面的科学技术问题。按技术处理手段分类，摄影测量可以分为模拟摄影测量、解析摄影测量和数字摄影测量，其中模拟摄影测量的成果为各种图件(地形图、专题图等)，解析摄影测量和数字摄影测量除可以提供各种图件外，还可以直接为各种数据库和地理信息系统提供基础地理信息。

1.2 摄影测量与遥感的发展

摄影测量与遥感经历了模拟摄影测量、解析摄影测量和数字摄影测量三个发展阶段。

1.2.1 模拟摄影测量

模拟摄影测量是用光学机械的方法模拟摄影时的几何关系，通过对航空摄影过程的几何反转，由像片重建一个缩小了的所摄物体的几何模型，对几何模型进行量测便可得出所需的图形，如地形原图。模拟摄影测量是最直观的一种摄影测量，也是延续时间最久的一种摄影测量。自从1859年法国陆军上校(A. Laussedat)在巴黎试验用像片测制地形图获得成功，从而诞生了摄影测量技术以来，除最初的手工量测以外，主要是致力于模拟解算的理论方法和设备研究。在人类发明飞机以前，虽然借助气球和风筝也取得了空中拍摄的照片，但是并未形成真正意义上的航空摄影测量。在人类发明飞机以后，特别是第一次世界大战，加速了航空摄影测量事业的发展，模拟摄影测量的技术方法也由地面摄影测量发展到航空摄影测量的阶段。

1.2.2 解析摄影测量

解析摄影测量是伴随电子计算机技术的出现而发展起来的一门高新技术。这项技术始于20世纪50年代末，完成于20世纪80年代，解析摄影测量是依据像点与相应地面点间的数学关系，用电子计算机解算像点与相应地面点的坐标和进行测图解算的技术。在解析摄影测量中利用少量的野外控制点、加密测图用的控制点或其他用途的更加密集的控制点的工作，称为解析空中三角测量。由电子计算机实施解算和控制进行测图则称之为解析测图。相应的仪器系统称为解析测图仪。解析空中三角测量俗称电算加密。电算加密和解析测图仪的出现，是摄影测量进入解析摄影测量阶段的重要标志。

1.2.3 数字摄影测量

数字摄影测量则是以数字影像为基础，用电子计算机进行分析和处理，确定被摄物体的形状、大小、空间位置及其性质的技术，数字摄影测量具有全数字的特点。一张影像连续变化的像片可以定义为一组离散的二维的灰度矩阵，每个矩阵元素的行列序号代表这个矩阵在像片中的位置，元素的数值是像片的灰度，矩阵元素在像片中的面积很小，如：13μm×13μm，25μm×25μm，50μm×50μm 等，称为像元(pixel)。数字影像的获取方式有两种，一是由数字式遥感器在摄影时直接获取，二是通过对像片的数字化扫描获取。对已获取的数字影像进行预处理，使之适于判读与量测，然后在数字摄影测量系统中进行影像匹配和摄影测量处理，便可以得到各种数字成果，这些成果可以输出成图形、图像，也可以直接应用。数字摄影测量适用性很强，能处理航空像片、航天像片和近景摄影像片等各种资料，能为地图数据库的建立与更新提供数据，能用于制作数字地形模型、数字地球。数字摄影测量是地理信息系统获取地面数据的重要手段之一。

20 世纪 90 年代，数字摄影测量系统进入实用化阶段，并逐步替代传统的摄影测量仪器和作业方法。

数字摄影测量与模拟摄影测量、解析摄影测量的最大区别在于：数字摄影测量处理的原始资料是数字影像或数字化影像，数字摄影测量最终是以计算机视觉代替人的立体观测，因而数字摄影测量所使用的仪器最终将只是通用计算机及其相应外部设备；其产品是数字形式的，传统的产品只是该数字产品的模拟输出。表 1-1 列出了摄影测量三个发展阶段的特点。

表 1-1　　摄影测量三个发展阶段的特点

发展阶段	原始资料	投影方式	仪器	操作方式	产品
模拟摄影测量	像片	物理投影	模拟侧图仪	作业员手工	模拟产品
解析摄影测量	像片	数字投影	解析测图仪	机助作业员操作	模拟产品 数字产品
数字摄影测量	像片 数字影像 数字化影像	数字投影	计算机	自动化操作 + 作业员的干预	数字产品 模拟产品

【习题和思考题】

1. 摄影测量的任务和特点是什么？
2. 摄影测量与遥感的分类有哪些？
3. 摄影测量的三个发展阶段及其特点各是什么？
4. 摄影测量具有哪些优越性？
5. 数字摄影测量与传统摄影测量的根本区别是什么？

第 2 章　单张像片的基本知识

【教学目标】

学习本章，应掌握航空像片的获取及技术要求，中心投影的基本知识，透视变换中的特别点、线、面，共线方程；理解摄影测量中常用的坐标系统，航摄像片的内方位元素和外方位元素，像点位移，像片比例尺；了解摄影的基本知识。

2.1　摄影的基本知识

摄影测量是在物体的影像上进行量测与解译，因此，首先要对被研究的物体进行摄影，以获得被研究对象的影像。由于摄影测量是利用立体影像进行观测，测量中为了获得较高精度，所以对摄影有一些特殊要求，对影像存在的各种系统误差也要进行改正。

2.1.1　摄影原理

根据小孔成像原理，用一个摄影物镜代替小孔，在成像平面处放置感光材料，物体的投射光线经摄影物镜后聚焦于感光材料上，感光材料受成像光线的光化学作用后生成潜像，再经摄影处理得到光学影像，这一过程称为摄影。摄影的主要工具是摄影机。感光材料有正性和负性之分，负性感光材料多用于摄影，曝光后的负性感光材料经摄影处理后所得影像；对黑白摄影而言，黑白灰度与被摄物的明亮程度相反，故这类像片称为负片，习惯上也称为底片。正性感光材料多用于晒印像片，影像的黑白灰度由负片反转过来，其影像的黑白灰度与被摄物的明亮程度一致，所以这类像片习惯上称为正片。

2.1.2　摄影机

摄影机按使用目的可以分为专业摄影机和普通摄影机两大类。量测用的摄影机属专业摄影机，专业摄影机能摄取适合摄影测量用的像片；普通摄影机是指日常生活中用来摄取生活照片或其他用的摄影机。

1. 普通摄影机

摄影机的结构形式种类繁多，其基本结构大致相同，摄影机可以由镜箱和暗箱两个基本部分组成，一般由物镜（镜头）、光圈、快门、暗箱、检影器及附加装置组成。其结构如图 2-1 所示。

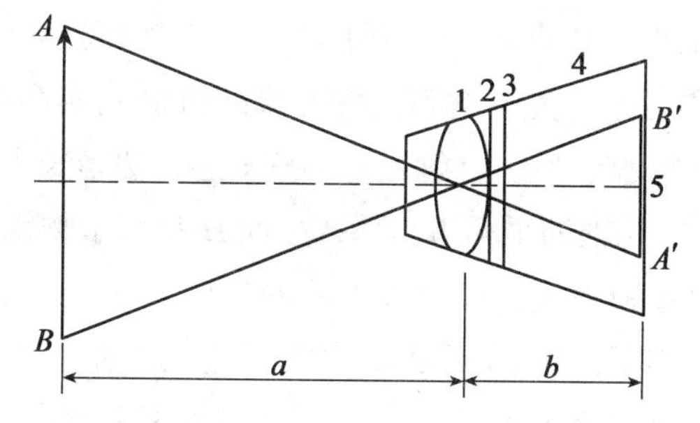

1—镜头；2—光圈；3—快门；4—暗盒；5—检影器

图 2-1　摄影机基本结构示意图

将摄影机的物镜、光圈、快门等光学部分与暗箱连接起来的部件称为镜箱，镜箱体是一个可以调节摄影物镜与像框平面之间距离的封闭筒。暗箱是存放感光材料用的，安装在镜箱体的后面，摄影时借助机械或其他装置的作用，使感光材料展平并紧贴在像框平面上。像框平面就是光线通过摄影物镜后的成像平面。镜箱体和暗箱都必须密闭不得漏光。普通摄影机的镜箱和暗箱是连成一体的。而量测用的摄影机镜箱和暗箱是可以分开的，专业摄影机一般备有多个暗箱，临摄影前装在镜箱体的后面，在摄影间歇过程中可以调换备用暗箱。

(1)摄影物镜。摄影机物镜是一个复杂的光学系统，该系统是由多个透镜组合而成。在摄影时起成像和聚光作用，摄影机物镜能聚集被摄物体较多的投射光线，使得像框平面上的影像有较高的亮度。被摄物体影像的质量主要取决于摄影物镜的品质。单透镜物镜有各种像差，为克服像差的影响，一般摄影机物镜都是由若干个透镜组合而成。透镜两球面曲率中心的连线是透镜的光轴，物镜光学系统中诸透镜的光轴应重合为一，即为物镜的主光轴。

根据几何光学，若物方空间有一组平行于主光轴的光线，经物镜诸透镜界面折射后必相交于主光轴 F'点，F'点是在像方空向，故称为像方焦点或后焦点；而一组与主光轴斜交的投射光线，经物镜折射后若为平行于主光轴的平行线组，那么该组投射光线则必然相交于主光轴的 F 点上，此点称为物方焦点或前焦点，如图 2-2 所示。

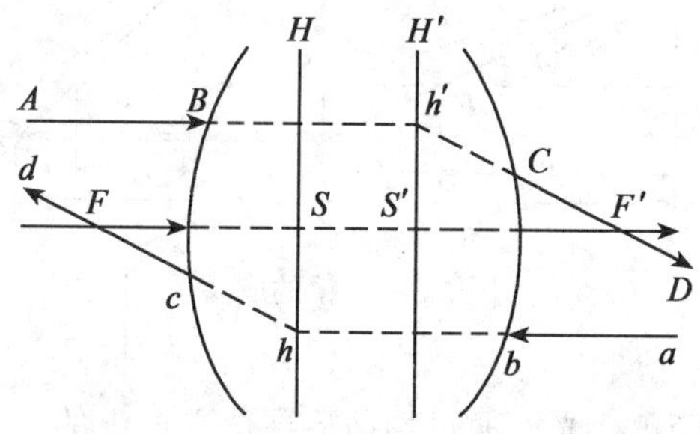

图 2-2　物镜主光轴、焦点、主点

假定物方空间有一平行于主光轴的光线 AB，经物镜诸透镜界面折射后得折射光线 CD，并相交于主光轴上的像方焦点 F'点，延长 AB 和 CD 相交于点 h'，过 h'作垂直于主光轴的平面 H'，将会发现平行于主光轴的各投射光线的折射光线都在平面 H'上发生折射现象。同样，当投射光线从物镜的另一方射入时，按上述方法延长入射光线和折射光线相交 h 点，并过 h 点作垂直于主光轴的平面 H，那么平面 H 相当于物镜的另一个折射面。综上所述，无论物镜由多少个透镜组成，经过多少次的折射，其结果都相当于在平面 H 和 H' 上发生折射，由此，可以用平面 H 和平面 H'作为研究光学物镜系统特性的等价物镜。特别应提出的是，在两主平面 H 和平面 H'之间的光线途径总是平行的。平面 H 和平面 H'将空间分为两部分，物体所处在的空间称为物方空间，影像所处在的空间称为像方空间。因此，平面 H 和平面 H'相应地称为物方主平面和像方主平面。主平面 H 和主平面 H'与物镜主光轴的交点 S 和 S'也相应称为物方主点和像方主点。

自像方主点 S'到像方焦点 F'之间的距离称为物镜的像方焦距，也用 F'表示；相应地自物方主点 S 到物方焦点 F 之间的距离称为物方焦距，仍用 F 表示。过像方焦点作垂直主光轴的平面称为焦平面。

上述的像空间和物空间、像方主点和物方主点、像方主平面和物方主平面、像方焦点和物方焦点以及像方焦距和物方焦距等都是相互对应的。

(2)物镜的成像公式。在图 2-3 中，物方主平面 H 到物点 A 的距离 D 称为物距；像方主平面 H'到像点 a 的距离 d 称为像距。物镜的焦距为 f，则

$$\frac{1}{D}+\frac{1}{d}=\frac{1}{f} \tag{2-1}$$

式(2-1)称为物镜构像公式。式(2-1)表示一个物点发出的所有投射光线，经理想物镜后所有对应的折射光线仍然会聚于一个像点上，则这个像点是清晰的。若物距和像距分别取焦点 F 和 F'为起算点，相应的物距和像距用 X 和 x 表示，则得构像公式的另一种形式

$$X \cdot x=f^{2} \tag{2-2}$$

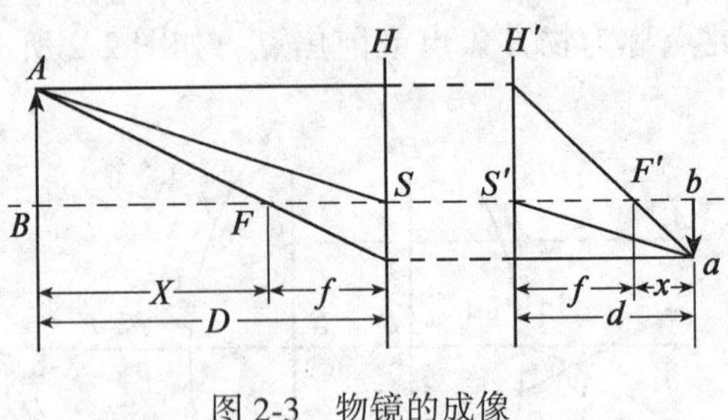

图 2-3　物镜的成像

(3)物镜的像场和像场角。光线通过物镜后在像平面上的光照是不均匀的，照度由中央向边缘递减。若将物镜对光于无穷远，在焦面上会看到一个照度不均匀的明亮圆。这样

一个直径为 ab 的明亮圆的范围称为视场，如图 2-4 所示。物镜的像方主点与视场直径 ab 所张的角 2α，称为视场角。在视场面积内能获得清晰影像的区域称为像场，如图 2-4 中以 cd 为直径的圆，而物镜像方主点与像场直径 cd 所张的角 2β 称为像场角。为能获得全面清晰的构像，应取像场的内接正方形或矩形为最大像幅。像幅决定着物面或物空间有多大的范围可以被物镜成像于像平面。

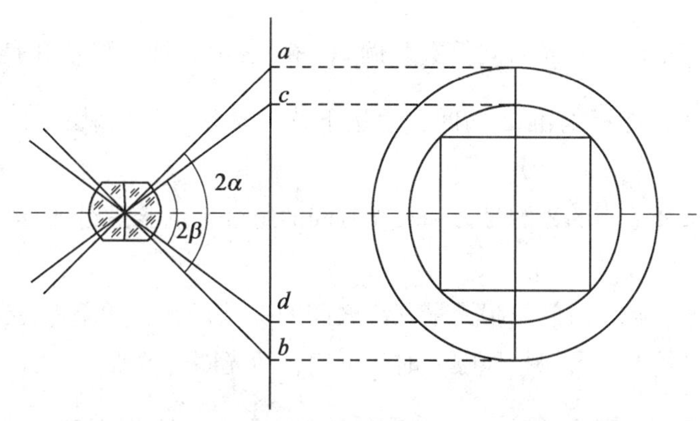

图 2-4　物镜的像场、像场角和像幅

当像幅一定时，像场角与物镜焦距有关，即焦距愈大，像场角则愈小。而当物距一定时，像场角愈大，摄取的物方范围就愈大，但构像的比例尺则愈小。

(4)物镜的分解力。物镜的分解力是摄影机物镜的又一重要特性，物镜的分解力是指摄影物镜对被摄物体微小细部的表达能力。分解力一般以 1mm 宽度内能清晰分辨的线条数来表示。

(5)物镜的光圈和光圈号数。光圈的作用主要是控制和调节进入物镜的光量，并且限制物镜成像质量较差的边缘部分的入射光。摄影机大都采用虹形光圈，这种光圈是由多个镰刀形黑色金属薄片组成，中央形成一个圆孔，孔径的大小可以用光圈环调节，光圈环是一个可以改变的光栏。当光圈完全张开时，进入物镜的光通量最大，反之最小。为使用方便，人们用光圈号数来表示光圈大小的状况，光圈号数是光圈有效孔径 d 与物镜焦距 f 之比的倒数 $K=\frac{f}{d}$，光圈号数越小，光圈光孔开启得越大，焦面上影像的亮度也越大；光圈号数越大，光圈光孔开启得越小，影像亮度也就越小。光圈号数是一组以 $\sqrt{2}$ 为公比规律排列的等比级数，如：

1.4　2　2.8　4　5.6　8　11　16　22

(6)摄影机快门。摄影机快门是控制曝光时间的机件装置，该装置是摄影机的重要部件之一。快门从打开到关闭所经历的时间称为曝光时间，或称为快门速度。常用的快门有中心快门和帘式快门。中心快门由 2~5 个金属叶片组成，中心快门位于物镜的透镜组之间，紧靠着光圈，起遮盖投射光线经物镜进入镜箱体内的作用。曝光时利用弹簧机件使快门叶片由中心向外打开，让投射光线经物镜进入镜箱体中，使感光材料曝光，到了预定的时间间隔，快门又自动关闭，终止曝光。中心快门的优点是打开快门之后，感光材料就能满幅同时感光。航空摄影机和一般普通摄影机大多采用中心快门。在摄影机物镜筒上有一个控制曝光时间的套环，上面刻有曝光时间的数据序列，如：

B　1　2　4　8　15　30　60　125　300

这些数值是以秒为单位的曝光时间倒数。例如，60 表示$\frac{1}{60}$秒。符号 B 是 1 秒以上的短曝光标志，俗称 B 门。指标对准 B 门时，手按下快门按钮，快门就打开，手一松开按钮，快门立即关闭。

摄影时只要选择适当的光圈号数和曝光时间的组合，就能得到恰当的曝光量，获得理想的影像。

根据光圈号数、曝光时间、曝光量三者之间的关系可知，如果保持原光圈号数不变，而曝光时间改变一档，或者保持原曝光时间不变，而光圈号数改变一档，则曝光量将改变一倍。例如，原采用光圈号数为 5.6，曝光时间为$\frac{1}{125}$秒，可以得到正确的曝光量；若将光圈号数调至 8，仍要保持原正确的曝光量，就应将曝光时间增加至$\frac{1}{60}$秒。

(7) 检影器。摄影时，不断移动镜头使其前后伸缩，改变调整像距 b 使检影器平面上的影像清晰的过程称为对光（即调焦）。该调焦的过程和取景情况可以通过检影器的部件观察到，因此检影器有时亦可以称为取景器。

(8) 附加装置。为了满足摄影的需要，摄影机还有一些基本的附加装置。如卷片、自拍、闪光、拍摄记数等装置。随着科学技术的进步，摄影机已进入自动化、电子化、数字化时代，其附加装置及功能愈来愈先进，如自动曝光、自动调焦、自动闪光、自动卷片、自动记录拍摄日期、变焦镜头等在照相机上已较广泛使用。

2. 量测用摄影机

量测用摄影机是指的航空摄影机、地面摄影测量用的摄影经纬仪以及近景摄影测量用的摄影机。这种摄影机的物镜要求具备良好的光学特性，其物镜的畸变差要小，分辨力要高，透光率要强。而且摄影机的机械结构要稳定，要求在较长的时期内能保持内在关系不发生变化。对航空摄影机而言，还要求整个摄影系统应具备摄影过程的自动化装置。

安装在飞机上对地面能自动地进行连续摄影的摄影机称为航空摄影机。航空摄影机是一种结构复杂、具有精密的全自动光学系统及电子机械装置，所摄取的影像能满足量测和判读的要求。其结构原理如图 2-5 所示。

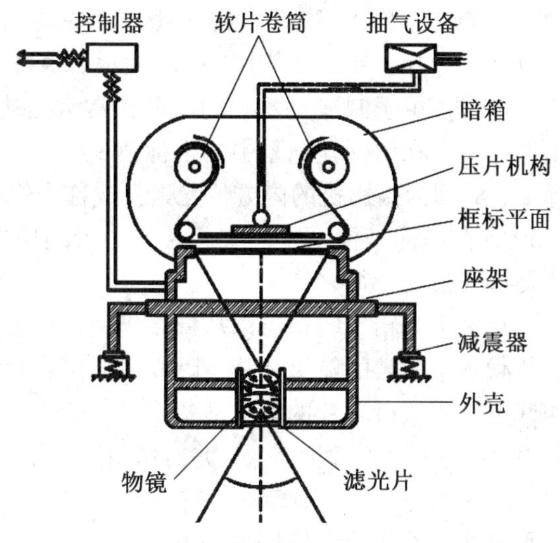

图 2-5　航空摄影机结构示意图

用于测绘地形的航摄仪、摄影经纬仪，由于摄影的物距要比像距大得多，摄影时摄影物镜都是固定调焦于无穷远点处。因此，像距是一个不变的定值，几乎等于摄影物镜的焦距。用于近景摄影测量的摄影机，一般备有几个固定像片主距的附加垫环或更换物镜，以适应不同距离摄影的需要。因此量测用摄影机的像距是一个固定的已知值。这是这类摄影机的特征之一。

量测用摄影机镜箱体的后部，即物镜筒和暗箱的衔接处有一个金属的贴附框架，框架的四边严格地处于同一平面内，也就是像平面，像平面严格地与物镜的主光轴相垂直。框架的每一边中点各设有一个框标记号，也有将框标记号设在框架的角偶上，前者为机械框标，后者为光学框标，如图 2-6 所示。相对两框标连线的交点应与主光轴和像平面的交点尽量重合，且两框标连线应成正交，组成框标坐标系，其交点就是坐标系原点。框架的中间空出部分是像幅，航空摄影机的像幅都是正方形，地面摄影机和摄影经纬仪的像幅多为长方形。在摄影曝光瞬间，感光材料展平并紧贴附在框标平面上，曝光的同时框标记号也成像于感光材料上。因此像点在像片平面上的位置就可以按像片上的框标坐标系来确定。可以认为，摄影机像面框架上有无框标标志，是作为区分量测用摄影机和非量测用摄影机的重要标志。这是量测用摄影机的特征之二。

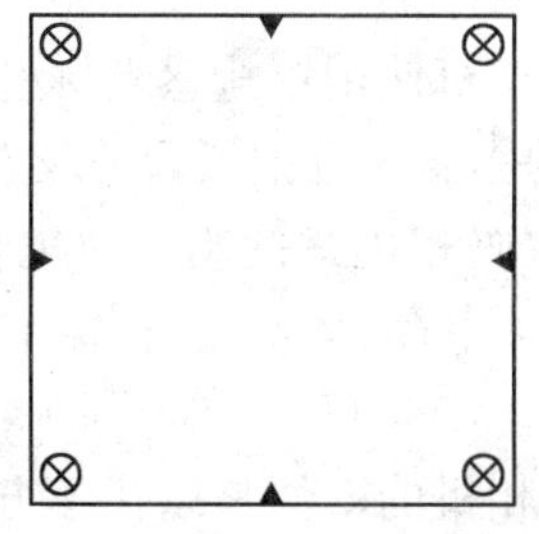

图 2-6　航空摄影机框标标志

摄影机主光轴与像平面的交点称为像片主点，摄影机物镜后主(节)点到像片主点的垂距称为摄影机主距，也称为像片主距，一般用字母 f 表示。摄影机结构设计时要求像片主点应与框标坐标系原点重合。由于制造技术上的误差，常常是达不到完全重合的要求，但是必须精确地测定出像片主点在框标坐标系中的坐标值 x_o、y_o。像片主距 f 和像片主点在框标坐标系中的坐标 x_o、y_o 称为摄影机的内方位元素，或称为像片的内方位元素，方位元素能确定物镜后主(节)点在框标坐标系中的唯一位置。量测用摄影机的内方位元素的数值是已知的。这是这类摄影机的特征之三。

量测用摄影机一般备有多个暗箱。暗箱可以从摄影机镜箱体上拆卸下来，并能调换使用。航摄仪的暗箱内能装载数十米长的航摄软片，曝光后航摄软片由暗箱内的电动机械控制装置自动卷片，并作好下一张航摄软片的曝光准备。

航摄机可以按航摄像片的像幅大小分类，常用的有：18cm × 18cm，23cm × 23cm，30cm×30cm。

航摄仪也可以按摄影机物镜的焦距和像场角分类：

短焦距航摄仪，其焦距为 $f<150$mm，相应的像场角为 $2\beta>100°$；

中焦距航摄仪，其焦距为 150mm$<f<$300mm，相应的像场角为 $70°<2\beta<100°$；

长焦距航摄仪，其焦距为 $f>300$mm，相应的像场角为 $2\beta\leqslant70°$。

3. 数码式摄影机

数码式摄影机作为一种新型的照相机或者说是计算机输入设备，近年取得了长足的发展和进步。数码相机(即数码式摄影机)也称为数字式照相机，英文全称 Digital Camera，简称 DC。数码相机是集光学、机械、电子一体化的产品。数码相机最早出现在美国，曾利用数码相机通过卫星向地面传送照片，后来数码摄影转为民用并不断拓展应用范围。

数码相机是以电子存储设备作为摄像记录载体，通过光学镜头在光圈和快门的控制下，实现被摄物体在电子存储设备上的曝光，完成被摄影像的记录。传统相机使用胶片(卷)作为其记录信息的载体，而数码相机的“胶片”则是其成像感光器件加存储器。目前数码相机的核心成像感光器件有两种：一种是广泛使用的 CCD(Charge Coupled Device)电荷耦合器件图像传感器；另一种是 CMOS(Complementary Metal Oxide Semiconductor)互补金属氧化物半导体图像传感器。

数码相机的结构由光学镜头、光电传感器、微电脑、操作面板、取景器、显示器、储存卡、闪光灯、连接接口、电源等部分构成。数码像机集成了影像信息的转换、存储和传输等部件，具有数字化存取模式，与电脑交互处理和实时拍摄等特点。

数码相机与传统相机的主要区别在于：

(1)影像成像过程不同。传统相机使用银盐感光材料即胶片(卷)作为载体，通过曝光胶片的光化学反应获得被摄物体的影像，且拍摄后的胶卷要经过处理才能得到照片，无法立即知道照片拍摄效果的好坏；数码相机是使用电荷耦合器 CCD 元件感光，将光信号转变为电信号，再经模/数转换后记录于存储卡上，存储卡可以反复使用，且拍摄后的照片可以立即回放观看效果。

(2)影像存储介质不同。传统相机的影像是以化学方法记录在卤化银胶片上，而数码相机的图像以数字方式存储在磁介质(如存储卡、硬磁盘)或数字光盘上。

(3)影像输入输出方式不同。传统相机的影像都是以底片和相片的形式表现，观看、制作、传输和携带不便，当然也可以通过扫描仪对其进行数字化处理，但图像的质量和精度会有一定的影响。数码相机的数字影像可以直接输入计算机，处理后可以有形式各异、丰富多彩的输出产品，非常方便快捷。

(4)影像处理工艺不同。传统相机的影像处理是一个光化学过程，必须在暗房里冲洗，同时对影像的处理要通过光学机械如印像机、放大机等进行，其曝光修正、影像修补、调色、剪辑等工艺复杂。数码相机的数字影像处理由计算机进行，目前各种各样的图像处理软件功能强大，使用方便，可以完成传统摄影技术难以想象的加工处理。

数码相机的最大优势在于它的信息数字化，其数字信息可以借助各种媒介实现图像的实时传递。随着科学技术的发展进步，数码式摄影机在摄影测量中的应用日益广泛。

2.1.3 航空像片的获取及技术要求

1. 航空摄影实施过程

采用摄影测量方法测制地形图，必须要对测区进行有计划的空中摄影。将航摄仪安装在航摄飞机上，从空中一定的高度上对地面物体进行摄影，取得航摄像片。搭载航摄机的飞机飞行的稳定性要好，在空中摄影过程中要能保持一定的飞行高度和航线飞行的直线性。飞机的飞行航速不宜过大，续航的时间要长。

航空摄影可以分为面积航空摄影、条状地带航空摄影和独立地块航空摄影三种。面积航空摄影主要用于测绘地形图，或进行大面积资源调查。条状地带航空摄影主要用于公路、铁路、输电线路定线和江、河流域的规划与治理工程等。条状地带航空摄影与面积航空摄影的区别一般只有一条或少数几条航带。独立地块航空摄影主要用于大型工程建设和矿山勘探部门。这种航空摄影只拍摄少数几张具有一定重叠度的像片。

当需要采用航空摄影测量的方法测制某一地区的地形图时，测图单位应向承担空中摄影的单位提出航空摄影任务委托书，并签订航摄协议书或合同。空中摄影单位要根据协议书或合同的要求制定航摄技术计划，按要求完成航空摄影的任务。所以，航空摄影的实施过程一般为任务委托、签订合同、航摄技术计划制定、空中摄影实施、摄影处理、资料检查验收等若干个主要环节，以下对这几个环节做简要介绍。

(1)航空摄影任务委托书的主要内容。

①根据计划测图的范围和图幅数，划定需航摄的区域范围，按经纬度或图幅号在计划图上标示出所需航摄的区域范围，或直接标示在小比例尺的地形图上；②确定航摄比例尺；③根据测区地形和测图仪器，提出航摄仪的类型、焦距、像幅的规格；④确定对像片重叠度的要求；⑤规定提交资料成果的内容、方式和期限。航摄资料成果包括：航摄底片、航摄像片(按合同规定提供的份数)、像片索引图、航摄软片变形测定成果、航摄机鉴定表、航摄像片质量鉴定表等。

(2)航摄技术计划的主要内容。

①搜集航摄地区已有的地形图、控制测量成果、气象等相关资料；②划分航摄分区；③确定航线方向和敷设航线(航线方向一般按东西向直线飞行，且一般按图廓线敷设)；④计算航摄所需的飞行数据和摄影数据(主要是绝对航高、摄影航高、像片重叠度、航摄

基线、航线间距离、航摄分区内的航线数、曝光时间间隔和像片数等)；⑤编制领航图；⑥确定航摄的日期和时间。

(3)空中摄影。

空中摄影应选在天空晴朗少云、能见度好、气流平稳的天气进行，摄影时间最好是中午前后的几个小时。飞机做好航空摄影各项准备工作后，依据领航图起飞进入摄区航线，按预定的曝光时间和计算的曝光间隔连续地对地面摄影，直至第一条航线拍完为止。然后飞机盘旋转弯180°进入第二条航线进行拍摄，直至一个摄影分区拍摄完毕，再按计划转入下一摄影分区拍摄。如图2-7所示。

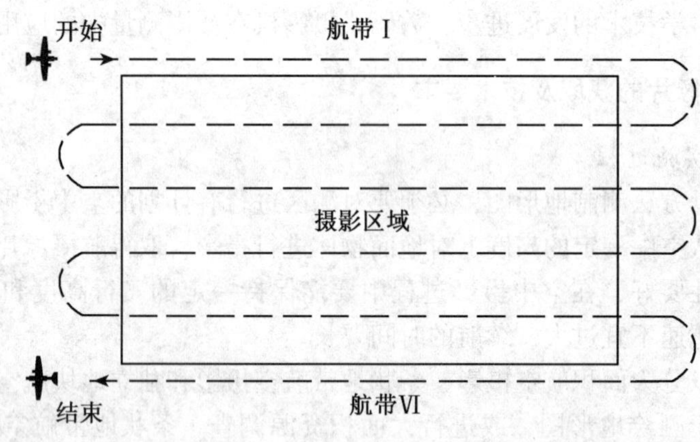

图2-7　空中摄影示意图

(4)摄影处理。

摄影处理包括底片冲洗、正片晒印、像片索引图的拍照冲晒等工作。航空像片拍摄完后，立即将装有底片的暗盒取出，在专用的冲印设备中进行处理，并按相应的技术质量标准检查，万一出现质量问题，如云层遮挡、漏拍、漏光、重叠度超限等，应马上采取重拍等补救措施。

(5)资料检查验收。

按航空摄影技术规范和航空摄影合同以及航摄技术计划中的条款进行检查验收。

2. 航空摄影对像片摄影质量的要求

像片摄影质量主要是指影像的构像质量、几何质量和表观质量。具体表现为底片的影像密度、不均匀变形、压平质量以及航摄机内方位元素检验精度等内容。以《1∶5000、1∶10000、1∶25000、1∶50000、1∶100000地形图航空摄影规范》为例，对像片摄影质量提出了以下要求：

(1)航摄软片经处理后的构像质量应满足下列要求：

①灰雾密度(D_0)不大于0.2，摄影比例尺小于1∶50000时不大于0.3；

②最小密度(D_{min})不小于D_0+0.2；

③最大密度(D_{max})为1.2~1.6；对于极少数特别亮的地物，最大密度可以超过1.6，但不得大于2.0；而在地物亮度特小的地区(如草原、森林)，最大密度可以小于1.2，但

不得小于1.0；

④反差（ΔD）为0.6～1.4，其最佳值为1.0；1∶50000、1∶100000摄影时为0.7～1.5。

（2）最大曝光时间的限定：除保证航摄胶片正常感光外，还应确保因飞机地速的影响，在曝光瞬间造成的像点最大位移不超过0.04mm。

（3）航摄胶片在曝光瞬间由于未能严格压平而在像平面上引起的像点位移误差应满足以下要求：采用精密立体坐标量测仪测定标准配置点和若干检查点的坐标和视差，并按模型相对定向程序进行解算时，检查点上的剩余上下视差应不大于0.02mm，个别点最大不大于0.03mm。

（4）用目视直接观察底片时，应影像清晰、层次丰富、反差适中、色调柔和；应能辨认出与摄影比例尺相适应的细小地物影像；应能建立清晰的立体模型。

（5）底片上不应有云、云影、划痕、静电斑、折伤、脱膜等缺陷。除用于编制影像平面图、影像图和数字摄影测量以外，虽然存在少量缺陷，但不影响立体模型的连接和测绘时，则认为可以用于测制线划图。

（6）底片定影和水洗必须充分。

（7）框标影像和其他记录影像必须清晰、齐全、各类附属仪器、仪表记录资料应满足测图单位提出的具体要求。

3. 航空摄影对飞行质量的要求

（1）像片倾斜角。像片倾斜角应小于3°。由像片边缘的水准器影像中气泡所处位置判读其倾斜角。对无水准器记录的像片，若发现可疑，可以在旧图上选择若干明显地物点，用摄影测量方法进行抽查。

（2）摄影航高。摄影航高简称航高，以H表示，是指航摄仪物镜中心S在摄影瞬间相对于某一基准面的高度。航高的计算是从该基准面起算，向上为正号。根据所取基准面的不同，航高可以分为相对航高和绝对航高。如图2-8所示。

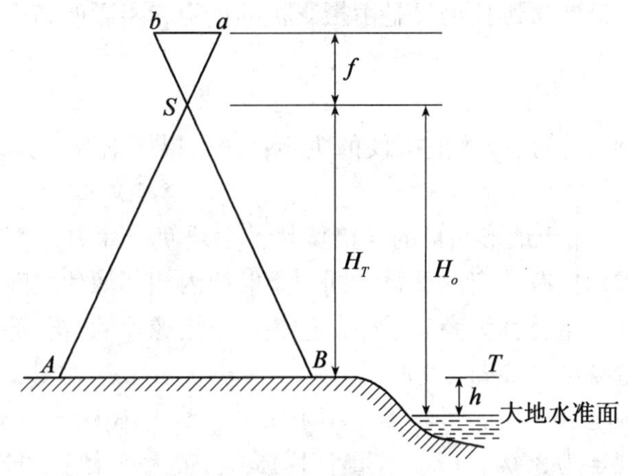

图2-8　相对航高与绝对航高

①相对航高 H_T。航摄仪物镜中心 S 在摄影瞬间相对于某一基准面(通常是摄影区域地面平均高程基准面)的高度。

②绝对航高 H_0。航摄仪物镜中心 S 在摄影瞬间相对于大地水准面的高度。摄影区域地面平均高程 h、相对航高 H_T 与绝对航高 H_0 之间的关系为

$$H_0 = h + H_T \tag{2-3}$$

(3)摄影比例尺。摄影比例尺是指空中摄影计划设计时的像片比例尺。航摄比例尺的选取要以成图比例尺、摄影测量内业成图方法和成图精度等因素来考虑选取，另外还要考虑经济性和摄影资料的可使用性。摄影比例尺可以分为大、中、小三种比例尺。为充分发挥航摄负片的使用潜力，考虑上述因素，一般都应选择较小的摄影比例尺。航空摄影中航摄比例尺与成图比例尺之间的关系可以参照表 2-1 确定。

表 2-1　　航摄比例尺与成图比例尺的关系

<table>
<tr><th>比例尺</th><th>航摄比例尺</th><th>成图比例尺</th></tr>
<tr><td rowspan="4">大比例尺</td><td>1：2000~1：3000</td><td>1：500</td></tr>
<tr><td>1：4000~1：6000</td><td>1：1000</td></tr>
<tr><td rowspan="2">1：8000~1：12000</td><td>1：2000</td></tr>
<tr><td rowspan="2">1：5000</td></tr>
<tr><td rowspan="3">中比例尺</td><td>1：15000~1：20000(像幅 23cm×23cm)</td></tr>
<tr><td>1：10000~1：25000</td><td rowspan="2">1：10000</td></tr>
<tr><td>1：25000~1：35000(像幅 23cm×23cm)</td></tr>
<tr><td rowspan="2">小比例尺</td><td>1：20000~1：30000</td><td>1：25000</td></tr>
<tr><td>1：35000~1：55000</td><td>1：50000</td></tr>
</table>

在实际应用中，航空摄影比例尺是由摄影机的主距和摄影航高来确定的，即

$$\frac{1}{m} = \frac{f}{H} \tag{2-4}$$

式中，m 为航摄比例尺分母；f 为航摄仪的主距；H 为摄影航高。这是摄影测量中常用的重要公式之一。

(4)像片重叠度。用于地形测量的航摄像片，必须使像片覆盖整个测区，而且能够进行立体测图，相邻像片应有一定的重叠。同一条航线内相邻像片之间的重叠影像称为航向重叠，相邻航线之间的重叠称为旁向重叠。重叠大小用像片的重叠部分与像片边长比值的百分数表示，称为重叠度。如图 2-9 所示。

航向重叠一般规定为 60%，最小不得小于 53%，最大不大于 75%；

旁向重叠一般规定为 30%，最小不得小于 15%，最大不大于 50%。

重叠度小于最小限定值时，称为航摄漏洞，不能用正常航测方法作业，必须补飞补摄；重叠度过大时，会造成浪费，也不利于测图。

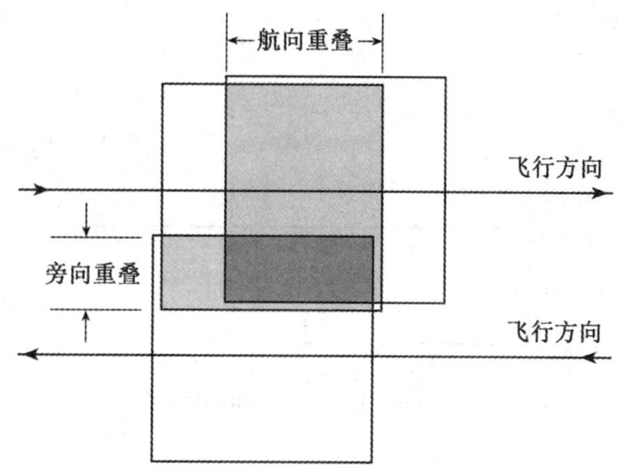

图 2-9　像片重叠度示意图

(5)航高差。《1∶5000、1∶10000、1∶25000、1∶50000、1∶100000 地形图航空摄影规范》中规定：①同一航线上相邻像片的航高差不得大于 30m，最大航高与最小航高之差不得大于 50m；②摄影分区内实际航高与设计航高之差不得大于设计航高的 5%。

《1∶500、1∶1000、1∶2000 地形图航空摄影规范》中规定：①同一航线上相邻像片的航高差不得大于 20m；②同一航线上最大航高与最小航高之差不得大于 30m；③摄影分区内实际航高与设计航高之差不得大于 50m。当相对航高大于 1000m 时，分区内实际航高与设计航高之差不得大于设计航高的 5%。

(6)航线弯曲度。把一条航线的航摄像片根据地物影像叠拼起来，连接首尾像片主点成一直线，同时量出其距离 D。航线中各张像片主点若不落在该直线上，航线则呈曲线状，称之为航线弯曲。用其中偏离航线最大的主点距离 L(称为最大弯曲矢量)与航线长度 D 之百分比表示，称为航线弯曲度，如图 2-10 所示。航线弯曲度通常不得大于 3%。

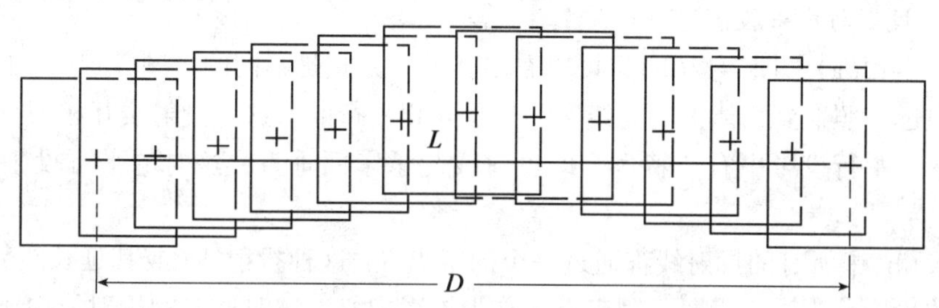

图 2-10　航线弯曲度示意图

$$\text{航线弯曲度} = \frac{L}{D} \cdot 100\% \tag{2-5}$$

(7)像片旋偏角。航线中相邻像片主点的连线与同方向像片边框方向的夹角称为像片旋偏角。一般不得大于 6°，个别允许到 10°。如图 2-11 所示。

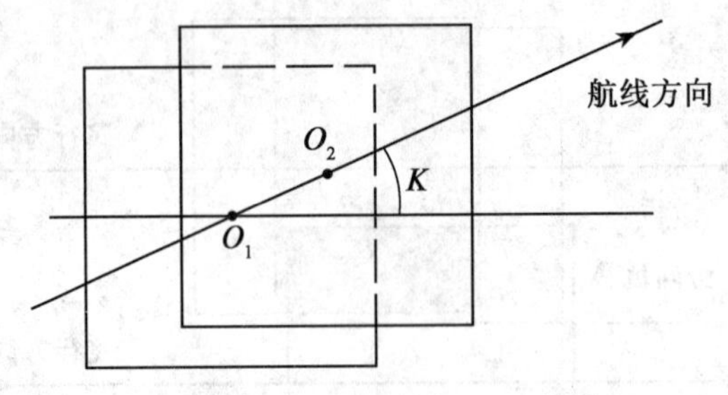

图 2-11　像片旋偏角

2.2　航摄像片是地面的中心投影

航摄像片是航空摄影测量的原始资料。摄影测量就是根据被摄物体在像片上的构像规律及物体与对应影像之间的几何关系与数学关系，获取被摄物体的几何属性与物理属性。

2.2.1　中心投影的基本知识

1. 投影

投影是日常生活中一种常见的现象，广为人知，所谓“形影不离”、“立竿见影”就是说的这种现象。例如，在阳光照射下使一个物体在地面上形成阴影，幻灯机将图片投映在银幕上等。

在摄影测量学范围内，通常是把一个空间点在一个平面上按一定方式构像，这一过程称为投影。被投影的空间点称为物点，物点在构像平面上所对应的构像称为像点，物点与像点的连线称为投射线，承载像点的平面称为承影面或像面。有时把像点也称为投影，实际上是指这一过程的结果。

2. 平行投影与中心投影

比较图 2-12(a)、图 2-12(b)，可以看出其投影方式是不同的。图 2-12(a)中由于太阳距离地球很远，照射到物体上的光线实际上是互相平行的。这种投射线互相平行的投影称为平行投影。平行投影中有一特例，即投射线与承影面垂直，这时的平行投影称为垂直投影。

图 2-12(b)中所有的投射线都通过一个固定点 S。这种投射线(或其延长线)都通过一个固定点的投影称为中心投影。固定点 S 称为投影中心。这时所有的投射线构成了一个以投影中心为顶点的光束。

按照上述定义，中心投影时，物点、像点、投影中心三者的相关位置可以有以下三种情况：①像点位于物点和投影中心之间；②物点位于像点和投影中心之间；③投影中心位于物点和像点之间。

如图 2-13 所示是第一种情况。但是，无论是哪一种情况，像点和投影中心三点都是共线的，这是中心投影中一个十分重要的概念。

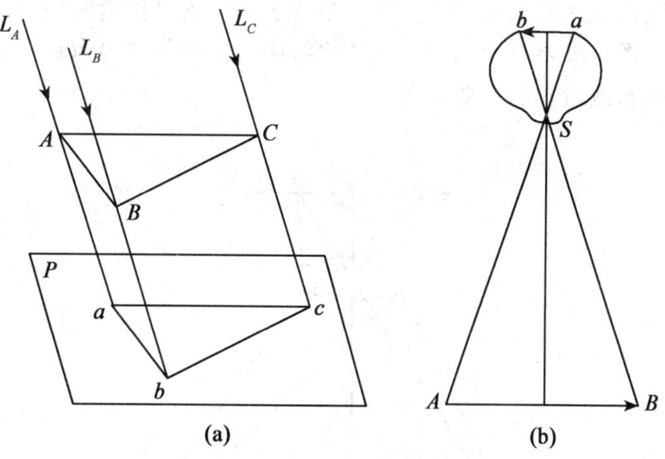

图 2-12　平行投影与中心投影示意图

在航空摄影测量学中还常常用到阴位的概念。其含义是当投影中心位于物和像之间时，则说像片处于阴位。如图 2-14 所示，如果把阴位像片绕摄影主光轴(通过投影中心 S 且垂直于像面 P 的直线)旋转 180°，并沿摄影主光轴把像片平移到投影中心与被摄物体之间，使之距 S 的距离与阴位时相同，则称这时像片处于阳位。显然，空间物体在阴位和阳位像片上的构像是相同的。

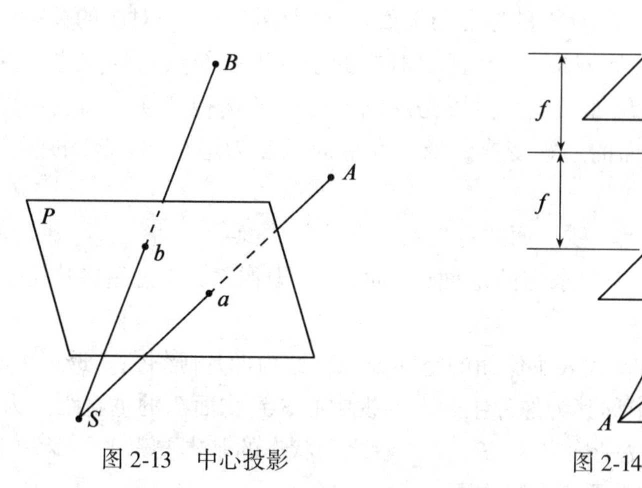

图 2-13　中心投影

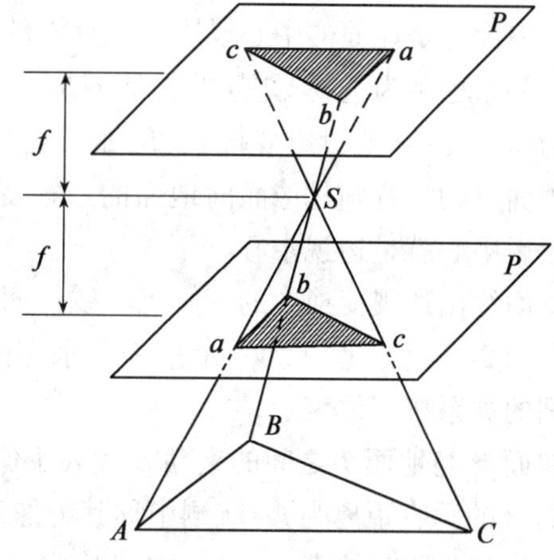

图 2-14　中心投影的阳位与阴位

3. 航摄像片是地面的中心投影

在航空摄影过程中，摄影机曝光瞬间，由地面上物点 A 反射的光线，经镜头成像后在底片上获得影像 a。其位置在由通过镜头中心 S 的光线 ASa 与底片平面 P 的交点。如果把曝光瞬间镜头中心 S 视为固定不动，S 即为投影中心，中心光线 ASa 便是投射线，底片平面 P 是承影面，按照中心投影的定义，a 点应是地面点 A 的中心投影。同理，b 是 B 的中心投影，依此类推。因此有理由说：整张航摄像片乃是所摄地面的中心投影，如图 2-15 所示。

地形图是地面在水平面上的垂直投影，中心投影与垂直投影两种不同的投影方式就成了航摄像片与地形图各种差异的根源，而如何将中心投影的航摄像片转化为垂直投影的地形图，也就成了摄影测量学的主要任务。

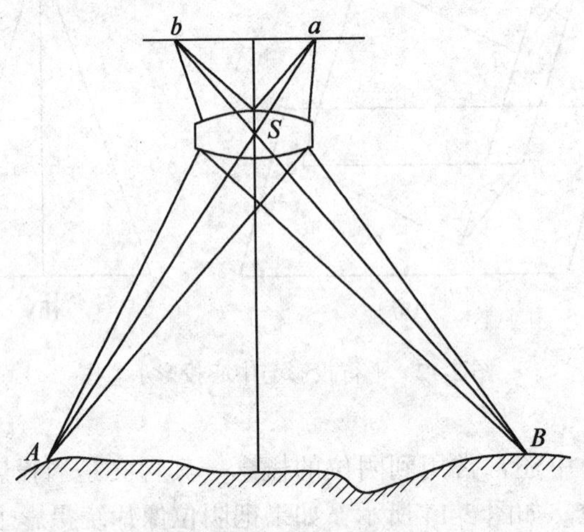

图 2-15　投影构像示意图

2.2.2　透视变换中的特别点、线、面

航摄像片是地面的中心投影，像片上的像点与地面点之间存在着一一对应的关系，这种对应关系也称为透视对应(或投影对应)。在透视对应的条件下，像点与物点之间的变换称为透视变换(或投影变换)。例如，航空摄影是地面向像面的透视变换，而利用像片确定地面点的位置则是像面向地面的透视变换。像面和地面是互为透视(投影)的两个平面，投影中心就是透视中心。

下面给出透视变换中的特别点、线、面的定义：

在图 2-16 中，设 T 为一个平坦而水平的地面(物面)，P 为像面，S 为透视中心，三者之间的关系按阳位表示。

像面 P 与地面 T 之间的夹角 α 代表了像面的空间姿态，称为像片倾斜角。透视中心 S 到像面 P 的垂直距离为 f，航测中称其为像片主距。透视中心 S 到物面 T 的垂直距离为 H，航测中称其为相对航高。α、f、H 是确定 S、P、T 三者之间状态的基本要素。

除像面 P 和物面 T 外，还有以下三个特别面：

主垂面 W：过透视中心 S 且垂直于物面 T 和像面 P 的平面。

遁面 R：过透视中心 S 且平行于像面 P 的平面。遁面上的点的投射线都与像面 P 平行，所以，遁面上的点透视在像面上的无穷远处。

真水平面 G：过透视中心 S 且平行于物面 T 的平面。物面上无穷远点的投射线都在真水平面上。

特别点和特别线：

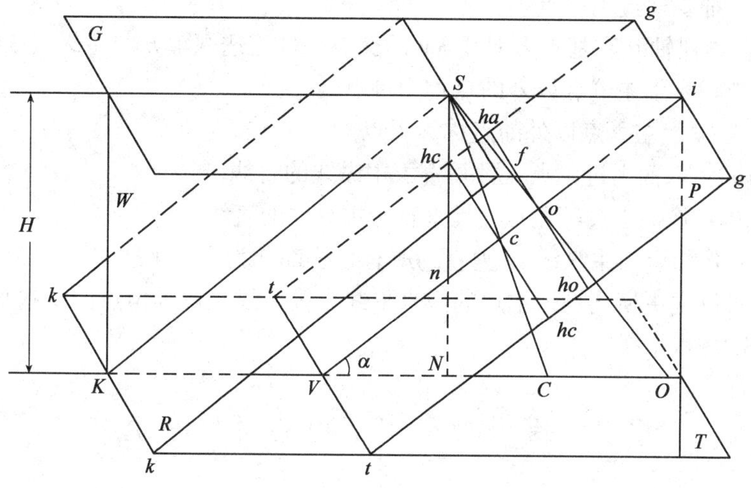

图 2-16　透视变换中的特别点、线、面图

透视轴 tt：像平面 P 与物平面 T 的交线。透视轴 tt 与主垂面 W 垂直。透视轴上的点既是物点又是像点，具有两重性，称为迹点或二重点，这是透视轴的一个重要性质。透视轴又称为迹线。

基本方向线 KV：主垂面 W 与物面 T 的交线。

主纵线 iV：主垂面 W 与像面 P 的交线。

真水平线 gg：真水平面 G 与像平面 P 的交线。真水平线上的点的投影，在物面上的无穷远处。

灭线 kk：遁面 R 与物面 T 的交线。灭线上点的透视，在像面上无穷远处。

摄影方向线 So：过投影中心 S 且垂直于像面 P 的方向线。摄影方向线在主垂面内，摄影方向线有时也称为摄影轴。

主垂线 Sn：过透视中心 S 且与物面 T 相垂直的直线称为主垂线。

像主点 o：摄影方向线与像面 P 的交点。

地主点 O：摄影方向线与物面 T 的交点。

像底点 n：主垂线与像面 P 的交点。显然，像底点 n 是所有与物面 T 相垂直的空间直线的合点，它们在像面上的像是一组以像底点 n 为中心的辐射线。

地底点 N：过透视中心 S 且与物面 T 相垂直的直线(主垂线)与地面 T 的交点。

像等角点 c：摄影方向线 So 与主垂线 SN 之间的夹角即为像片倾斜角 α，过透视中心 S 作 α 角的平分线与像面 P 的交点 c 称为像等角点。

地等角点 C：过透视中心 S 作 α 角的平分线与地面 T 的交点 C 称为地等角点。

主合点 i：真水平线 gg 与主纵线 iV 的交点。所有与基本方向线平行的物面直线，在像面上的透视，都要通过主合点。

主灭点 K：灭线 kk 和基本方向线 KV 的交点，或过透视中心 S 作主纵线 iV 的平行线与物面 T(灭线 kk、基本方向线 KV)的交点。显然，所有与主纵线 iV 平行的像面直线，在物面上的投影，都要通过主灭点。

主迹点 V：透视轴 tt 和基本方向线 KV 的交点，也是透视轴 tt 与主纵线 KV 的交点。

迹点：透视轴 tt 上主迹点以外的点称为迹点。

灭点：灭线 kk 上主灭点以外的点称为灭点。

主横线 $h_O h_O$：像面上过主点 o 且垂直于主纵线的直线。

等比线 $h_C h_C$：像面上过等角点 c 且垂直于主纵线的直线。

像水平线：像面上与主纵线 iV 垂直的所有直线都称为像水平线。

因此，也可以说主横线是过主点的像水平线，等比线是过等角点的像水平线，真水平线是过主合点的像水平线。

2.3 摄影测量中常用的坐标系统

摄影测量解析的任务就是根据像片上像点的位置确定对应地面点的空间位置，为此必然涉及选择适当的坐标系统来描述像点和地面点，并通过一系列的坐标变换，建立二者之间的数学关系，从而由像点观测值求出对应物点的测量坐标。摄影测量中常用的坐标系分为两大类：一类是用于描述像点位置的像方空间坐标系；另一类是用于描述地面点位置的物方空间坐标系。

2.3.1 像方空间坐标系

1. 像平面坐标系

像平面坐标系是在像片平面内定义的右手直角坐标系，用以表示像点在像平面内的位置。其坐标原点定义为像主点 o，一般以航线方向的一对框标连线为 x 轴，记为 $o\text{-}xy$，如图 2-17 所示。如果用立体(或单像)坐标量测仪量测出某一像点 a 在坐标系 $o\text{-}xy$ 中的坐标(x_a，y_a)，便确定了该像点 a 在此像片中的位置。

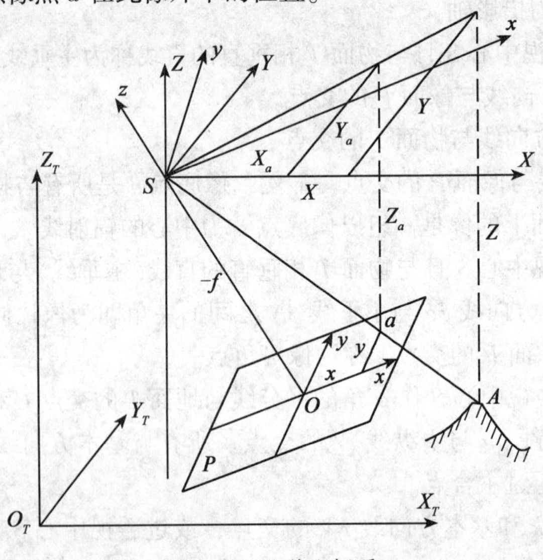

图 2-17　几种坐标系

有的航摄像片的框标设在像片的四角，这时，可以在航线方向上任意选定一方向线作为 x 轴。

2. 像空间坐标系

像空间坐标系是用来表示点在像方空间的位置的右手空间直角坐标系统。其坐标系原点定义在投影中心 S，其 x 轴、y 轴分别与像平面坐标系的相应轴平行，z 轴与摄影方向线 So 重合，其正方向按右手规则确定，向上为正。在图 2-17 中，将像空间坐标系表记为 $S\text{-}xyz$。由于航摄仪主距是一个固定的常数 f，所以，一旦量测出某一像点的像平面坐标值 (x, y)，则该像点在像空间坐标系中的坐标也就随之确定了，即为 $(x, y, -f)$。

2.3.2 物方空间坐标系

1. 摄影测量坐标系

摄影测量坐标系简称为摄测坐标系，也是一种右手空间直角坐标系，用以表示模型空间中各点的相关位置。坐标系的原点和坐标轴方向的选择根据实际讨论问题的不同而不同，但在一般情况下，原点选在某一摄影站或某一已知点上，坐标系横轴（X 轴）大体与航线方向一致，竖坐标轴（Z 轴）向上为正。

2. 地面辅助坐标系

地面辅助坐标系是摄影测量计算中经常采用的一种过渡性的地面坐标系统，采用右手空间直角坐标系统。其坐标原点可以选在任一已知的地面点；其 X 轴的方向可以按需要而定，其选择是比较灵活的。但其 Z 轴必须处于铅垂的方向上，即坐标平面 XY 为通过坐标原点的水平面。地面辅助坐标系在图 2-17 中标记为 $O_T\text{-}X_TY_TZ_T$。

3. 大地坐标系

以上介绍的四种坐标系均为右手直角坐标系统，而大地坐标系则为左手直角坐标系统。这里讨论的大地坐标系是指高斯平面直角坐标系，高程则以我国黄海高程系统为标准。大地坐标系的纵轴指向正北方向，用 X_G 表示，横轴用 Y_G 表示，竖轴（高程）用 Z_G 表示。地面点在大地坐标系 $O_G\text{-}X_GY_GZ_G$ 中的坐标可以表示为 (X_G, Y_G, Z_G)。如图 2-18 所示。

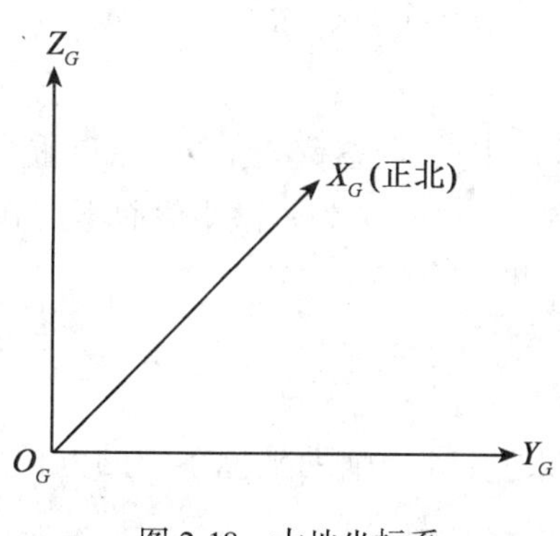

图 2-18　大地坐标系

2.4 航摄像片的内方位元素和外方位元素

在摄影测量过程中，需要定量描述摄影机的姿态和空间位置，从而确定所摄像片与地面之间的几何关系。这种描述摄影机(含航摄像片)姿态的参数称为方位元素。依其作用的不同可以分为两类，一类是用以确定投影中心对像片的相对位置，称为像片的内方位元素；另一类用以确定像片以及投影中心(或像空间坐标系)在物空间坐标系(通常为地面辅助坐标系)中的方位，称为像片的外方位元素。

2.4.1 内方位元素

摄影中心 S 对所摄像片的相对位置称为像片的内方位。确定航摄像片内方位的必要参数称为航摄像片的内方位元素。

航摄像片的内方位元素有三个，亦即：像片主距 f，像主点在像片框标坐标系中的坐标 x_O、y_O。

从图 2-19 中不难看出，f、x_O、y_O中任一元素改变，则透视中心 S 与像面 P 的相对位置就要改变，摄影光束(或投影光束)也随之改变。所以可以说，内方位元素的作用在于表示摄影光束的形状，在投影的情况下，恢复内方位就是恢复摄影光束的形状。

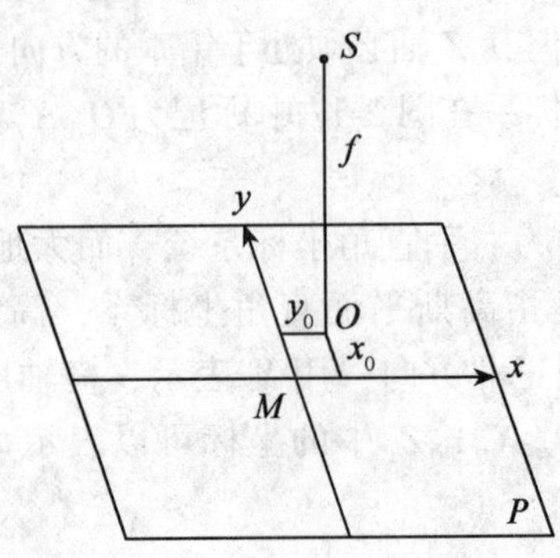

图 2-19　内方位元素示意图

在航摄机的设计中，要求像主点与框标坐标系的原点重合，即尽量使 $x_O = y_O = 0$。实际上由于摄影机装配中的误差，x_O、y_O 常为一微小值而不为 0。内方位元素值通常是已知的，可以在航摄仪检定表中查出。

2.4.2 外方位元素

确定航摄像片(或摄影光束)在地面辅助坐标系中的方位所需的元素，称为该像片的外方位元素。

为了确定摄影光束在地面辅助坐标系中的位置，需要有三个线元素和三个角元素，共需六个元素。其中三个线元素是摄站(投影中心)S 在地面辅助坐标系中的坐标(X_S, Y_S, Z_S)，用来确定摄影光束顶点在地面辅助坐标系中的空间位置；三个角元素用来确定摄影光束在地面辅助坐标系中的姿态。这些角元素的表示方式有许多种，下面介绍三种角元素系统。

1. $\varphi-\omega-\kappa$ 系统

在图 2-20 中，$S\text{-}xyz$ 为像空间坐标系，而 $O_T\text{-}X_TY_TZ_T$ 为地面辅助坐标系。作摄影测量坐标系 $S\text{-}XYZ$，使其各轴与地面辅助坐标系各轴平行，则三个角元素的定义如下：

φ——主光轴 So 在 XZ 坐标面内的投影与过投影中心的铅垂线之间的夹角，称为偏角。

ω——主光轴 So 与其在 XZ 坐标面上的投影之间的夹角，称为倾角。

κ——Y 轴沿主光轴 So 的方向在像平面上的投影与像平面坐标的 y 轴之间的夹角，称为旋角。

三个角元素中 φ 和 ω 共同确定了主光轴 So 的方向，而 κ 则用来确定像片在像平面内的方位，即光线束绕主光轴的旋转。利用 $\varphi-\omega-\kappa$ 系统恢复像片在空间的角方位时，应以 Y 坐标轴作为第一旋转轴(主轴)，X 坐标轴作为第二旋转轴(副轴)，Z 坐标轴为第三旋转轴，即依次绕 Y 轴、X 轴、Z 轴分别旋转 φ，ω 和 κ 角来实现。

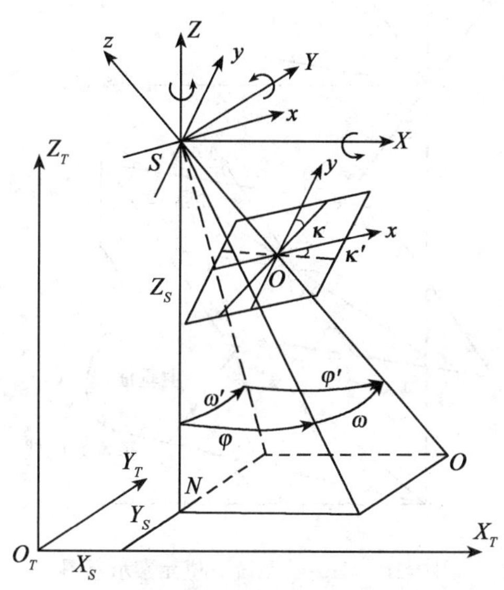

图 2-20　外方位元素示意图

2. $\omega'-\varphi'-\kappa'$ 系统

参照图 2-20，第二种角方位元素的定义如下：

ω'——主光轴 So 在 YZ 坐标面上的投影与过投影中心的铅垂线之间的夹角，称为倾角。

φ'——主光轴 So 与其在 YZ 面上的投影之间的夹角，称为偏角。

κ'——X 轴在像平面上的投影与像平面坐标系的 X 轴之间的夹角，称为旋角。

与第一种角元素系统相仿，ω'和φ'角用来确定主光轴(So)的方向，旋角κ'用来确定像片(光束)绕主光轴的旋转。利用该系统恢复像片角方位时，应依次绕X轴、Y轴、Z轴，分别旋转ω'、φ'、κ'角来实现。

3. t-α-κ_v 系统

这种角方位元素系统的定义表示于图2-21中。

t——主垂面与地辅坐标系统的X_TY_T坐标面的交线与Y_T轴之间的夹角，称为主垂面方向角。

α——主光轴So与过投影中心的铅垂线之间的夹角，称为像片的倾斜角。该角恒取正值。

κ_v——主纵线与像平面坐标系的y轴之间的夹角，称为像片的旋角。

与前两种角元素相仿，t和α用来确定主光轴(So)的方向，旋角κ_v用来确定像片(光束)绕主光轴的旋转。利用t、α、κ_v系统恢复像片角方位时，应依次绕Z轴、X轴、Z轴，分别旋转t、α、κ_v角来实现。

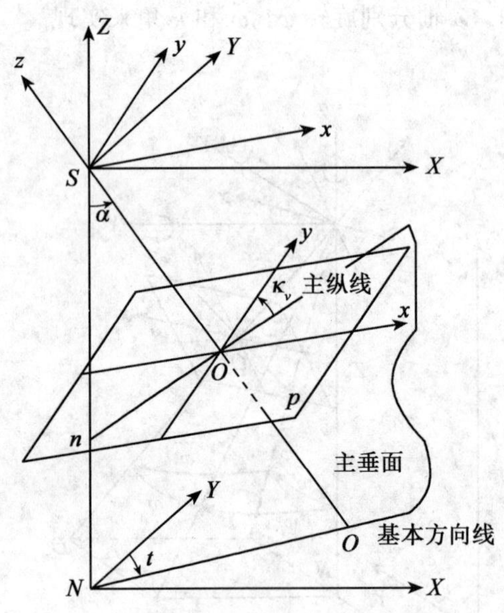

图2-21　t-α-κ_v系统方位元素示意图

需明确指出，任何一个空间直角坐标系在另一个空间直角坐标系中的角方位，都可以采用上述三种系统中的任何一种来描述。但无论采用哪一种，都是由三个独立的角元素确定的。

在本书以后的叙述中，主要采用φ-ω-κ角方位元素系统，其他角方位元素系统则较少使用。

2.5 共线方程

2.5.1 像空间直角坐标系的变换

要想解析地说明摄影构像所形成的中心投影，用公式表达像点、投影中心、对应物点之间的关系，坐标系统的变换是基础。坐标系统的旋转变换是讨论空间点在两个同原点的直角坐标系中的坐标之间的关系。

1. 空间直角坐标系旋转变换的基本关系

如图 2-22 所示，S-XYZ、S-xyz 为同一原点的两个空间直角坐标系。空间中任一点在两个坐标系中的坐标分别为(X、Y、Z)和(x、y、z)。坐标系 S-xyz 的 x 坐标轴在坐标系 S-XYZ 中的方向余弦为 a_1、b_1、c_1，同样地，X 轴在坐标系 S-xyz 中的方向余弦为 a_1、a_2、a_3，如表 2-2 所示。

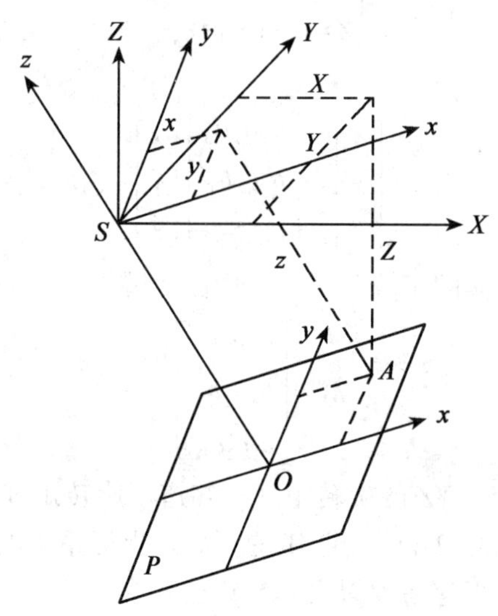

图 2-22　坐标关系图

表 2-2

	x	y	z
X	a_1	a_2	a_3
Y	b_1	b_2	b_3
Z	c_1	c_2	c_3

假定这两个坐标系统 S-XYZ 和 S-xyz 各坐标轴之间的方向余弦为已知，如表 2-2 所示。

且令坐标系 $S\text{-}XYZ$ 三轴的单位向量分别为 $\boldsymbol{i}$、$\boldsymbol{j}$、$\boldsymbol{k}$，令坐标系 S-xyz 三轴的单位向量分别为 $\boldsymbol{i}'$、$\boldsymbol{j}'$、$\boldsymbol{k}'$，则依向量代数有

$$\overrightarrow{SA}=X\boldsymbol{i}+Y\boldsymbol{j}+Z\boldsymbol{k} \tag{2-6}$$

$$\overrightarrow{\mathrm{SA}}=\mathrm{x}\boldsymbol{i}'+y\boldsymbol{j}'+z\boldsymbol{k}' \tag{2-7}$$

因为

$$\begin{cases} i'=a_1\boldsymbol{i}+b_1\boldsymbol{j}+c_1\boldsymbol{k} \\ j'=a_2\boldsymbol{i}+b_2\boldsymbol{j}+c_2\boldsymbol{k} \\ k'=a_3\boldsymbol{i}+b_3\boldsymbol{j}+c_3\boldsymbol{k} \end{cases} \tag{2-8}$$

将式(2-8)代入式(2-7)，有

$$\begin{aligned} \overrightarrow{SA}&=x(a_1\boldsymbol{i}+b_1\boldsymbol{j}+c_1\boldsymbol{k})+y(a_2\boldsymbol{i}+b_2\boldsymbol{j}+c_2\boldsymbol{k})+z(a_3\boldsymbol{i}+b_3\boldsymbol{j}+c_3\boldsymbol{k}) \\ &=(a_1x+a_2y+a_3z)\boldsymbol{i}+(b_1x+b_2y+b_3z)\boldsymbol{j}+(c_1x+c_2y+c_3z)\boldsymbol{k} \end{aligned} \tag{2-9}$$

将式(2-9)与式(2-6)相比较，可得

$$\begin{cases} X=a_1x+a_2y+a_3z \\ Y=b_1x+b_2y+b_3z \\ Z=c_1x+c_2y+c_3z \end{cases} \tag{2-10}$$

或写成矩阵表达的形式

$$\begin{bmatrix} X \\ Y \\ Z \end{bmatrix}=\begin{bmatrix} a_1a_2a_3 \\ b_1b_2b_3 \\ c_1c_2c_3 \end{bmatrix}\begin{bmatrix} x \\ y \\ z \end{bmatrix} \tag{2-11}$$

这就是空间直角坐标旋转变换的正算公式。其中的矩阵

$$\boldsymbol{M}=\begin{bmatrix} a_1a_2a_3 \\ b_1b_2b_3 \\ c_1c_2c_3 \end{bmatrix} \tag{2-12}$$

称为坐标系 $S\text{-}xyz$ 对坐标系 $S\text{-}XYZ$ 的旋转矩阵。知道了旋转矩阵 $\boldsymbol{M}$，即可由某点在坐标系 $S\text{-}xyz$ 中的坐标(x, y, z)按式(2-11)计算其在 $S\text{-}XYZ$ 坐标系中的坐标(X, Y, Z)。

用上述方法，我们可以很容易地得出其反算公式为

$$\begin{bmatrix} x \\ y \\ z \end{bmatrix}=\boldsymbol{M}^{\mathrm{T}}\begin{bmatrix} X \\ Y \\ Z \end{bmatrix} \tag{2-13}$$

上式中，$\boldsymbol{M}^{\mathrm{T}}$ 为 $\boldsymbol{M}$ 的转置矩阵，即坐标系 $S\text{-}XYZ$ 对坐标系 $S\text{-}xyz$ 的旋转矩阵。

若用矩阵 $\boldsymbol{M}^{-1}$乘式(2-11)，又可得

$$\begin{bmatrix} x \\ y \\ z \end{bmatrix}=\boldsymbol{M}^{-1}\begin{bmatrix} X \\ Y \\ Z \end{bmatrix} \tag{2-14}$$

由此可见

$$M^{T}=M^{-1}$$

或

$$M^{T}M=MM^{T}=E(\text{单位阵}) \tag{2-15}$$

2. 旋转矩阵的构成

旋转矩阵反映了同原点两个坐标系之间的变换关系。对于同原点 S 的两个空间直角坐标系而言，地辅坐标系 $S\text{-}XYZ$ 和像空间直角坐标系 $S\text{-}xyz$ 之间的相互关系，是由像片的三个外方位角元素所决定的。这说明，这时的旋转矩阵应该由三个角元素来确定。下面以 $\varphi\text{-}\omega\text{-}\kappa$ 系统为例推导角元素构成旋转矩阵的具体表达式。

假设航摄像片在坐标系 $S\text{-}XYZ$ 中的角方位元素 φ、ω、κ 为已知，则将坐标系 $S\text{-}XYZ$ 依次绕 Y 轴、X 轴、Z 轴相继旋转 φ、ω、κ 角之后，一定与航摄像片的像空间坐标系 $S\text{-}xyz$ 重合。下面分析每次旋转前后的坐标关系。

第一步，先将坐标系 $S\text{-}XYZ$ 绕 Y 轴旋转 φ 角，得一新坐标系 $S\text{-}X'Y'Z'$。此时，Y 轴与 Y' 轴重合，只是 X 轴与 Z 轴在 XZ 坐标面内旋转了 φ 角，如图 2-23 所示。坐标系 $S\text{-}X'Y'Z'$ 各轴在坐标系 $S\text{-}XYZ$ 中的方向余弦如表 2-3 所示。

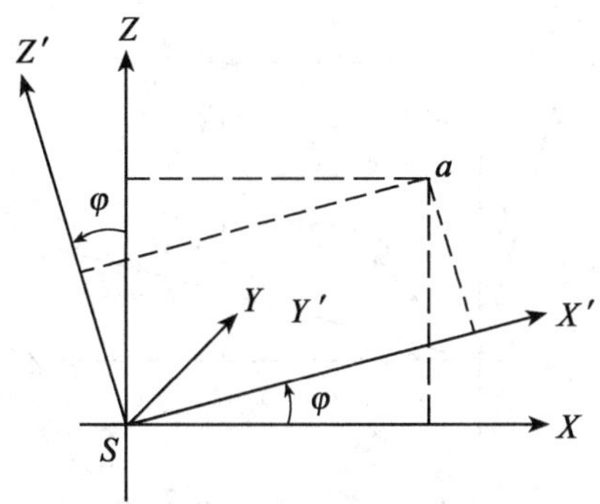

图 2-23　绕 Y 轴旋转 φ 角

表 2-3

	X'	Y'	Z'
X	$\cos\varphi$	0	$-\sin\varphi$
Y	0	1	0
Z	$\sin\varphi$	0	$\cos\varphi$

由此可以写出

$$\begin{bmatrix} X \\ Y \\ Z \end{bmatrix}=M\varphi\begin{bmatrix} X' \\ Y' \\ Z' \end{bmatrix} \tag{2-16}$$

式中

$$M\varphi=\begin{bmatrix}\cos\varphi & 0 & -\sin\varphi\\ 0 & 1 & 0\\ \sin\varphi & 0 & \cos\varphi\end{bmatrix}$$

第二步，再将坐标系 $S\text{-}X'Y'Z'$ 绕 X' 轴旋转 ω 角，又得一新坐标系 $S\text{-}X''Y''Z''$。此时，只是 Y' 轴与 Z' 轴在 $Y'Z'$ 坐标面内旋转了 ω 角，而 X' 轴与 X'' 轴重合，如图 2-24 所示。此时，坐标系 $S\text{-}X''Y''Z''$ 与坐标系 $S\text{-}X'Y'Z'$ 的各轴之间的方向余弦如表 2-4 所示。

于是，按照式(2-11)，有

$$\begin{bmatrix}X'\\ Y'\\ Z'\end{bmatrix}=M\omega\begin{bmatrix}X''\\ Y''\\ Z''\end{bmatrix} \tag{2-17}$$

式中

$$M\omega=\begin{bmatrix}1 & 0 & 0\\ 0 & \cos\omega & -\sin\omega\\ 0 & \sin\omega & \cos\omega\end{bmatrix}$$

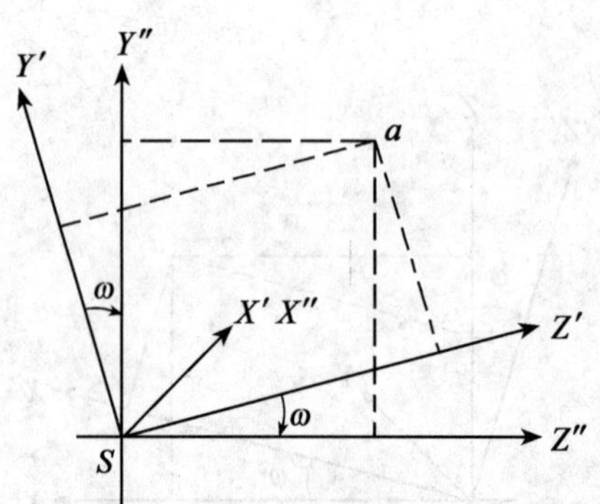

图 2-24　绕 X 轴旋转 ω 角

表 2-4

	X''	Y''	Z''
X'	1	0	0
Y'	0	$\cos\omega$	$-\sin\omega$
Z'	0	$\sin\omega$	$\cos\omega$

第三步，将坐标系 $S\text{-}X''Y''Z''$ 绕 Z'' 轴旋转 κ 角，即与像空间坐标系 $S\text{-}xyz$ 重合。这里，只是 X'' 与 Y'' 坐标在 $X''Y''$ 坐标面内旋转了 κ 角，而 Z'' 轴原来已与像空间坐标系的 z 轴重合，保持不变，如图 2-25 所示。此时，坐标系 $S\text{-}xyz$ 与坐标系 $S\text{-}X''Y''Z''$ 各轴之间的方向余弦如表 2-5 所示。

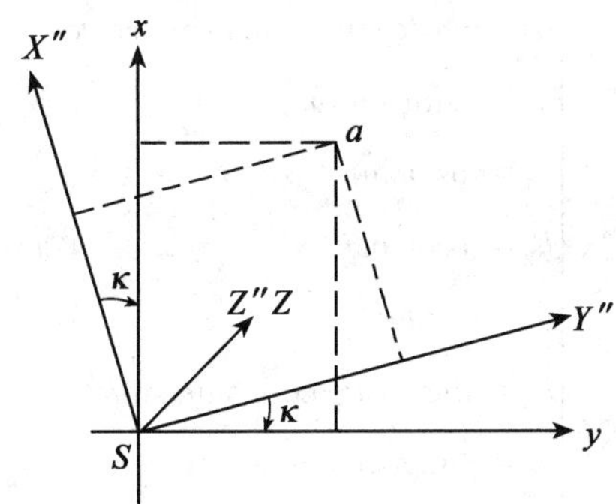

图 2-25　绕 Z''轴旋转 κ 角

表 2-5

	x	y	z
X''	$\cos\kappa$	$-\sin\kappa$	0
Y''	$\sin\kappa$	$\cos\kappa$	0
Z''	0	0	1

于是，按照式(2-11)，有

$$\begin{bmatrix} X'' \\ Y'' \\ Z'' \end{bmatrix} = \boldsymbol{M\kappa} \begin{bmatrix} x \\ y \\ z \end{bmatrix} \tag{2-18}$$

式中

$$\boldsymbol{M\kappa} = \begin{bmatrix} \cos\kappa & -\sin\kappa & 0 \\ \sin\kappa & \cos\kappa & 0 \\ 0 & 0 & 1 \end{bmatrix}$$

现在，我们将式(2-18)代入式(2-17)，再代入式(2-16)，得

$$\begin{bmatrix} X \\ Y \\ Z \end{bmatrix} = \boldsymbol{M}_{\varphi}\boldsymbol{M}_{\omega}\boldsymbol{M}_{\kappa} \begin{bmatrix} x \\ y \\ z \end{bmatrix} \tag{2-19}$$

令

$$\boldsymbol{M} = \boldsymbol{M}_{\varphi}\boldsymbol{M}_{\omega}\boldsymbol{M}_{\kappa} \tag{2-20}$$

代表坐标系 $S\text{-}XYZ$ 经过三步旋转 $\varphi\text{-}\omega\text{-}\kappa$ 之后到达坐标系 $S\text{-}xyz$ 位置的旋转，则有

$$\boldsymbol{M} = \begin{bmatrix} \cos\varphi & 0 & -\sin\varphi \\ 0 & 1 & 0 \\ \sin\varphi & 0 & \cos\varphi \end{bmatrix} \begin{bmatrix} 1 & 0 & 0 \\ 0 & \cos\omega & -\sin\omega \\ 0 & \sin\omega & \cos\omega \end{bmatrix} \begin{bmatrix} \cos\kappa & -\sin\kappa & 0 \\ \sin\kappa & \cos\kappa & 0 \\ 0 & 0 & 1 \end{bmatrix} \tag{2-21}$$

将式(2-21)展开，并考虑到式(2-21)应该与式(2-12)中的对应元素相等，则可以写出角方位元素 φ、ω、κ 与旋转矩阵中九个方向余弦的关系为

$$
\begin{cases}
a_1 = \cos\varphi\cos\kappa - \sin\varphi\sin\omega\sin\kappa \\
a_2 = -\cos\varphi\sin\kappa - \sin\varphi\sin\omega\cos\kappa \\
a_3 = -\sin\varphi\cos\omega \\
b_1 = \cos\omega\sin\kappa \\
b_2 = \cos\omega\cos\kappa \\
b_3 = -\sin\omega \\
c_1 = \sin\varphi\cos\kappa + \cos\varphi\sin\omega\sin\kappa \\
c_2 = -\sin\varphi\sin\kappa + \cos\varphi\sin\omega\cos\kappa \\
c_3 = \cos\varphi\cos\omega
\end{cases}
\tag{2-22}
$$

已知航摄像片的三个角方位元素 φ、ω、κ，即可按式(2-22)计算航摄像片的像空间坐标系对于摄影测量坐标系 $S\text{-}XYZ$ 的旋转矩阵的九个元素，即九个方向余弦。

反之，如果已知旋转矩阵中的九个方向余弦值，则可以由式(2-22)写出反算航摄像片之角方位元素的公式为

$$
\begin{cases}
\tan\varphi = -\dfrac{a_3}{c_3} \\
\sin\omega = -b_3 \\
\tan\kappa = \dfrac{b_1}{b_2}
\end{cases}
\tag{2-23}
$$

利用 $\omega'\text{-}\varphi'\text{-}\kappa'$ 角元素系统和 $t\text{-}\alpha\text{-}\kappa_v$ 角元素系统同样可以推导出构成旋转矩阵的具体表达式，这里不再赘述。

由以上叙述可以看出，空间旋转矩阵的 9 个方向余弦都是外方位元素的 3 个角元素的函数。在 9 个方向余弦中，只有 3 个是独立的，另 6 个方向余弦可以由 3 个独立的方向余弦导出，这里不再讨论。

2.5.2 共线方程

描述像点 a、投影中心 S 和对应地面点 A 三点共线的方程称为共线方程。

如图 2-26 所示，假设在摄站 S 摄取了一张像片 P，航摄仪镜箱主距为 f。设坐标系 $S\text{-}X'Y'Z'$ 是地面辅助坐标系 $T\text{-}XYZ$ 的平行系，地面点 A 对应的像点 a 在坐标系 $S\text{-}X'Y'Z'$ 中的坐标为(X', Y', Z')，坐标系 $S\text{-}xyz$ 是像空间坐标系(图 2-26 中未绘出)。

设：

摄站 S 在地辅坐标系 $T\text{-}XYZ$ 中的坐标为(X_S, Y_S, Z_S)；

地面点 A 在地辅坐标系 $T\text{-}XYZ$ 中的坐标为(X, Y, Z)；

像点 a 在像空间坐标系 $S\text{-}xyz$ 中的坐标为$(x, y, -f)$；

像点 a 在地辅坐标系的平行坐标系 $S\text{-}X'Y'Z'$ 中的坐标为(X', Y', Z')；

地面点 A 在地辅坐标系的平行坐标系 $S\text{-}X'Y'Z'$ 中的坐标为$(X-X_S, Y-Y_S, Z-Z_S)$。

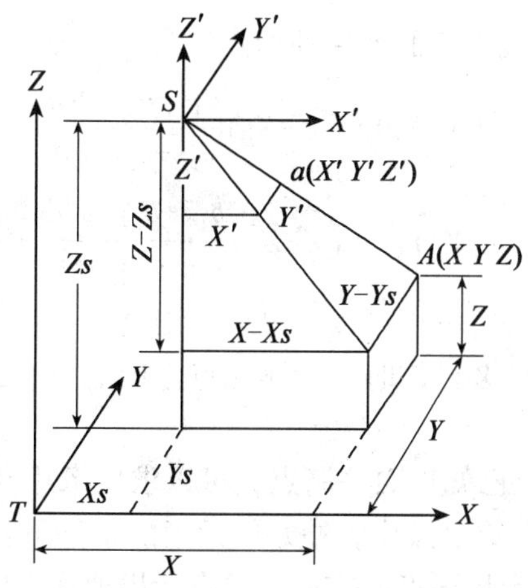

图 2-26　像点与相应地面点坐标关系

则由图 2-26 可知

$$\frac{X-X_S}{X'}=\frac{Y-Y_S}{Y'}=\frac{Z-Z_S}{Z'}=\lambda$$

即

$$\begin{bmatrix} X-X_S \\ Y-Y_S \\ Z-Z_S \end{bmatrix}=\lambda\begin{bmatrix} X' \\ Y' \\ Z' \end{bmatrix}=\lambda \boldsymbol{M}\begin{bmatrix} x \\ y \\ -f \end{bmatrix} \tag{2-24}$$

因 $M^{-1}=M^T$，得

$$\begin{bmatrix} x \\ y \\ -f \end{bmatrix}=\frac{1}{\lambda}\boldsymbol{M}^T\begin{bmatrix} X-X_S \\ Y-Y_S \\ Z-Z_S \end{bmatrix} \tag{2-25}$$

在方程式(2-24)和式(2-25)中，共有三个方程。为了消去 λ，由式(2-24)和式(2-25)的第三式得

$$\lambda=\frac{Z-Z_S}{c_1x+c_2y-c_3f}$$

和

$$\lambda=\frac{a_3(X-X_S)+b_3(Y-Y_S)+c_3(Z-Z_S)}{-f}$$

将 λ 代入式(2-25)得

$$\begin{cases} x=-f\dfrac{a_1(X-X_S)+b_1(Y-Y_S)+c_1(Z-Z_S)}{a_3(X-X_S)+b_3(Y-Y_S)+c_3(Z-Z_S)} \\ y=-f\dfrac{a_2(X-X_S)+b_2(Y-Y_S)+c_2(Z-Z_S)}{a_3(X-X_S)+b_3(Y-Y_S)+c_3(Z-Z_S)} \end{cases} \tag{2-26}$$

这就是共线方程。采用式(2-26)可以在已知像片外方位元素的条件下，由地面点的地

面辅助坐标计算像点的坐标。

将 λ 代入式(2-24)得共线方程的另一种形式

$$
\begin{cases}
(X-X_S)=(Z-Z_S)\dfrac{a_1x+a_2y-a_3f}{c_1x+c_2y-c_3f} \\
(Y-Y_S)=(Z-Z_S)\dfrac{b_1x+b_2y-b_3f}{c_1x+c_2y-c_3f}
\end{cases}
\tag{2-27}
$$

对式(2-26)和式(2-27)进行分析可以得出如下结论：

(1)当地面点坐标 X、Y、Z 已知时，量测像点坐标 x、y，式中有6个未知数，即6个外方位元素。

(2)利用3个或3个以上已知地面平高点，可以求出像片外方位元素(后方交会)。

(3)由式(2-27)可知，在给定像片的外方位元素的条件下，并不能由像点坐标计算出地面点的空间坐标，只能确定地面点的方向。只有给出地面点的高程，才能确定地面点的平面位置。

(4)当立体像对的外方位元素已知时，量测 x、y，可以求解未知地面点三维坐标 X、Y、Z(前方交会)。

2.5.3 倾斜像片与水平像片的坐标关系

假定我们在摄站 S 用同一个航摄仪同时摄取了另一张水平像片 P^0，显然，此时的像空间坐标系 $S\text{-}xyz$ 应与摄测坐标系 $S\text{-}XYZ$ 重合(图2-27)。因此，这两个坐标系之间的旋转矩阵为单位阵，即

$$
\boldsymbol{M}=\begin{bmatrix} a_1 & a_2 & a_3 \\ b_1 & b_2 & b_3 \\ c_1 & c_2 & c_3 \end{bmatrix}=\begin{bmatrix} 1 & 0 & 0 \\ 0 & 1 & 0 \\ 0 & 0 & 1 \end{bmatrix}
$$

设若地面点 A 在水平像片 P^0 上的像点为 a^0，其在水平像片上的坐标用(x^0，y^0)表示，则由式(2-26)可得

$$
\begin{cases}
x^0=-f\dfrac{(X-X_S)}{(Z-Z_S)} \\
y^0=-f\dfrac{(Y-Y_S)}{(Z-Z_S)}
\end{cases}
\tag{2-28}
$$

式(2-28)就是水平像片上像点 a^0、投影中心 S 和物点 A 三点共线的坐标表达式。式(2-28)完全可以由图2-27按相似三角形的关系直接写出来。

将式(2-27)代入式(2-28)中，则有

$$
\begin{cases}
x^0=-f\dfrac{a_1x+a_2y-a_3f}{c_1x+c_2y-c_3f} \\
y^0=-f\dfrac{b_1x+b_2y-b_3f}{c_1x+c_2y-c_3f}
\end{cases}
\tag{2-29}
$$

式(2-29)就是倾斜像片上像点坐标(x，y)与同摄站水平像片上像点坐标(x^0，y^0)之间

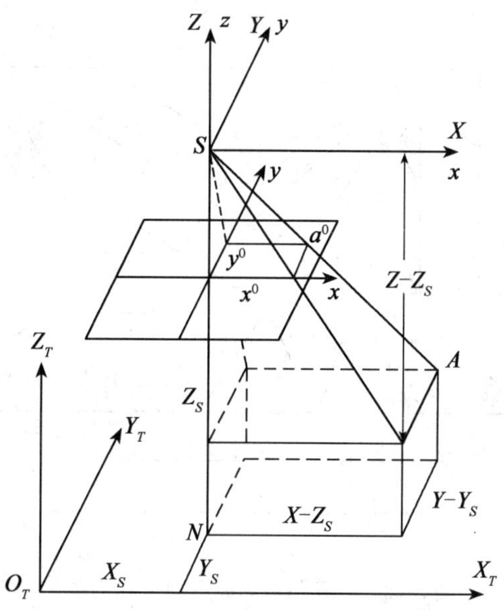

图 2-27　倾斜像片与水平像片的坐标关系

的严密关系式。有时又把(x^0，y^0)称为倾斜像片上的像点的纠正坐标。

航空摄影时，一般外方位角元素很小，可以将式(2-22)中的函数按级数展开，并取至一次项，则有

$$\begin{cases} a_1=b_2=c_3=1 \\ a_2=-b_1=-\kappa \\ a_3=-c_1=-\varphi \\ b_3=-c_2=-\omega \end{cases} \tag{2-30}$$

将式(2-30)代入式(2-29)，展开后约去二次以上微小项，并经整理得

$$\begin{cases} x^0=x+\left(f+\dfrac{x^2}{f}\right)\varphi+\dfrac{xy}{f}\omega-y\kappa \\ y^0=y+\dfrac{xy}{f}\varphi+\left(f+\dfrac{y^2}{f}\right)\omega+x\kappa \end{cases} \tag{2-31}$$

式(2-31)是水平像片与倾斜像片之间像点坐标的一次项关系式，即外方位元素对像点坐标影响的一次项近似公式，是摄影测量中的基本公式之一。

2.5.4　简化坐标关系式

1. 以等角点(c，C)为原点的简化坐标关系式

在航测综合法的一些理论问题研究中，常常选用以主垂面为基础的坐标，以简化坐标关系式。即像面以主纵线做 y 轴，地面以基本方向线做 Y 轴，而以对应的等角点(c，C)做坐标原点。这种坐标关系式可以由图 2-28 直接导出。

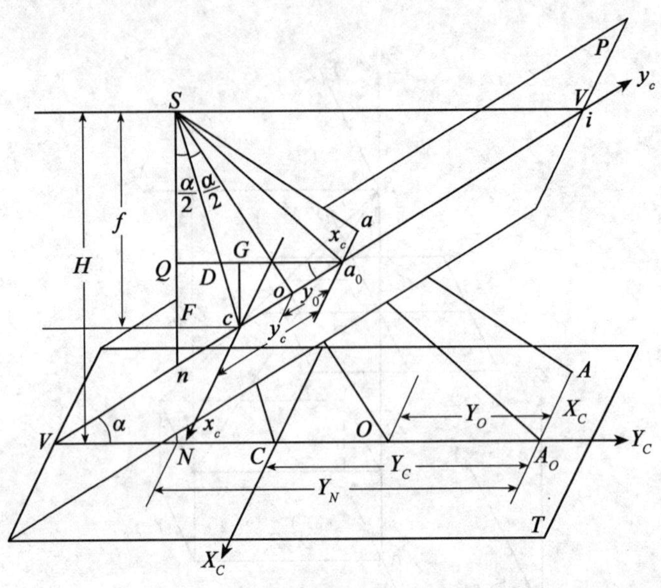

图 2-28 以等角点为原点的坐标关系

图 2-28 中地面点 A 在所选定的坐标系中的坐标为 $XC=A_0A$，$YC=CA_0$；像点 a 的坐标为

$$x_c=a_0a,\quad y_c=ca_0$$

在主垂面内，过 c 作 $cF\perp SN$；过 a_0 作 $a_0Q\perp SN$，交 SC 于 D。因 $\triangle Soc=\triangle SFc$，故 $SF=So=f$。在 $\triangle a_0Dc$ 中，$\angle D=\angle c=90^\circ-\dfrac{\alpha}{2}$，故 $Da_0=ca_0=y_c$ 又由图 2-28 可知，$FQ=y_c\sin\alpha$，再通过相似三角形关系，可得

$$\frac{X_C}{x_c}=\frac{SA_0}{Sa_0}=\frac{SN}{SQ}=\frac{H}{f-y_c\sin\alpha}=\frac{CA_0}{Da_0}=\frac{Y_C}{y_c}$$

故

$$\begin{cases}X_C=\dfrac{Hx_c}{f-y_c\sin\alpha}\\[2ex]Y_C=\dfrac{Hy_c}{f-y_c\sin\alpha}\end{cases}\tag{2-32}$$

如果把式(2-32)中右边的 H 换成 f，就得到综合法中常用的倾斜像片上的像点与同航高的水平像片上的像点之间的坐标关系式，即

$$\begin{cases}x_c^0=\dfrac{fx_c}{f-y_c\sin\alpha}\\[2ex]y_c^0=\dfrac{fy_c}{f-y_c\sin\alpha}\end{cases}\tag{2-33}$$

2. 以主点(o，O)为原点的简化坐标关系式

当倾斜像片以主纵线为 y 轴，像主点为原点，水平像片以基本方向线和其像底点组成像平面坐标系，则在 t、α、κ_V 系统中，$t=0$，$\kappa_V=0$，可得：$a_1=1$，$b_2=\cos\alpha$，$b_3=-\sin\alpha$，

$c_2 = \sin\alpha$，$c_3 = \cos\alpha$，其他方向余弦为零。将各方向余弦代入式(2-30)得

$$\begin{cases} x^0 = -f\dfrac{x}{y\sin\alpha - f\cos\alpha} \\ y^0 = -f\dfrac{y\cos\alpha + f\sin\alpha}{y\sin\alpha - f\cos\alpha} \end{cases} \tag{2-34}$$

式(2-34)就是分别以倾斜像片的主点和水平像片的底点为原点，以主纵线为 y 轴的坐标关系式。

2.6 航摄像片的像点位移与比例尺

航摄像片是地面的中心投影，地形图是地面的正射投影，只有当地面水平且航摄像片也水平时，中心投影才与正射投影等效。所以当像片倾斜或地面有起伏时，所摄取的影像均与理想情况(像片水平且地面水平)有差异。这一差异反映为一个地面点在地面水平的理想水平像片中的构像与地面有起伏时或倾斜像片中构像的点位不同，这种点位的差异称为像点位移。像片上某图形的像点发生位移，其结果是使像片上的几何图形与地面上相应的几何图形产生变形，反映为像片的影像比例尺处处不等。

2.6.1 像点位移

1. 因像片倾斜引起的像点位移

因像片倾斜而引起的像点移位，称为像点的倾斜误差，用 δ_α 表示。研究倾斜像片中的像点移位，是把同摄站同主距的倾斜像片和水平像片依等比线重合在一起，来比较两像片中相应点的点位变化而进行的。图 2-29 表示倾斜像片 P 与对应的水平像片 P_o 依等比线重合的情况。地面上任一点 A 在 P 面上的构像为 a，在 P_o 面上的构像为(a_o)，当 P_o面重合于 P 面后的位置为 a_o，则 aa_o为像点 a 的倾斜误差，一般用 δ_α 表示，$\delta_\alpha = aa_o$。

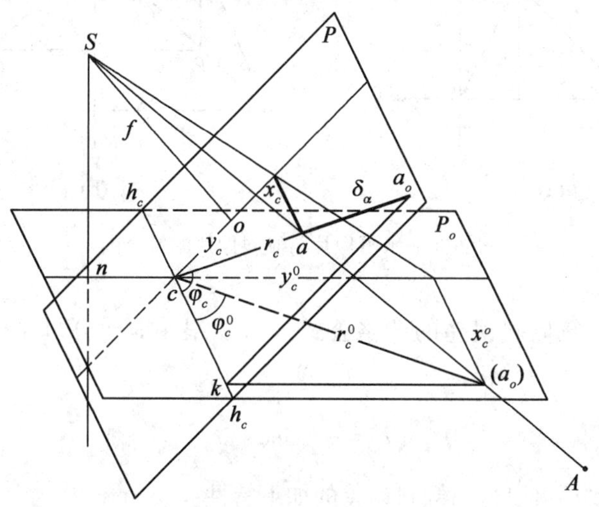

图 2-29 倾斜像片像点位移图

由式(2-32)可知

$$\frac{x_c^0}{x_c}=\frac{y_c^0}{y_c}=\frac{f}{f-y_c\sin\alpha}$$

即

$$\frac{y_c^0}{x_c^0}=\frac{y_c}{x_c}$$

亦即

$$\cot\varphi_c^0=\cot\varphi_c$$

故倾斜误差发生在等角点的辐射线上，即 c、a、a_0 在一直线上。这是倾斜误差的一个重要特性。

设 $ca=r_c$，$ca_o=r_c^o$，由图 2-30(a)可知

$$r_c^0=\frac{y_c^0r_c}{y_c}=\frac{fr_c}{f-y_c\sin\alpha}$$

令

$$\delta_\alpha=r_c-r_c^0=r_c-\frac{fr_c}{f-y_c\sin\alpha}=\frac{r_cy_c\sin\alpha}{f-y_c\sin\alpha}$$

因

$$y_c=r_c\sin\varphi$$

故

$$\delta_\alpha=-\frac{r_c^2\sin\varphi\sin\alpha}{f-r_c\sin\varphi\sin\alpha}\tag{2-35}$$

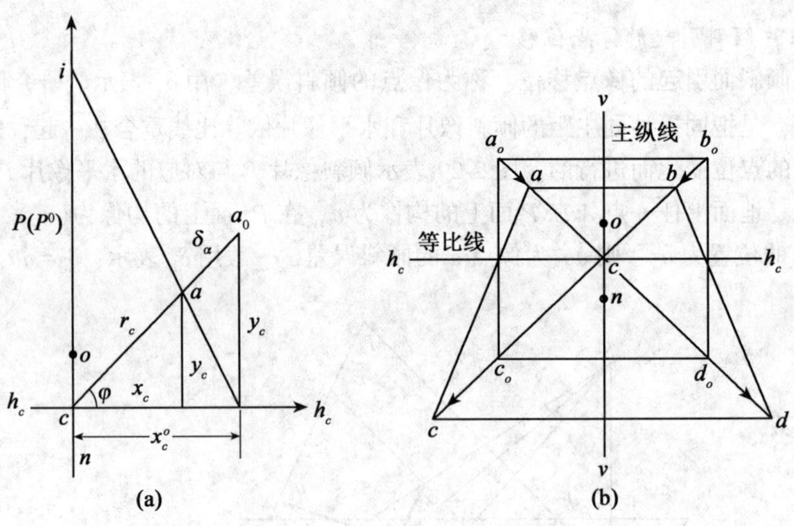

图 2-30　水平像片与倾斜像片的叠合图

式(2-35)即为计算倾斜误差的严格公式，当 α 很小时，分母中的第二项可以省去，可得近似公式为

$$\delta_\alpha=-\frac{r_c^2}{f}\sin\varphi\sin\alpha\tag{2-36}$$

分析式(2-36)，还可以得出倾斜误差的如下特性：

(1)等比线上的点倾斜误差为0(因 φ 角为0°或180°，$\sin\varphi=0$)。

(2)当 r_c 一定时，主纵线上的点倾斜误差最大(因 φ 角为 90°或 270°，$|\sin\varphi|=1$ 为最大值)。

(3)等比线将倾斜像片分为两部分，包含主点部分的所有像点都向着等角点 c 移位(因 $\varphi=0°\sim180°$，$\sin\varphi$ 为正，δ_α 为负)，包含底点部分的所有像点背着等角点 c 移位(因 $\varphi=180°\sim360°$，$\sin\varphi$ 为负，δ_α 为正)，如图 2-30(b)所示，图 2-30(b)中 $abdc$ 为倾斜像片中的图形，$a_o b_o d_o c_o$ 为按图 2-30 叠合后水平像片中的相应图形，箭头表示移位方向。

2. 因地形起伏引起的像点位移

当地面有起伏时，无论是水平像片还是倾斜像片，都会因地形起伏而产生像点位移，这是中心投影与正射投影两种投影方法在地形起伏的情况下产生的差别，所以因地形起伏引起的像点位移也称为投影差。

为了便于讨论和理解，仅推导像片水平时地形起伏引起的像点位移。

如图 2-31 所示，假设在某摄影中心 S 摄取一水平像片 P^0，摄影时相对于某一基准面 E 的航高为 H；某地面点 A 距基准面的高差为 h，地面点 A 在像片中的构像为 a；地面点 A 在基准面上的投影为 A_0，A_0 在像片上的构像为 a_0，a_0a 即为因地形起伏引起的像点位移，用 δ_h 表示。令 $na=r_n$(r_n 为 a 点以像底点 n 为中心的向径)，$NA_0=R$(R 为地面点到地底点水平距离)，具有位移的像点 a 投影在基准面上为 A'，A_0A' 则称为地面上的投影差，用 Δh 表示，根据相似三角形原理可得

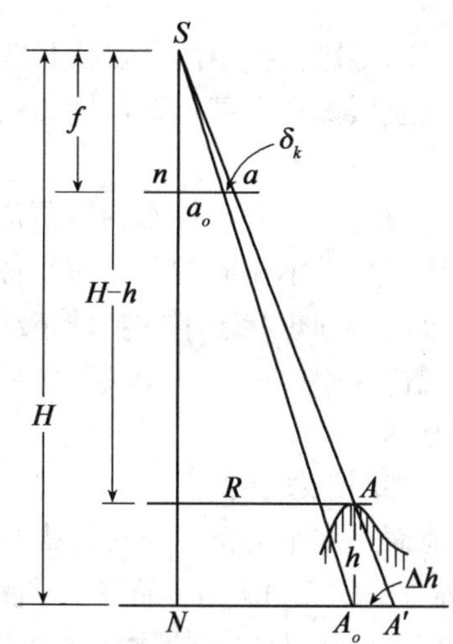

图 2-31　地形起伏引起的像点位移

$$\frac{\Delta h}{R}=\frac{h}{H-h} \tag{2-37}$$

$$\frac{R}{H-h}=\frac{r_n}{f} \tag{2-38}$$

由于

$$\delta_h = \frac{\Delta h}{m} = \frac{f}{H}\Delta h \tag{2-39}$$

利用式(2-37)~式(2-39)三式可得

$$\delta_h = \frac{r_n h}{H} \tag{2-40}$$

式(2-40)即为地形起伏引起的像点位移的计算公式。

由式(2-40)可知，地形起伏引起的像点位移 δ_h 在以像底点为中心的辐射线上，当 h 为正时，δ_h 为正，即像点背离像底点方向位移；当 h 为负时，δ_h 为负，即像点朝向像底点方向位移；当 $r_n=0$ 时，$\delta_h=0$，说明位于像底点处的像点不存在地形起伏引起的像点位移。

根据式(2-37)可以得到地面上投影差

$$\Delta h = \frac{Rh}{H-h} \tag{2-41}$$

可见，因地形起伏引起的像点位移也同样会引起像片比例尺及图形的变形，而且由于像底点不在等比线上，因此综合考虑像片倾斜和地形起伏的影响，像片中任意一点都存在像点位移，且位移的大小随点位的不同而不同，由此导致一张像片中不同点位的比例尺不相等。

2.6.2 像片比例尺

地面目标从不同高度，用不同摄影机拍摄的航摄像片其大小是不相同的，称之为比例尺不同。按照数学中的定义，在航摄像片上某一线段影像的长度与地面上相应线段距离之比，就是航摄像片上该像片的构像比例尺。

由于像片倾斜和地形起伏的影响，在中心投影的航摄像片中，在不同的点位上产生不同的像点位移，因此各部分的比例尺是不相同的。只有当像片水平而地面也水平时，像片中各部分的比例尺才一致，这仅仅是理想状态下的特殊情况。现根据不同情形来分析和了解一下像片比例尺变化的一般规律。

1. 平坦地区的水平像片比例尺

一般地说，像片比例尺也可如同地图比例尺一样定义为像片中的线段与地面上相应水平线段之比。这在像片水平，地面也水平的情况下可以做出严格的表达，如图 2-32 所示，T 为平坦且水平的地面，P 为水平像片，AB 为地面上的直线，ab 为该直线在像片中的构像，则像片中的线段 ab 和地面上对应线段 AB 的比就是像片比例尺。因为 $\triangle abS \backsim \triangle ABS$、$\triangle aoS \backsim \triangle AOS$，则水平像片的比例尺为

$$\frac{1}{m} = \frac{ab}{AB} = \frac{aS}{AS} = \frac{oS}{OS} = \frac{f}{H} \tag{2-42}$$

因主距 f 随航摄机而定，是常数，当地面平坦且水平时，H 对一张像片而言亦是常数；上述公式推导中，AB 的选取是任意的，所以水平像片中各点的比例尺处处相等为一常数 f/H。

2. 起伏地区的水平像片比例尺

如图 2-33 所示，选取 T 为起始平面，已知起始平面的相对航高为 H，则起始平面上

的线段 AB，在像片中的构像 ab 的比例尺为

$$\frac{1}{m}=\frac{ab}{AB}=\frac{f}{H} \tag{2-43}$$

在高出起始平面Δh 的地面上，有线段 CD，其在像片中的构像 cd 的比例尺为

$$\frac{1}{m}=\frac{cd}{CD}=\frac{f}{H-\Delta h} \tag{2-44}$$

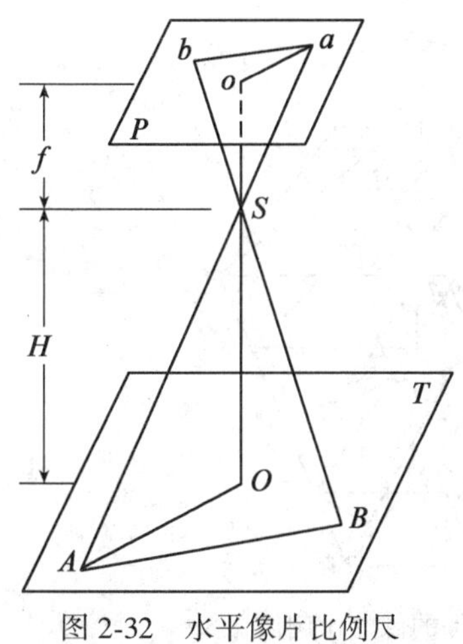

图 2-32　水平像片比例尺

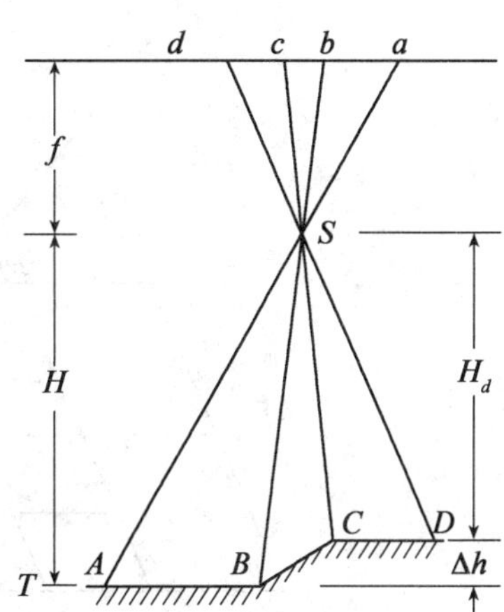

图 2-33　起伏地区像片比例尺

式(2-44)即为起伏地区的水平像片比例尺公式，由式(2-44)可以看出，在起伏地区的水平像片中，各处的比例尺随高差的大小不同而不同。起始平面是根据解决问题的需要而任意选取的，当高于起始平面时，高差Δh 为正；当低于起始平面时，高差Δh 为负。式(2-44)中的 H-Δh 是地面 CD 的相对航高，显然，当主距 f 一定时，水平像片中某处的比例尺决定于该处的相对航高。

3. 平坦地区的倾斜像片比例尺

如图 2-34 所示，假设在摄影中心 S 摄取某倾斜像片 P，该像片面与水平地面 E 相交于透视轴 tt，基本方向线为 VV。地平面 E 上有一格网图形 $ABCD$，各边分别与透视轴 tt 和基本方向线 VV 相平行；该图形在像片中的构像为 $abcd$。则地面上与透视轴平行的诸边在像片中的构像为相互平行的像水平线，而且每条边上的等分线段在像片中的构像还彼此相等；对于地面上与透视轴不平行的等长线段，其构像不在同一像水平线上，构像线段的长度也不相等。可见，每条像水平线上的构像比例尺为常数，而不同水平线上的构像比例尺是各不相同的。

为了使用量化公式来表示倾斜像片中不同像水平线的构像比例尺的差异，先定义像点的像平面坐标系为：像主点 o 为坐标原点，主纵线 vv 为 y 轴的右手系；地面坐标系为：地底点 N 为坐标原点，基本方向线 VV 为 Y 轴的右手系。

对于像片中任意一条像水平线的构像比例尺 $1:m_h$，可以取像片 P 和地平面 E 上任意一对透视对应点的横坐标 x 和 X 作为有限长度的线段，二者相比可得

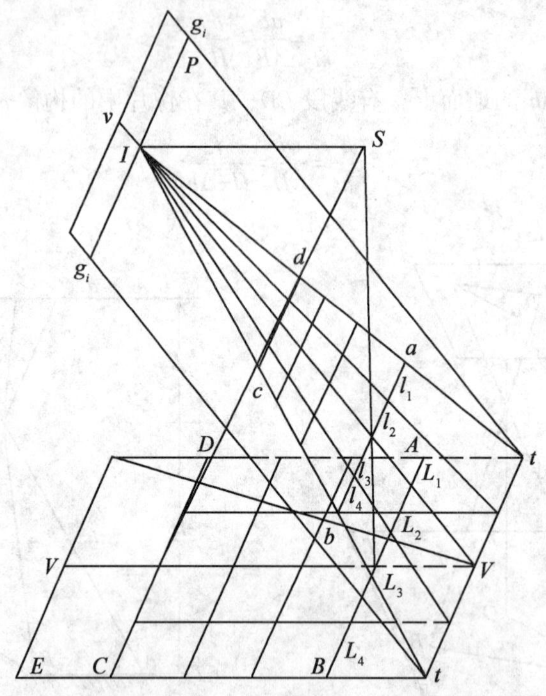

图 2-34　像片倾斜而地面水平的像片比例尺

$$\frac{1}{m_h}=\frac{x}{X}$$

而 x 与 X 有如下关系(这里仅给出结论)

$$X=\frac{H}{f\cos\alpha-y\sin\alpha}x$$

因此，像水平线上的构像比例尺为

$$\frac{1}{m_h}=\frac{x}{X}=\frac{f}{H}\left(\cos\alpha-\frac{y}{f}\sin\alpha\right) \tag{2-45}$$

上述三式中：x，y 为像点在上面所定义的像平面坐标系中的坐标；X，Y 为对应地面点在上面所定义的地面坐标系中的坐标；f 为摄影机主距；α 为像片倾角；H 为航高。

因此，通过航摄像片中各特征点的水平线上的构像比例尺为：

(1)通过像主点 o 的像水平线 h_oh_o，即主横线上的比例尺，此时 $y=0$，因而

$$\frac{1}{m_{h_0}}=\frac{f}{H}\cos\alpha \tag{2-46}$$

(2)通过像底点 n 的像水平线 h_nh_n 上的比例尺，此时 $y=-|on|=-f\tan\alpha$，因而

$$\frac{1}{m_{h_n}}=\frac{f}{H\cos\alpha} \tag{2-47}$$

(3)通过等角点 c 的像水平线 h_ch_c，即等比线上的比例尺，此时 $y=-|oc|=-f\tan\frac{\alpha}{2}$，

因而

$$\frac{1}{m_{h_n}}=\frac{f}{H} \tag{2-48}$$

由此可见，在等比线上的构线比例尺，等于在同一摄站摄取的理想水平像片的构像比例尺，这就是等比线名称的由来。

除了各水平线上的构像比例尺为常数之外，其他任何方向线上的构像比例尺都是不断变化的。

综上所述，在地面起伏的倾斜航片中，很难找到构像比例尺完全相同的地方。所以，前面我们所说的像片比例尺$\frac{1}{m}=\frac{f}{H}$只是一个近似值，称为主比例尺，主要供编制计划、管理、计算近似值等应用。

实际生产实践中，通常无法确切地知道像片的构像比例尺，而是根据地面控制点绘制底图，在单张像片测图和像片调绘时，有时需要知道比较精确的像片比例尺，这时可以采用实际测求的方法，即根据地面上两条正交的线段与像片中相应线段之比，求出局部平均比例尺。

4. 像片的平均比例尺

由于地形起伏地区倾斜像片的比例尺是一个复杂的问题，像片的比例尺对不同像点不同方向皆不一样，这对实际应用是很不方便的，故引入像片的平均比例尺，这也是实际生产中常使用的一个概念。在近似垂直摄影的情况下，倾斜角一般很小，如果不考虑地形起伏，则相对航高 H 为常数，这时因倾斜而造成的比例尺差异是很小的，故在平坦地区像片的平均比例尺可以用下式表示

$$\frac{1}{m_{\text{平坦}}}=\frac{f}{H} \tag{2-49}$$

当地面有起伏时，相对航高 H 是变化的，这时可以选取这张像片范围内的平均平面(最高点和最低点取平均)所对应的相对航高 $H_{\text{平均}}$来计算像片的平均比例尺，即

$$\frac{1}{m_{\text{起伏}}}=\frac{f}{H_{\text{平均}}} \tag{2-50}$$

像片的平均比例尺基本上代表了该张像片的像片比例尺。

对一个摄影分区而言，常采用主距 f 与平均基准面的相对航高之比来计算像片比例尺，这种比例尺是该摄影分区像片比例尺的代表。我们常说的某航区航摄比例尺就是指这一含义。

在航测外业中，当地面起伏不大时，可以采用如图 2-35(a)所示选取通过像主点并且近似垂直的两条直线，在像片中量取直线长度 d_1、d_2，在实地量取相应长度 D_1、D_2，则像片平均比例尺可以采用下式计算

$$\frac{1}{m_{\text{片}}}=\frac{1}{2}\left(\frac{d_1}{D_1}+\frac{d_2}{D_2}\right) \tag{2-51}$$

当地面起伏较大时，则采用如图 2-35(b)所示逐测站点测定像片比例尺。在测站 P 上选两个与测站连线近似正交的线段，在像片中量取直线长度 d_1、d_2，在实地量取相应长度

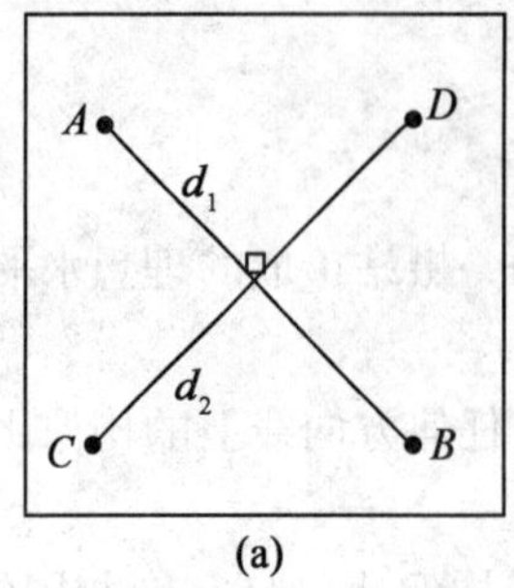

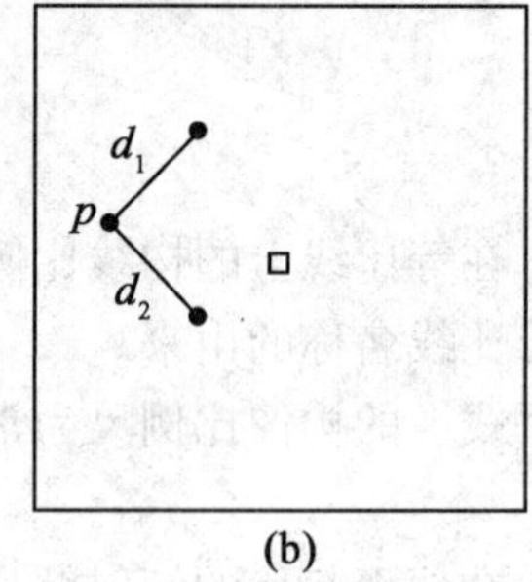

图 2-35　测算像片比例尺

D_1、D_2，则可以按下式计算像片平均比例尺

$$\frac{1}{m_{站}}=\frac{1}{2}\left(\frac{d_1}{D_1}+\frac{d_2}{D_2}\right) \tag{2-52}$$

利用式(2-52)计算出的比例尺，基本上代表了该测站范围内的像片平均比例尺。

【习题和思考题】

1. 摄影原理是什么？
2. 什么是相对航高、绝对航高和航摄仪主距？
3. 什么是像片的重叠度和像片倾斜角？
4. 航测成图对航摄像片有哪些要求？
5. 什么是中心投影？中心投影有哪些特性？
6. 航摄像片与地形图的主要区别有哪些？
7. 什么是阴位投影和阳位投影？阴位投影和阳位投影两者之间有何关系？
8. 什么叫做合点？什么叫做灭点？
9. 主点、像底点、主合点及其水平线上的任意点各是什么直线的合点？
10. 试绘图说明透视变换中的特别点、线、面。
11. 什么是像空间坐标系？像空间坐标系是如何定义的？什么是框标坐标系？框标坐标系是如何定义的？
12. 什么是内方位元素？内方位元素有几个？内方位元素的作用是什么？
13. 什么是外方位元素？外方位元素有几个？
14. 试写出共线条件方程，并说明方程式中各符号的含义。
15. 在哪些情况下像片中各点的比例尺皆为$\frac{1}{m}=\frac{f}{H}$？
16. 什么是倾斜误差？倾斜误差有哪些特性？
17. 什么是投影误差？投影误差有哪些特性？
18. 飞机在距离地面 1000m 的空中摄得一水平像片，从该像片中测量得一水塔的影像长为 2mm，从像主点至水塔底部影像的距离为 78mm，试计算水塔高度。

第3章　立体像对的基本知识

【教学目标】

学习本章，应掌握像对立体观察，立体像对的相对方位元素和绝对方位元素；理解立体像对的基本概念，单眼观察和双眼观察，立体像对的相对定向，立体模型的绝对定向，空间前方交会；了解人眼的本能。

3.1　立体像对的基本概念

以单张像片解析为基础的摄影测量通常称为单像摄影测量或平面摄影测量，根据第2章中的分析，这种摄影测量不能解决地面目标的三维坐标测定问题，解决这个问题要依靠立体摄影测量。立体摄影测量也称为双像摄影测量，是以立体像对为基础，通过对立体像对的观察和量测确定地面目标的形状、大小、空间位置及性质的一门技术。

由不同摄影站摄取的，具有一定影像重叠的两张像片称为立体像对。下面介绍立体像对与所摄地面之间的基本几何关系和部分术语。

图3-1表示处于摄影位置的立体像对，S_1、S_2为两个摄站，下角标1、2表示左、右。S_1S_2的连线称为摄影基线，记做B。地面点A的投射线AS_1和AS_2称为同名光线或相应光线，同名光线分别与两像面的交点a_1、a_2称为同名像点或相应像点。显然，处于摄影位置时同名光线在同一个平面内，即同名光线共面，这个平面称为核面。广义地说，通过摄影基线的平面都可以称为核面，通过某一地面点的核面则称为该点的核面。例如通过地面点A的核面就称为A点的核面，记做W_A。所以，在摄影时所有的同名光线都处在各自对应的核面内，即摄影时各对同名光线都是共面的，这是关于立体像对的一个重要几何概念。

通过像底点的核面称为垂核面，因为左右底点的投射光线是平行的，所以一个立体像对有一个垂核面。过像主点的核面称为主核面，有左主核面和右主核面。由于两主光轴一般不在同一个平面内，所以左右主核面一般是不重合的。

基线或其延长线与像平面的交点称为核点，图3-1中J_1、J_2分别是左、右像片中的核点。核面与像平面的交线称为核线，与垂核面、主核面相对应有垂核线和主核线。同一个核面对应的左、右像片中的核线称为相应核线，相应核线上的像点一定是一一对应的，因为它们都是同一个核面与地面交线上的点的构像。由此得知，任意地面点对应的两条核线是相应核线，左、右像片中的垂核线也是相应核线，而左、右主核线一般不是相应核线。由于所有核面都通过摄影基线，而摄影基线与像平面相交于一点，即核点，所以像面上所有核线必会聚于核点。与单张像片的解析相联系可知，核点就是空间一组与基线方向平行的直线的合点。

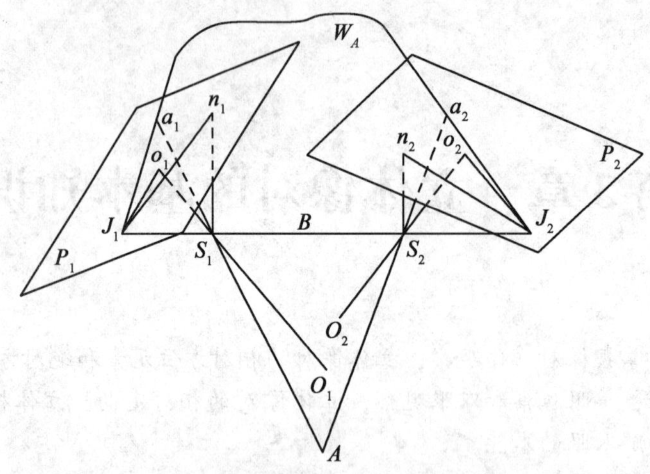

图 3-1　立体像对的基本点、线、面

摄影基线水平的两张水平像片组成的立体像对称为标准式像对。由于通过以像主点为原点的像平面坐标系的坐标轴方向的选择可以使这种像对的两个像空间坐标系、基线坐标系与地面辅助坐标系之间的相应坐标轴平行，所以也可以说“两个像空间坐标系和基线坐标系各轴均与地面辅助坐标系相应轴平行的立体像对称为标准式像对”。

立体像对上相应像点在两像片中的位置是不同的，即在两像片中的像平面坐标是不等的，如图 3-2 所示。这种相应像点的坐标差称为视差。其中横坐标之差称为左右视差，用 p 表示，纵坐标之差称为上下视差，用 q 表示，即

$$\begin{cases}p=x_1-x_2\\q=y_1-y_2\end{cases}\tag{3-1}$$

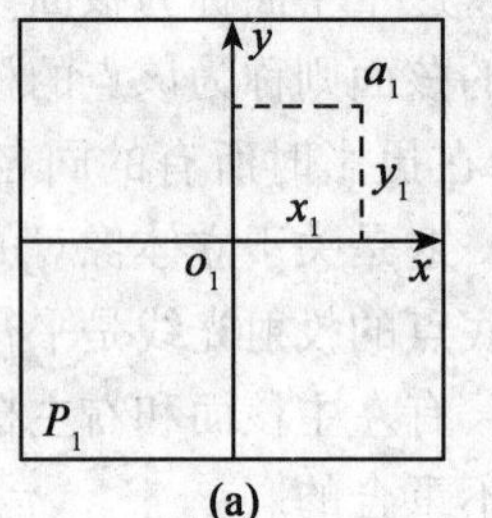

(a)

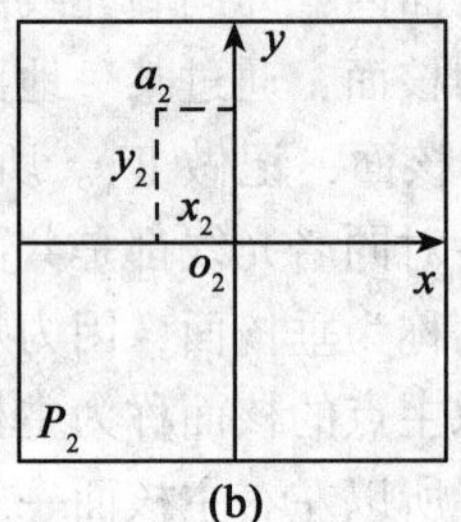

(b)

图 3-2　像点的上下视差和左右视差

左右视差恒为正，上下视差可为正、负或零。

标准式立体像对上各点的上下视差都等于零。即

$$q=y_1^0-y_2^0=0\tag{3-2}$$

任意两地面点的左右视差之差称为左右视差较，用 Δp 表示

$$\Delta p=p_1-p_2\tag{3-3}$$

左右视差、左右视差较和上下视差是立体摄影测量中的重要概念。

3.2 像对立体观察

立体摄影测量基本上是通过对立体像对的观察和量测实现的。像对的立体观察除了常用的由眼睛直接进行或通过工具进行外，在科学高度发展的今天也出现了由电子计算机控制的光敏仪器，形成了计算机视觉。计算机视觉是一种仿生系统，在摄影测量自动化中起着重要作用。但是目前这种系统还不完备，还不足以取代通常的人眼立体观察，其本身的进一步发展也离不开对人眼立体观察的进一步认识。

3.2.1 人眼的本能

人的眼睛好像一部照像机，前面的水晶体相当于镜头，后面的网膜相当于感光片。网膜的中央有网膜窝，是视觉最灵敏的地方。网膜窝中心与水晶体后节点的连线称为眼的视轴。当人眼注视某物点时，视轴会自动地转向该点，使该点成像在网膜窝中心，同时随着物体离人眼的远近自动改变水晶体的曲率，使物体在网膜上的构像清晰。人的眼睛的这种本能称为人眼的调节。

当人们用双眼观察物体时，两眼会本能地使物体的像落于左右两网膜窝中心，即视轴交会于所注视的物点上。这种本能称为眼的交会。在人们的生理习惯上，眼的交会动作与眼的调节是同时进行、相互协调的。

3.2.2 单眼观察和双眼观察

1. 单眼观察

单眼观察就如同照像机照一张像片一样，把空间立体的景物变成一个平面的构像，单眼观察只能感觉到物体的存在和判断其方向，但不能判别物体的远近。生活中用单眼观察产生的远近感觉，是按照透视法则，比较成像大小和明暗程度而得到的，并非真正的立体感。

单眼能够辨别最小物体的能力称为单眼视力，通常用单眼所能辨别的最小物体对眼睛所张的角值来表示。单眼视力分为两类：辨别点状物体的能力称为第一类单眼视力，约为45″；辨别线状物体的能力称为第二类单眼视力，约为20″。

2. 双眼观察

当人们用双眼观察物体时，就能分辨出物体的远近，此时所依据的特征设想为“生理视差”，而不是凭借生活经验所得到的印象。人们用双眼观察能够判别物体远近(产生立体感觉)的原因可以作如下推述：

如图3-3所示，当人们双眼注视 F 点时，F 点分别构像于两眼的网膜窝中心 f_1、f_2；距 F 点远近不同的 A 点和 B 点也分别构像于左右网膜上得 a_1、a_2 和 b_1、b_2。我们感觉：与 F 点不同距离的点在左、右两网膜上像点的位置相对于网膜中心来说是不同的，例如 a_1、a_2 分别与 f_1、f_2 在眼基线方向的弧长 f_1a_1 和 f_2a_2 是不等的，其差值 $f_1a_1-f_2a_2=\eta$ 称为生理视差。若规定弧长在网膜窝中心的左边为正，在右边为负，则任一物点如图3-3中的 A 点比注视点 F 远时，生理视差 $\eta<0$，比注视点近(如 B 点)时，$\eta>0$，而注视点的生理视差为0。由此可知，由于远近不同的物体在网膜上形成了不等的生理视差，这种生理视差由人的视神经传导至大脑皮层的视觉中心，便产生了物体有远近不同的感觉。所以认为人的生理视差是产生立体感觉的原因。

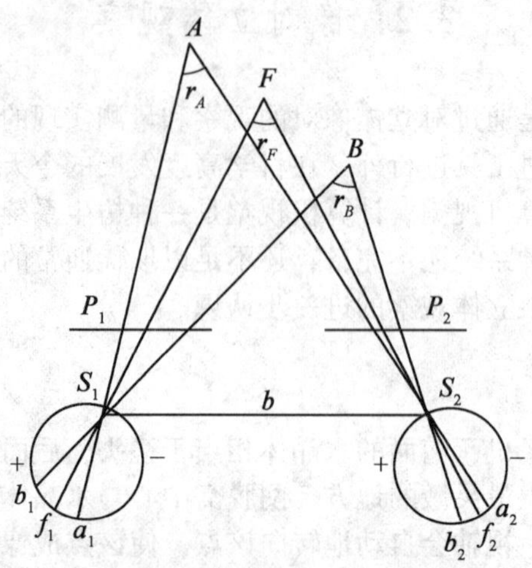

图 3-3　双眼立体观察原理

双眼观察能判别物体有远近的能力，称为双眼视力。通常用两物点(其中一点为注视点)的视差角之差来表示(任一物点的两相应视线的交角称为视差角，如图 3-3 中的 r)。双眼视力也分为两类，能判别两物点有远近差别的能力称为第一类双眼视力，经实验约为 30"；能判别平行线有远近差别的能力称为第二类双眼视力，为 15"～10"。

双眼观察时，如果观察点与凝视点前后距离相差不超过一定范围，则双眼中的构像基本一样，视觉中也自然凝合为一个影像；如果前后距离相差较大，两个眼中的相应弧距是不相等的，视觉中会出现双影。这种现象是容易观察到的，只要在观察者面前举起两支铅笔，使它们前后相距 15～20cm，则凝视前面的铅笔时，后面的铅笔为双影；凝视后面的铅笔时，前面的铅笔为双影。相关经验表明，当观察目标点的视差角与凝视点的视差角之差不大于 70′时，便可以凝合成一个影像，形成立体视觉。由此可见，一定范围内的生理视差是形成立体视觉的原因，也是立体景深有一定限度的原因。

双眼立体观察中，当被观察的景物远到一定程度时，景物之间的远近凭直接观察便不可分了，必须借助背景及其他间接知识方可判断远近，这个远到一定程度的距离称为立体观察半径。根据双眼视力的定义可知，如果凝视点的视差角等于双眼视力，那么比凝视点更远的点其视差角必小于双眼视力，所以其远近便不可分辨了。由此可以定义：视差角等于双眼视力时的凝视点距离，称为立体观察半径。

3.2.3　像对立体观察

像对的立体观察是摄影测量，特别是立体摄影测量的基础技术手段。下面分别就与摄影测量关系最为密切的像对立体观察的条件、效果，像对立体观察的工具等问题加以讨论。

用双眼直接观察，空间物体能有远近感觉的现象，称为天然立体观察。利用立体像对在室内进行双眼观察，也能获得与直接观察空间物体一样的立体感觉，这种现象称为像对立体观察。

1. 像对立体观察的条件

我们设想图 3-3 中的 P_1P_2 是用同焦距的摄影机使镜头中心位于眼透镜中心而摄得的立体像对(处于阳位)，a_1、f_1、b_1 和 a_2、f_2、b_2 为左、右像片中的像点。现在我们将空间物体移开，在不改变两眼和两像片位置的情况下使每只眼睛各看一张像片，则各像点的视线构成的光束与摄影时的摄影光束一致，即与实际看物体时视线所构成的光束一致。这时立体像对上各像点在两眼网膜上所构成的像和形成的生理视差与直接看实物时一样，因而可以得到与直接观察空间物体时同样的立体感觉。由相关试验可知，如果两眼与像对的相对位置有所改变，但仍能保证相应视线成对相交，就可以获得立体效果。

根据天然立体观察的特点和分析，得出像对立体观察应满足的条件如下：

(1)两张像片必须是由相邻两摄影站对同一物体摄影所获得的，即要有立体像对；

(2)两眼必须分别各看一张像片，即必须实现分像；

(3)像片所安置的位置，必须使相应视线成对相交，即像片定向，以保证两视线在同一视平面内。

由于在立体观察中，允许左视线和右视线所决定的视平面有一微小夹角，所以上述第(3)条有时可以近似满足。此外，良好的立体观察还要求一些附加条件，如同名影像的比例尺差异应尽量小，一般不能大于比例尺的 16%。

2. 像对立体观察的效果

进行像对立体观察时，在满足上述条件的情况下，如果像片相对眼睛安放的位置不同，可以得到不同的立体效果。即可能产生正立体、反立体和零立体效应。

(1)正立体。

正立体是指观察立体像对时形成的与实地景物起伏(远近)相一致的立体感觉。当左、右眼分别观察置于阳位的立体像对的左、右像片时就产生正立体效应，如图 3-4(a)所示。在此基础上将立体像对的两张像片作为一个整体，在其自身平面内旋转 180°，观察位置不变。使左眼看右像、右眼看左像，得到的仍是正立体，仅方位相差 180°，如图 3-4(b)所示。

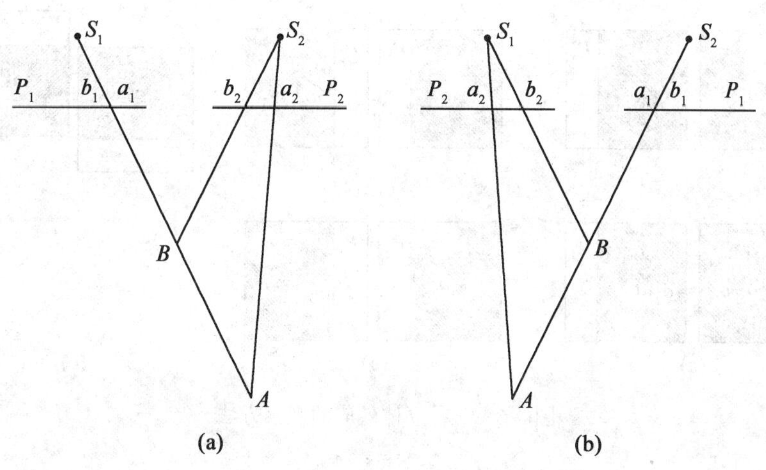

图 3-4　正立体

(2)反立体。

反立体是指观察立体像对时产生的与实地景物起伏(远近)相反的一种立体感觉。在正立体效应图 3-4(a)的基础上，将两张像片在各自平面内旋转 180°或者将左、右像片对调(不旋转)都可以产生反立体，如图 3-5 所示。图 3-5(a)是各自旋转 180°的结果，图 3-5(b)是左、右像片对调的结果。显然图 3-5(a)、图 3-5(b)这两种反立体的方位是相反的。

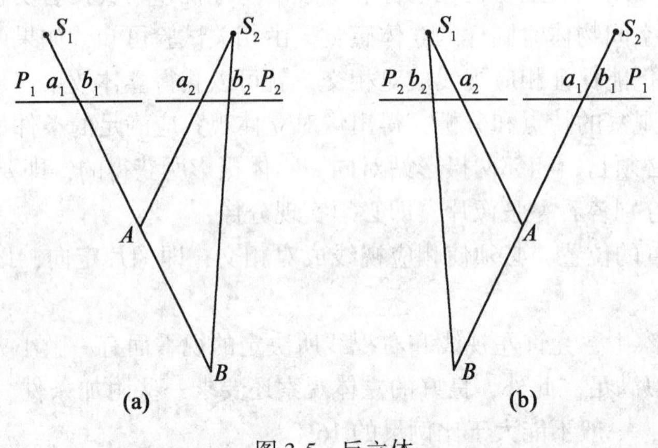

图 3-5 反立体

(3)零立体。

像对立体观察中形成的原景物起伏(远近)消失了的一种效应，称为零立体效应。这是将立体像对的两张像片各旋转 90°，使同名像点的连线都相等，并且原左、右视差方向改变为与眼基线垂直所得到的结果。这时所有同名像点的生理视差都变为零，故消失了远近的感觉。

上述三种立体效应像片的放置位置如图 3-6 所示，图 3-6(a)为正立体，像对影像重叠向内；图 3-6(b)图为反立体，像对影像重叠向外；图 3-6(c)为零立体。

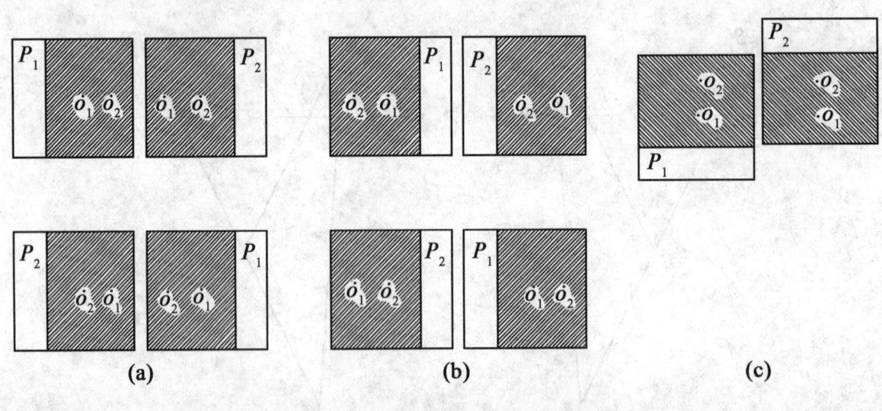

图 3-6 三种立体效应的观察方法

3. 像对立体观察的工具

像对立体观察必须每只眼睛各看一像，即必须进行分像。肉眼直接观察像对时要达到分像的目的比较困难，这是因为一方面改变了视轴交会于所视物点上的习惯(每只眼睛各看一像)，另一方面交会与调节两动作不协调，即交会角随着左、右视差的大小不断改变，而观察距离不变始终调节在明视距离上。因此一般要借助于专门的观察工具，立体摄影测量仪器都具有相应的观察系统。

立体观察最简单的工具是袖珍立体镜，观察较大像幅的像对时用反光立体镜。图 3-7(a)、图 3-7(b)分别为袖珍立体镜和反光立体镜的光路示意图。

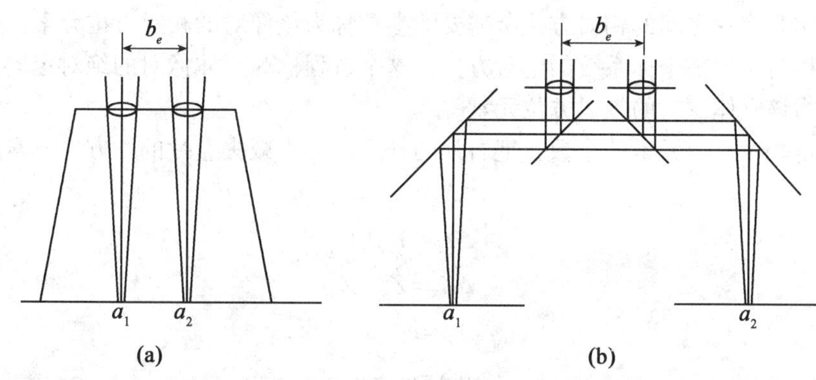

图 3-7　用立体镜进行立体观察示意图

反光立体镜由两对反光平面镜和一对透镜组成，平面镜安置成 45°的倾角。在反光镜下面安置的左、右像片中的像点所发出的光线，经反光镜的两次反射后分别进入人的左、右两眼，达到了分像的目的；同时观察的像片位于透镜的焦面附近，像点发出的光线经透镜后成平行光束，因而眼睛始终调节在远点上，很容易使交会与调节相适应而得到清晰的立体效果。透镜的另一作用是放大，反光立体镜放大倍率为 1.5~2 倍。

用袖珍立体镜观察立体像对的步骤如下：

(1)将像对按方位线定向。即使两像片中的相应方位线(该像片的像主点与邻片像主点的相应像点的连线)位于一条直线上；

(2)沿方位线方向使两像片相对地左、右移动，以改变像片之间的距离，使相应视线的交角与眼睛的交会角相适应。

(3)使观察基线与像片中方位线平行，即可进行像对立体观察。

3.3　立体像对的相对方位元素和绝对方位元素

3.3.1　概述

确定一张航摄像片(或摄影光束)在地面辅助坐标系统中的方位，需要六个外方位元素，即摄站的三个坐标和确定摄影光束姿态的三个角元素。因此，要确定一个立体像对的两张像片(或光束)在该坐标系中的方位，则需有 12 个外方位元素，即：

左片：X_{S1}，Y_{S1}，Z_{S1}，φ_1，ω_1，κ_1；

右片：X_{S2}，Y_{S2}，Z_{S2}，φ_2，ω_2，κ_2。

这两组(12 个)外方位元素便确定了这两张像片在地面辅助坐标系中的方位，当然也就确定了这两张像片之间的相对方位。

但在解决摄影测量问题时，往往关心的不是整个像对的绝对方位，而是首先只考虑两张像片的相对方位，比如右像片相对于左像片的方位。而后再处理整个像对在某一测量空间(如地面辅助坐标系统)中的绝对方位。这就把问题明显地分成了两个解决步骤，首先确定一个像对中两张像片之间的相对方位，这个过程称为立体像对的相对定向；确定一个立体像对中两张像片之间的相对方位所需要的参数称为该像对的相对方位元素；然后，再确定该像对相对于地辅坐标系统的绝对方位，这个过程称为立体像对的绝对定向；其所必须的参数称为该立体像对的绝对方位元素。

为了决定相对方位元素的个数，把右片的外方位元素减去左片的外方位元素，得

$$\begin{aligned}
\Delta X_S &= X_{S2}-X_{S1}\\
\Delta Y_S &= Y_{S2}-Y_{S1}\\
\Delta Z_S &= Z_{S2}-Z_{S1}\\
\Delta\varphi &= \varphi_2-\varphi_1\\
\Delta\omega &= \omega_2-\omega_1\\
\Delta\kappa &= \kappa_2-\kappa_1
\end{aligned}$$

其中，ΔX_S、ΔY_S、ΔZ_S为摄影基线 B 在地面辅助坐标系中的三个坐标轴上的投影，称为摄影基线的三个分量，通常记为 B_X、B_Y、B_Z，这三个投影基线的分量决定了基线的方向和长度，如图 3-8 所示。

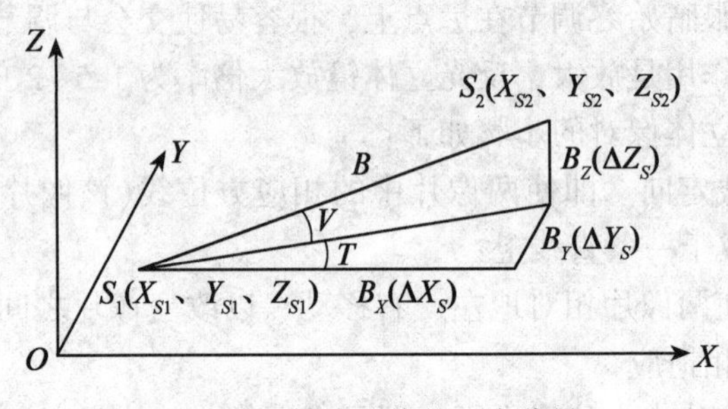

图 3-8　摄影基线的三个分量

$$B=\sqrt{B_X^2+B_Y^2+B_Z^2}$$

$$\tan T=\frac{B_Y}{B_X}$$

$$\sin\nu=\frac{B_Z}{B}$$

因此 B_X、B_Y、B_Z 这三个元素可以用 B(或 B_X)、T、V 这三个元素来代替。

但是我们并不关心基线 B 的长度，因为基线 B 的长度只影响模型的比例尺，并不影响两张像片之间的相对方位。于是，确定两张像片(光束)之间相对方位的元素便只需要下述的 5 个，即 T、v、$\Delta\varphi$、$\Delta\omega$、$\Delta\kappa$。

在确定了两张像片(光束)的相对方位之后，如果再知道了左片(或右片)的六个外方位元素和基线 B(或 B_X)的长度，就可以按前面的关系求出右片(或左片)的外方位元素。于是，这七个参数就称为立体像对(或模型)的绝对方位元素。

但是，在摄影测量的实际生产作业中，立体像对的相对定向和绝对定向总是与一定的仪器和作业方法相联系的，通常我们并不直接采用上述的立体像对之相对方位元素和绝对方位元素。

3.3.2 相对方位元素

相对方位元素与摄影测量坐标系的选择有关，对于不同的摄影测量坐标系，相对方位元素可以有不同的选择。下面介绍两种常用的相对方位元素系统。

1. 连续像对相对方位元素

这一系统是把立体像对中的左像片平面当做一个假定的水平面，而求右像片相对于左像片的相对方位。亦即，这种相对方位元素系统是以左像片的像空间坐标系 $S_1\text{-}x_1y_1z_1$ 作为参照基准的。

如图 3-9 所示，现取左像片的像空间坐标系为 $S_1\text{-}x_1y_1z_1$ 作为我们的摄影测量坐标系 $S_1\text{-}XYZ$，则可认为左像片在此摄影测量坐标系 $S_1\text{-}XYZ$ 中的外方位元素全部为零。因此，右像片对于左像片的相对方位元素，就是右像片在摄测坐标系 $S_1\text{-}XYZ$ 中的所谓外方位元素(由于这里的外方位元素并不一定是对地面辅助坐标系而言的，所以加上所谓二字)。因此，连续像对相对方位元素系统由下述五个元素组成(见图 3-9)：$\bar{T}$，$\bar{V}$，$\Delta\bar{\varphi}$，$\Delta\bar{\omega}$，$\Delta\bar{\kappa}$。

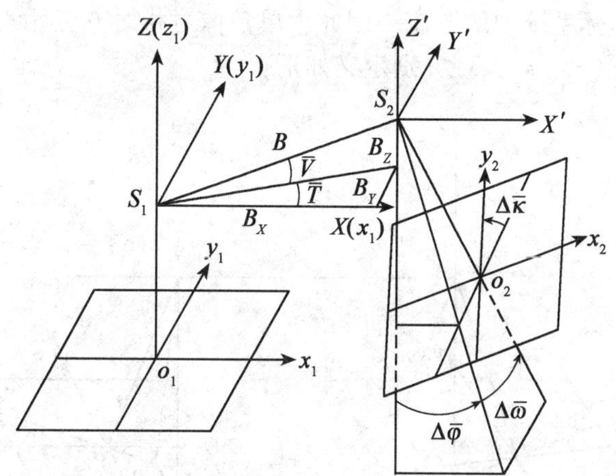

图 3-9 连续像对相对方位元素

现做一坐标系 $S_2\text{-}X'Y'Z'$，其各轴与摄影测量坐标系 $S_1\text{-}XYZ$ 的各对应轴平行，则各相对方位元素分别定义如下：

$\bar{T}$——摄影基线 B 在 XY 坐标面上的投影与 X 轴的夹角。

$\bar{V}$——摄影基线 B 与 XY 坐标面之间的夹角。

$\bar{\Delta\varphi}$——右像片主光轴 S_2O_2 在 $X'Z'$ 坐标面上的投影与 Z' 轴的夹角。

$\bar{\Delta\omega}$——右像片主光轴 S_2O_2 与 $X'Z'$ 坐标面之间的夹角。

$\bar{\Delta\kappa}$——Y' 轴在右像片平面上的投影与右像片像平面坐标系 y_2 轴之间的夹角。

各元素均从坐标轴或坐标面起算($\bar{\Delta\kappa}$ 从 Y' 轴在右像片上的投影起算)，图 3-9 中所示的方向均为正。

以上五个元素中，$\bar{T}$ 和 $\bar{V}$ 确定了摄影基线在摄测坐标系 S_1-XYZ 中的方向；$\bar{\Delta\varphi}$ 和 $\bar{\Delta\omega}$ 确定了右光束的主光轴 S_2O_2 在摄测坐标系中的方向，因而也就确定了两光束之主光轴之间的相对方位；$\bar{\Delta\kappa}$ 确定了右像片在其自身平面内的旋转，即右光束绕其主光轴的旋转。

由于这种相对方位元素系统是以左像片的像空间坐标系为参照基准，因此可以脱离地面辅助坐标系统而独立地确定两个光束的相对方位。这种相对方位元素系统的特点是，在相对定向过程中，只需移动或旋转其中一张像片(或光束)，另一张像片(或光束)则始终固定不变。

2. 单独像对相对方位元素

在这一系统中，将摄影测量坐标系统的坐标原点定在摄站 S_1，其 X 轴与摄影基线 B 重合，Z 轴在左主核面内，如图 3-10 所示。我们把这种摄测坐标系称为基线坐标系。所以，单独像对相对方位元素系统是以基线坐标系为参考基准的。

由于两个摄站 S_1 和 S_2 都在 X 轴上，它们之间的长度又无关紧要，可以为任一常数，因而两个摄站之间的相对位置便可以很简单地以任意比例尺确定下来。现在的问题是如何规定两光束在基线坐标系统中的姿态。因此，单独像对相对方位元素系统由下述五个元素组成，即 τ_1、κ_1、ε、τ_2、κ_2，现分别定义如下：

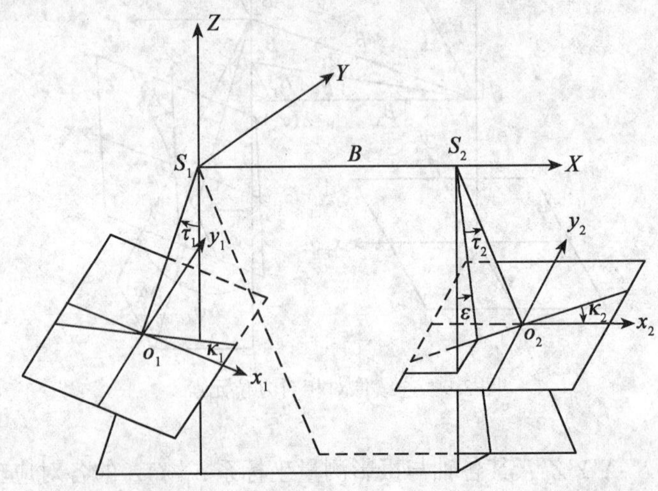

图 3-10 单独像对相对方位元素

τ_1——左主核面(即 XZ 面)上左主光轴与摄影基线的垂线(即 Z 轴)之间的夹角，由垂线起算，顺着坐标轴正向看，逆时针为正，图 3-10 中 τ_1 角为负。

κ_1——左像片上左主核线与像平面坐标系 x_1轴之间的夹角，由左主核线起算，逆时针至 x_1轴正方向为正，图 3-10 中 κ_1角为负值。

ε——左、右两像片主核面之间的夹角。由左主核面起算，图 3-10 中箭头所示的方向为正。

τ_2——右主核面上右主光轴与摄影基线 B 的垂线之间的夹角，由垂线起算，其方向正负与 τ_1相同。图 3-10 中 τ_2角为正值。

κ_2——右像片上右主核线与像平面坐标系 x_2轴之间的夹角，由右主核线起算，正负号规定与 κ_1相同。图 3-10 中 κ_2为负值。

上述五个元素中，ε 可以确定两主核面之间的相对位置；τ_1和 τ_2可以分别确定两主光轴对基线的相对位置；κ_1和 κ_2可以分别确定两张像片在其自身平面内的旋转，即控制两光束分别绕其主光轴旋转。所以用这五个元素也可以确定两光束的相对方位。这种系统的特点是确定两光束相对方位时，要分别转动两光束来实现。这些角元素同样与地面辅助坐标系无关。

相对方位元素的单独像对系统是以基线坐标系为基准的，从这方面来理解，可以认为 ε、τ_2和 κ_2是右光束(右片)在基线坐标系中的“外方位”角元素；τ_1和 κ_1是左光束(左片)在基线坐标系中的“外方位”角元素。这些角元素的旋转顺序与第二种外方位角元素系统一致，即以 X 轴作为第一旋转轴(主轴)，以 Y 轴作为第二旋转轴。而连续系统的旋转顺序是与第一种外方位角元素系统相一致的。

3.3.3 立体像对的绝对方位元素

由前一节的内容知，在恢复了立体像对的两张像片(光线束)的相对方位之后，相应光线必在其核面内成对相交，这些交点的总和，形成了一个与实地相似的几何模型。不过，由于相对方位元素系统是以摄影测量坐标系统(例如基线坐标系)为参照基准的，是独立于地面辅助坐标系统的，所以这个模型在地面辅助坐标系中的方位是任意的，模型的比例尺也是任意的。在恢复了立体像对的相对方位之后，可以把立体像对的两个光束及其相应光线相交而构成的立体模型作为一个整体看待。

在恢复立体像对之两张像片(光束)的相对方位的基础上，用来确定立体像对(立体模型)在地面辅助坐标系中的正确方位和比例尺所需要的参数，称为立体像对(立体模型)的绝对方位元素。

前已述及，立体像对(模型)的绝对方位元素应有七个。常用的七个元素是：B，X_S，Y_S，Z_S，Φ，Ω，K。现分别定义如下：

B——摄影基线长，用以确定模型的比例尺(也可以用基线分量 B_X代替，或用模型的比例尺分母代替)。

Φ——模型在 X 方向(航线方向)的倾斜角。

Ω——模型在 Y 方向(旁向)的倾斜角。

K——模型在 XY 平面内的旋转角。

(X_S, Y_S, Z_S)——某一摄站(如左摄站)在地面辅助坐标系 $O_T\text{-}X_TY_TZ_T$ 中的坐标(也可以用模型中某一已知点的地面坐标)。

上述立体像对(模型)绝对方位元素的含义，还可以用解析几何学中坐标变换的方法来分析。假如在确定像对之相对方位元素时，是以摄测坐标系 $S\text{-}XYZ$(比如，在单独像对系统中，$S\text{-}XYZ$ 就是基线坐标系)为参照基准的，那么立体像对(模型)的绝对方位元素就是确定摄测坐标系 $S\text{-}XYZ$ 在地面辅助坐标系 $O_T\text{-}X_TY_TZ_T$ 中的方位和统一长度单位所需要的参数。为此，就需要有下述的参数：

(Φ, Ω, K)——摄测坐标系 $S\text{-}XYZ$ 对于地面辅助坐标系 $O_T\text{-}X_TY_TZ_T$ 的三个旋转角。

(X_S, Y_S, Z_S)——摄测坐标系 $S\text{-}XYZ$ 的坐标原点 S 在地面辅助坐标系 $O_T\text{-}X_TY_TZ_T$ 中的坐标。

λ——两坐标系的单位长度的比值，实际为模型的比例尺分母。

这样，立体像对的绝对方位元素为下述七个：λ，X_S，Y_S，Z_S，Φ，Ω，K。

3.4 立体像对的相对定向

恢复立体像对中两张像片(或光束)之间的相对方位的过程，称为立体像对的相对定向。在本章 3.1 中讲述立体像对的基本定义时，我们已经知道，相应光线和摄影基线共处于一个核面内，这也是恢复立体像对的相对方位的几何条件，称为共面条件。共面条件的解析表达，称为共面条件方程。

3.4.1 共面条件方程的一般形式

如图 3-11 所示，在摄影站 S 和 S' 处摄取一个立体像对 $P\text{-}P'$，任一地面点 A 在像片 P 和 P' 上的相应像点分别为 a 和 a'。图 3-11 中 $S\text{-}XYZ$ 为所选定的摄影测量坐标系。过 S' 作一辅助的摄测坐标系 $S'\text{-}XYZ$，使其各坐标轴与 $S\text{-}XYZ$ 的相应坐标轴平行。设：

(X, Y, Z)——a 点在坐标系 $S\text{-}XYZ$ 中的坐标。

(X', Y', Z')——a' 点在坐标系 $S'\text{-}XYZ$ 中的坐标。

(B_X, B_Y, B_Z)——S' 点在坐标系 $S\text{-}XYZ$ 中的坐标。

则由向量代数知识知，向量 $\overrightarrow{SS'}$、$\overrightarrow{Sa}$、$\overrightarrow{S'a'}$ 共面(即 S、S'、a、a' 四点共面)的充要条件是它们所组成的数量向量积等于零，即

$$\overrightarrow{SS'} \cdot (\overrightarrow{Sa} \times \overrightarrow{S'a'}) = 0 \tag{3-4}$$

这就是共面条件方程的向量表达式。其相应的坐标表达形式为

$$\begin{vmatrix} B_X & B_Y & B_Z \\ X & Y & Z \\ X' & Y' & Z' \end{vmatrix} = 0 \tag{3-5}$$

式(3-5)的几何解释是由此三向量所形成的平行六面体的体积必须等于零，由此保证这一对相应光线共处于一个核面之内，成对相交。

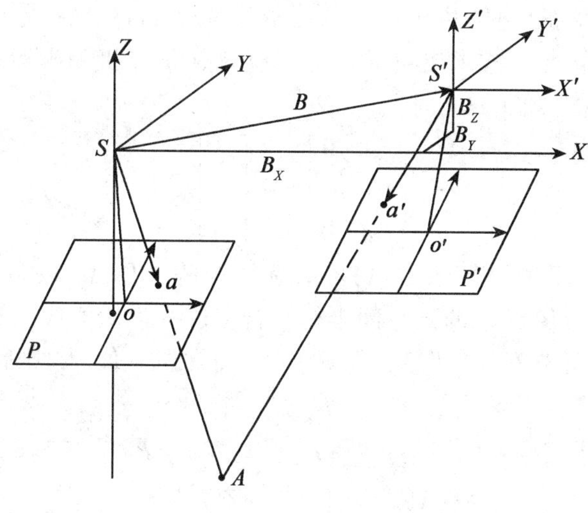

图 3-11　相对定向

当然，式(3-5)还可以改化成其他的表达形式。如将式(3-5)按第一行元素展开，有

$$B_X\begin{vmatrix} Y & Z \\ Y' & Z' \end{vmatrix} - B_Y\begin{vmatrix} X & Z \\ X' & Z' \end{vmatrix} + B_Z\begin{vmatrix} X & Y \\ X' & Y' \end{vmatrix} = 0$$

即

$$[B_X,\ B_Y,\ B_Z]\begin{bmatrix} YZ'-Y'Z \\ X'Z-XZ' \\ XY'-X'Y \end{bmatrix} = 0$$

因

$$\begin{bmatrix} YZ'-Y'Z \\ X'Z-XZ' \\ XY'-X'Y \end{bmatrix} = \begin{bmatrix} 0 & -Z & Y \\ Z & 0 & -X \\ -Y & X & 0 \end{bmatrix}\begin{bmatrix} X' \\ Y' \\ Z' \end{bmatrix}$$

故

$$[B_X,\ B_Y,\ B_Z]\begin{bmatrix} 0 & -Z & Y \\ Z & 0 & -X \\ -Y & X & 0 \end{bmatrix}\begin{bmatrix} X' \\ Y' \\ Z' \end{bmatrix} = 0 \tag{3-6}$$

式(3-6)是共面方程的另一表达形式，这一表达式是和方程式(3-4)的向量表达式对应的。

3.4.2　连续像对系统相对方位元素的计算

1. 共面条件方程的线性化

连续像对系统相对方位元素的计算是以共面条件方程为依据的。但是，共面方程式(3-6)是立体像对方位元素的非线性函数。为了能够按照最小二乘法平差的原理解算出相对方位元素的最小二乘解，需要首先将共面方程(3-6)线性化。

在连续像对相对定向中，总认为左方像片在摄影测量坐标系统 S-XYZ 中是固定不动的，只移动或旋转右方像片就行了。也就是说，左方像片在 S-XYZ 中的角方位元素是已知的。所以，左像片上像点的摄影测量坐标 X、Y、Z 也是已知的。基线分量 B_X 可以任意给定，是一个常数。在这样的条件下，像对的相对方位元素便是右方像片(光束)对于摄影测量坐标系统 $S\text{-}XYZ$ 的“外方位元素”：B_Y，B_Z，$\Delta\varphi$，$\Delta\omega$，$\Delta\kappa$。

依空间坐标的旋转变换式求出右像片中相应像点 a' 在摄测坐标系 $S'\text{-}XYZ$ 中的坐标 $(X',\ Y',\ Z')$ 的近似值(图 3-11)，则

$$\begin{bmatrix}(X')0\\(Y')0\\(Z')0\end{bmatrix}=M'\begin{bmatrix}x'\\y'\\-f\end{bmatrix}$$

其中，M' 为右像片对摄测坐标系 $S'\text{-}XYZ$ 的旋转矩阵，是 $\Delta\varphi$，$\Delta\omega$，$\Delta\kappa$ 的函数；$(x',\ y',\ \text{-}f)$ 是右像片中相应像点 a' 的像空间坐标。若将这些近似值代入到共面方程式(3-5)中，则左方的三阶行列式必不等于零，而等于某一非零的数值 R，则有

$$\begin{vmatrix}B_X & B_Y^0 & B_Z^0\\X & Y & Z\\(X')^0 & (Y')^0 & (Z')^0\end{vmatrix}=R \tag{3-7}$$

这表明，此时没有满足共面条件。要使共面条件得以满足，必须在相对方位元素的近似值中加入相应的改正数，即有

$$\begin{vmatrix}B_X & B_Y+\mathrm{d}B_Y & B_Z+\mathrm{d}B_Z\\X & Y & Z\\X'+\mathrm{d}X' & Y'+\mathrm{d}Y' & Z'+\mathrm{d}Z'\end{vmatrix}=0 \tag{3-8}$$

注意，上式(3-8)开始，为符号的简便起见，省去了代表近似值的括号和角符“°”，但应明确式中的 B_X、B_Z、X'、Y'、Z' 都是近似值。

将式(3-8)展开，约去二次微小项，有

$$\begin{vmatrix}B_X & B_Y & B_Z\\X & Y & Z\\X' & Y' & Z'\end{vmatrix}+\begin{vmatrix}0 & \mathrm{d}B_Y & \mathrm{d}B_Z\\X & Y & Z\\X' & Y' & Z'\end{vmatrix}+\begin{vmatrix}B_X & B_Y & B_Z\\X & Y & Z\\\mathrm{d}X' & \mathrm{d}Y' & \mathrm{d}Z'\end{vmatrix}=0 \tag{3-9}$$

参照旋转变换的微分关系展开，可以写出

$$\begin{bmatrix}\mathrm{d}X'\\\mathrm{d}Y'\\\mathrm{d}Z'\end{bmatrix}=\begin{bmatrix}0 & -\mathrm{d}\Delta\kappa & -\mathrm{d}\Delta\varphi\\\mathrm{d}\Delta\kappa & 0 & -\mathrm{d}\Delta\omega\\\mathrm{d}\Delta\varphi & \mathrm{d}\Delta\omega & 0\end{bmatrix}\begin{bmatrix}X'\\Y'\\Z'\end{bmatrix} \tag{3-10}$$

将式(3-10)代入式(3-9)，得

$$\begin{vmatrix}B_X & B_Y & B_Z\\X & Y & Z\\X' & Y' & Z'\end{vmatrix}+\begin{vmatrix}0 & \mathrm{d}B_Y & \mathrm{d}B_Z\\X & Y & Z\\X' & Y' & Z'\end{vmatrix}+\begin{vmatrix}B_X & B_Y & B_Z\\X & Y & Z\\-Y'\mathrm{d}\Delta\kappa-Z'\mathrm{d}\Delta\varphi & X'\mathrm{d}\Delta\kappa-Z'\mathrm{d}\Delta\varphi & X'\mathrm{d}\Delta\varphi+Y'\mathrm{d}\Delta\omega\end{vmatrix}=0$$

按相对方位元素集项，将上式整理成如下形式

$$\begin{vmatrix}B_X & B_Y & B_Z\\X & Y & Z\\0 & -Z' & Y'\end{vmatrix}\mathrm{d}\omega+\begin{vmatrix}B_X & B_Y & B_Z\\X & Y & Z\\-Z' & 0 & X'\end{vmatrix}\mathrm{d}\Delta\varphi+\begin{vmatrix}B_X & B_Y & B_Z\\X & Y & Z\\-Y' & X' & 0\end{vmatrix}\mathrm{d}\Delta\kappa-\begin{vmatrix}X & Z\\X' & Z'\end{vmatrix}\mathrm{d}B_Y+\begin{vmatrix}X & Y\\X' & Y'\end{vmatrix}\mathrm{d}B_Z+R=0 \tag{3-11}$$

其中 R 如式(3-7)所示。式(3-11)就是共面条件方程的线性化形式。

使用 $\Delta\varphi$、$\Delta\omega$、$\Delta\kappa$ 等三个角元素为独立参数构成各像片的旋转矩阵 M'将会用到许多角函数的运算，不大方便。为了计算便利起见，在近似垂直摄影的情况下，像片的倾斜角一般很小，我们直接取用三个独立的方向余弦作为独立参数，以取代 $\Delta\varphi$、$\Delta\omega$、$\Delta\kappa$ 等三个角元素。为此，可以作如下代换

$$\mathrm{d}a_2=-\mathrm{d}\Delta\kappa,\quad \mathrm{d}a_3=-\mathrm{d}\Delta\varphi,\quad \mathrm{d}b_3=-\mathrm{d}\Delta\omega。$$

此外，在线性化的共面条件方程式(3-11)中，$\mathrm{d}B_Y$ 和 $\mathrm{d}B_Z$ 是长度值，而 $\mathrm{d}\Delta\varphi$、$\mathrm{d}\Delta\omega$、$\mathrm{d}\Delta\kappa$ 是角度值，在迭代运算的过程中不便于统一规定限差的标准。为此再作如下代换

$$T=\frac{B_Y}{B_X},\quad B_Y=B_XT,\quad \mathrm{d}b_Y=B_X\mathrm{d}T;$$

$$\nu=\frac{B_Z}{B_X},\quad B_Z=B_X\nu,\quad \mathrm{d}b_Z=B_X\mathrm{d}\nu。$$

经过上述代换以后，便得到作业中广泛使用的线性化共面条件方程式为

$$\begin{vmatrix} B_X & B_Y & B_Z \\ X & Y & Z \\ 0 & Z' & -Y' \end{vmatrix}\mathrm{d}b_3+\begin{vmatrix} B_X & B_Y & B_Z \\ X & Y & Z \\ Z' & 0 & -X' \end{vmatrix}\mathrm{d}a_3+\begin{vmatrix} B_X & B_Y & B_Z \\ X & Y & Z \\ Y' & -X' & 0 \end{vmatrix}\mathrm{d}a_2-\begin{vmatrix} X & Z \\ X' & Z' \end{vmatrix}B_X\mathrm{d}T+\begin{vmatrix} X & Y \\ X' & Y' \end{vmatrix}B_X\mathrm{d}\nu+R=0 \tag{3-12}$$

式(3-12)可以改化为下列形式，具体推导过程从略。

$$\left(\Delta Z'+\frac{\Delta Y'\Delta Y'}{\Delta Z'}\right)\mathrm{d}b_3+\frac{\Delta X'\Delta Y'}{\Delta Z'}\mathrm{d}a_3-\Delta X'\mathrm{d}a_2+B_X\mathrm{d}T-B_X\frac{\Delta Y'}{\Delta Z'}\mathrm{d}\nu-Q=0 \tag{3-13}$$

其中

$$Q=-B_Y+NY-N'Y' \tag{3-14}$$

$(\Delta X',\ \Delta Y',\ \Delta Z')$是模型点在以右方摄站 S'为原点的摄影测量坐标系 $S'\text{-}XYZ$ 中的坐标。

2. 连续像对相对方位元素的计算过程

(1)输入原始数据：①定向点的像坐标$(x_i,\ y_i)$和$(x_i',\ y_i')$，$i=1,\ 2,\ 3,\ \cdots,\ n(n\geqslant5)$；②航摄仪主距 f；③已知的左像片的旋转矩阵 $\boldsymbol{M}$；④给定的模型基线分量 B_X(一般可以任意给定为某一适当的常数)。

(2)确定相对方位元素的初始近似值。在近似垂直摄影的情况下，这五个相对方位元素的近似值通常可以给定为零。

(3)由 b_3，a_3，a_2的近似值计算右像片的旋转矩阵 M'。

(4)计算左像片和右像片相应像点的摄测坐标

$$\begin{bmatrix} X \\ Y \\ Z \end{bmatrix}=\boldsymbol{M}\begin{bmatrix} x \\ y \\ -f \end{bmatrix},\quad \begin{bmatrix} X' \\ Y' \\ Z' \end{bmatrix}=\boldsymbol{M}'\begin{bmatrix} x' \\ y' \\ -f \end{bmatrix} \tag{3-15}$$

(5)按式(3-15)逐点组成误差方程式，并逐点地加以法化，以形成法方程式。其中所用到的模型坐标$(\Delta X,\ \Delta Y,\ \Delta Z)$和$(\Delta X',\ \Delta Y',\ \Delta Z')$等数据按空间前方交会的公式计算。

(6)答解法方程，求出相对方位元素近似值的改正数。

(7)计算改正后的相对方位元素值

$$\begin{bmatrix} b_3 \\ a_3 \\ a_2 \\ T \\ \nu \end{bmatrix}^{k+1} = \begin{bmatrix} b_3 \\ a_3 \\ a_2 \\ T \\ \nu \end{bmatrix}^{k} + \begin{bmatrix} db_3 \\ da_3 \\ da_2 \\ dT \\ d\nu \end{bmatrix}^{k+1} \tag{3-16}$$

式(3-16)中的 k 代表迭代的次数。

(8)重复上述(3)~(7)各步骤的计算过程，直到所求出的相对方位元素的改正数小于规定的限差，即可以忽略时为止。这时，就把最后一次迭代计算所求得的改正后的相对方位元素值作为该像对的相对方位元素的精确值使用。

3.5 立体模型的绝对定向

当一个立体像对完成相对定向之后，相应光线在各自的核面内成对相交，其交点的集合便形成了一个与实地相似的几何模型。这些模型点在摄影测量坐标系统(有时亦称为模型坐标系统)中的坐标，可以用空间前方交会的方法计算出来。

但是，这样建立的模型是相对于摄影测量坐标系统的，该模型在地面坐标系统中的方位是未知的，其比例尺也是任意的。现在的问题就是要确定立体模型在地面坐标系中的正确方位和比例尺归化因子，从而确定出各模型点所对应的地面点在地面辅助坐标系中的坐标，这项工作称为立体模型的绝对定向。

把模型点的摄影测量坐标变换成相应地面点的地面坐标，包含三方面内容：一是模型坐标系对于地面辅助坐标系的旋转，二是模型坐标系对于地面辅助坐标系的平移，三是确定模型缩放的比例尺因子。如图 3-12 所示。现在，假定某模型点在模型坐标系统中的坐标为(X, Y, Z)，其对应的地面点在地面辅助坐标系中的坐标为(X_T, Y_T, Z_T)，那么上述变换在数学上可以表达为

$$\begin{bmatrix} X_T \\ Y_T \\ Z_T \end{bmatrix} = \lambda \begin{bmatrix} a_1 & a_2 & a_3 \\ b_1 & b_2 & b_3 \\ c_1 & c_2 & c_3 \end{bmatrix} \begin{bmatrix} X \\ Y \\ Z \end{bmatrix} + \begin{bmatrix} X_0 \\ Y_0 \\ Z_0 \end{bmatrix} \tag{3-17}$$

式(3-17)在数学上通称为三维空间的相似变换。记：

$x_T = (X_T \quad Y_T \quad Z_T)^{\mathrm{T}}$代表模型点所对应的地面点在地面辅助坐标系中的坐标列向量。

$x = (X \quad Y \quad Z)^{\mathrm{T}}$代表模型点在模型坐标系中的坐标列向量。

$x_0 = (X_0 \quad Y_0 \quad Z_0)^{\mathrm{T}}$代表模型坐标系原点在地面辅助坐标系中的位置向量。

$$\boldsymbol{M} = \begin{bmatrix} a_1 & a_2 & a_3 \\ b_1 & b_2 & b_3 \\ c_1 & c_2 & c_3 \end{bmatrix}$$

代表模型坐标系对于地面辅助坐标系的旋转矩阵(该矩阵有三个独立参数)。

则式(3-17)可以用矩阵符号简写为

$$x_T = \lambda \boldsymbol{M} x + x_0 \tag{3-18}$$

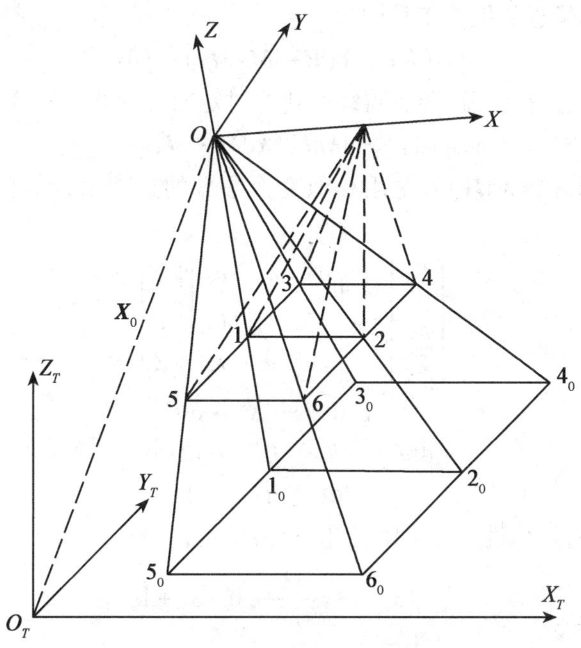

图 3-12　空间相似变换

式(3-17)或式(3-18)便是立体模型绝对定向用的严格的数学方程式。在这个方程式中共有七个变换参数：三个平移参数 X_0、Y_0、Z_0；构成旋转矩阵 $\boldsymbol{M}$ 的三个独立的角元素，习惯上都用 Φ、Ω、K 表示；再一个就是比例尺归化因子 λ。我们称这七个参数为模型的绝对定向元素。

显然，如果这七个绝对定向元素(或称相似变换的七个变换参数)为已知，就可以按照式(3-17)将模型点的摄影测量坐标归算成相应地面点的地面坐标。

现在的问题是如何求出这七个绝对定向元素。通常都是通过一定数量的控制点反求。但是由于式(3-17)所表达的三维空间相似变换是变换参数的非线性函数，为了适应于最小二乘法平差运算，必须首先将式(3-17)线性化。为了推导的简单起见，我们从式(3-18)出发。现设：

λ^0——比例尺因子 λ 的近似值。

$\mathrm{d}\lambda$——比例尺因子 λ 的近似值的改正数。

M^0——旋转矩阵 $\boldsymbol{M}$ 的近似值(应是正交的)。

$(E+\mathrm{d}M)$——旋转矩阵近似值 $\boldsymbol{M}^0$ 应该与之相乘的补充旋转矩阵，该矩阵本身应是正交的，但与单位阵 $\boldsymbol{E}$ 稍有差别。

$X_0{}^0$——平移向量 X_0 的近似值。

$\mathrm{d}X_0$——平移向量 X_0 的近似值的改正数。

则对于给定的近似值 λ^0、M^0、X^0，可以将式(3-18)写为

$$x_T=(\lambda^0+\mathrm{d}\lambda)(\boldsymbol{E}+\mathrm{d}\boldsymbol{M})\boldsymbol{M}^0x+x_0{}^0+\mathrm{d}x_0$$

为了符号的简明起见，在不致引起混淆的原则下，我们取消近似值上的角标“0”，但读者应明确，它们仍是近似值。于是记为

$$x_T=(\lambda+\mathrm{d}\lambda)(\boldsymbol{E}+\mathrm{d}\boldsymbol{M})\boldsymbol{M}x+x_0+\mathrm{d}x_0 \tag{3-19}$$

将式(3-19)展开，取至一次项，得线性化绝对定向方程式的矩阵表达式

$$x_T=(x_T)^0+\mathrm{d}\lambda\boldsymbol{M}x+\lambda\mathrm{d}\boldsymbol{M}\cdot\boldsymbol{M}x+\mathrm{d}x_0 \tag{3-20}$$

式(3-20)中，$(x_T)^0=\lambda\boldsymbol{M}x+x_0$是用相似变换参数的近似值计算的地面点坐标的近似值。记$x_{tr}=\lambda\boldsymbol{M}x$，即

$$\begin{bmatrix}X_{tr}\\Y_{tr}\\Z_{tr}\end{bmatrix}=\lambda\begin{bmatrix}a_1&a_2&a_3\\b_1&b_2&b_3\\c_1&c_2&c_3\end{bmatrix}\begin{bmatrix}X\\Y\\Z\end{bmatrix}$$

并且取

$$\mathrm{d}\boldsymbol{M}=\begin{bmatrix}0&-\mathrm{d}K&-\mathrm{d}\Phi\\\mathrm{d}K&0&-\mathrm{d}\Omega\\\mathrm{d}\Phi&\mathrm{d}\Omega&0\end{bmatrix}$$

(注意，这里已有近似性，$\boldsymbol{E}+\mathrm{d}\boldsymbol{M}$已非正交)则可以写出

$$x_T=(x_{tr})^o+x_{tr}\frac{\mathrm{d}\lambda}{\lambda}+\mathrm{d}M\cdot x_{tr}+\mathrm{d}x_o \tag{3-21}$$

记

$$\delta x=x_T-(x_T)^0$$

$$\mathrm{d}\lambda'=\frac{\mathrm{d}\lambda}{\lambda}$$

则有：

$$\delta x=\mathrm{d}x_0+\mathrm{d}\lambda' x_{tr}+\mathrm{d}\boldsymbol{M}\cdot x_{tr} \tag{3-22}$$

写成具体的展开形式为

$$\begin{bmatrix}\delta X\\\delta Y\\\delta Z\end{bmatrix}=\begin{bmatrix}\mathrm{d}X_0\\\mathrm{d}Y_0\\\mathrm{d}Z_0\end{bmatrix}+\mathrm{d}\lambda'\begin{bmatrix}X_{tr}\\Y_{tr}\\Z_{tr}\end{bmatrix}+\begin{bmatrix}0&-\mathrm{d}K&-\mathrm{d}\Phi\\\mathrm{d}K&0&-\mathrm{d}\Omega\\\mathrm{d}\Phi&\mathrm{d}\Omega&0\end{bmatrix}\begin{bmatrix}X_{tr}\\Y_{tr}\\Z_{tr}\end{bmatrix} \tag{3-23}$$

或改写成

$$\begin{bmatrix}1&0&0&X_{tr}&O&-Z_{tr}&Y_{tr}\\0&1&0&Y_{tr}&-Z_{tr}&O&X_{tr}\\0&0&1&Z_{tr}&Y_{tr}&X_{tr}&O\end{bmatrix}\begin{bmatrix}\mathrm{d}X_0\\\mathrm{d}Y_0\\\mathrm{d}Z_0\\\mathrm{d}\lambda'\\\mathrm{d}\Omega\\\mathrm{d}\Phi\\\mathrm{d}K\end{bmatrix}=\begin{bmatrix}\delta X\\\delta Y\\\delta Z\end{bmatrix} \tag{3-24}$$

式(3-24)就是线性化的绝对定向方程式。在该方程式中，如果给出了立体模型绝对定向元素的近似值λ^0、Ω^0、Φ^0、K^0、X_0^0、Y_0^0、Z_0^0，那么，其中的未知数便只有七个，即七个绝对定向元素的近似值的改正数。给定一个平面高程控制点，便可以按式(3-24)列出一

组三个方程式；给定两个平面高程控制点和一个高程控制点即可列出七个方程式。联立答解这七个方程式，便可以求得七个绝对定向元素之近似值的改正数；加之修正绝对定向元素的近似值，从而取得更精确的绝对定向元素值。

由于式(3-24)是线性化的近似公式，要取得足够精确的绝对定向元素值，绝对定向的计算过程必须是反复趋近的迭代过程。

前文已述，一个立体模型的绝对定向起码要有两个平面高程控制点和一个高程控制点。但是，为了保证绝对定向的质量和提供检核数据，通常总是有多余的地面控制点。这就要按最小二乘法求解绝对定向元素的最小二乘解。

绝对定向元素之近似值的确定应视具体情况而定。在竖直摄影的情况下，模型的倾斜角很小，可以取

$$\Omega^0=\Phi^0=K^0=0$$

λ^0 可以由两个已知控制点间的实地距离和其在模型上的相应距离之比来确定，即

$$\lambda^0=\frac{\sqrt{(X_{T1}-X_{T2})^2+(Y_{T1}-Y_{T2})^2+(Z_{T1}-Z_{T2})^2}}{\sqrt{(X_1-X_2)^2+(Y_1-Y_2)^2+(Z_1-Z_2)^2}}$$

在使用空间相似变换进行模型连接运算时，由于相邻模型的比例尺大体相当，此时可以直接取用 $\lambda^0=1$。至于三个平移参数的初始近似值 X_0^0，Y_0^0，Z_0^0，一般可以先将摄影测量坐标系统的原点移到某一个控制点上，此时，该控制点的地面坐标便提供了相当精确的三个平移参数的近似值。

3.6 空间前方交会

在立体像对的相对方位元素已知的情况下，可以确定两张像片之间的相对方位，也就是恢复两张像片(光束)在摄影时的相对方位，使其相应光线在各自的核面内成对相交。所有交点的集合便形成了一个与实地相似的几何模型。这些模型点坐标便可以在相应的摄影测量坐标系统中计算出来。

利用立体像对两张像片的内外方位元素和同名像点的像坐标解算相应地面点地面坐标的工作，称为空间前方交会。

图 3-13 表示一个已恢复了相对方位的立体像对。其中，S 和 S'代表两个摄站。$S\text{-}XYZ$ 是以左摄站 S 为原点的摄影测量坐标系统。记：

$(\Delta X,\ \Delta Y,\ \Delta Z)$——模型点 A 在摄测坐标系 $S\text{-}XYZ$ 中的坐标。

$(X,\ Y,\ Z)$——模型点 A 在左像片中的相应像点 a 在摄测坐标系 $S\text{-}XYZ$ 中的坐标。

$(B_X,\ B_Y,\ B_Z)$——右摄站 S'在摄测坐标系 $S\text{-}XYZ$ 中的坐标。

为了推导的方便，我们以右摄站为原点建立一个辅助的摄影测量坐标系 $S'\text{-}X'Y'Z'$，并使其三轴分别与上述之摄测坐标系 $S\text{-}XYZ$ 的三轴平行。现记：

$(\Delta X',\ \Delta Y',\ \Delta Z')$——模型点 A 在坐标系 $S'\text{-}X'Y'Z'$中的坐标。

$(X',\ Y',\ Z')$——模型点 A 在右像片中的相应像点 a'在 $S'\text{-}X'Y'Z'$中的坐标。

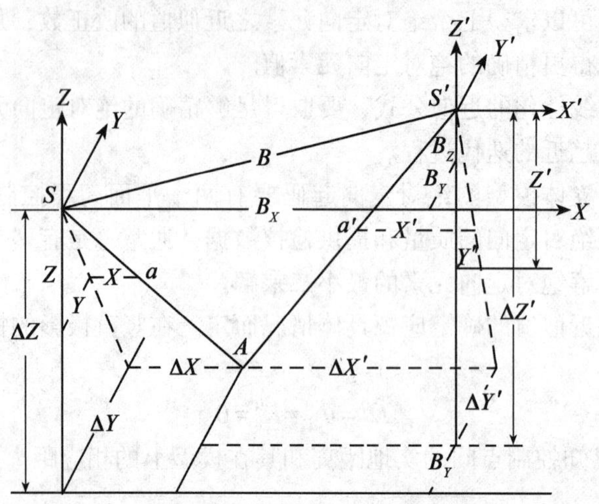

图 3-13　立体像对前方交会

显然，像点 a 在坐标系 $S\text{-}XYZ$ 中的坐标和相应像点 a' 在坐标系 $S'\text{-}X'Y'Z'$ 中的坐标分别取决于左、右像片在这两个坐标系中的角方位元素。由于这两个坐标系的相应坐标轴平行，因而右像片在坐标系 $S'\text{-}X'Y'Z'$ 中的角方位元素也就是右像片在 $S\text{-}XYZ$ 中的角方位元素。按空间坐标的旋转变换式，有

$$\begin{bmatrix} X \\ Y \\ Z \end{bmatrix} = \boldsymbol{M} \begin{bmatrix} x \\ y \\ -f \end{bmatrix}$$

$$\begin{bmatrix} X' \\ Y' \\ Z' \end{bmatrix} = \boldsymbol{M}' \begin{bmatrix} x' \\ y' \\ -f \end{bmatrix}$$

式中：$\boldsymbol{M}$——左像片对坐标系 $S\text{-}XYZ$ 的旋转矩阵；

$\boldsymbol{M}'$——右像片对坐标系 $S'\text{-}X'Y'Z'$ 的旋转矩阵；

$(x, y, -f)$——左像片像点 a 的像空间的坐标；

$(x', y', -f)$——右像片像点 a' 的像空间的坐标。

注意，对于连续像对系统，$\boldsymbol{M}=\boldsymbol{E}$（单位阵），而 $\boldsymbol{M}'$ 相对方位元素中的三个角元素 $(\bar{\Delta\varphi}, \bar{\Delta\omega}, \bar{\Delta\kappa})$ 依式(2-20)确定。

下面推导前方交会公式。由 S，a，A 三点共线，可以写出

$$\begin{bmatrix} \Delta X \\ \Delta Y \\ \Delta Z \end{bmatrix} = \boldsymbol{N} \begin{bmatrix} X \\ Y \\ Z \end{bmatrix} \tag{3-25}$$

又由 S'，a'，A 三点共线，可以写出

$$\begin{bmatrix}\Delta X'\\ \Delta Y'\\ \Delta Z'\end{bmatrix}=N'\begin{bmatrix}X'\\ Y'\\ Z'\end{bmatrix} \tag{3-26}$$

N 和 N' 称为投影系数。

因为摄测坐标系 $S\text{-}XYZ$ 和坐标系 $S'\text{-}X'Y'Z'$ 之间只是一个平移变换关系，由向量代数知识，有

$$\begin{bmatrix}\Delta X\\ \Delta Y\\ \Delta Z\end{bmatrix}=\begin{bmatrix}B_X\\ B_Y\\ B_Z\end{bmatrix}+\begin{bmatrix}\Delta X'\\ \Delta Y'\\ \Delta Z'\end{bmatrix} \tag{3-27}$$

将式(3-25)、式(3-26)两式代入式(3-27)，有

$$\begin{cases}\Delta X=NX=B_X+N'X'\\ \Delta Y=NY=B_Y+N'Y'\\ \Delta Z=NZ=B_Z+N'Z'\end{cases} \tag{3-28}$$

取式(3-28)中的第一式和第三式，即

$$\begin{cases}NX=B_X+N'X'\\ NZ=B_Z+N'Z'\end{cases} \tag{3-29}$$

联立答解之，即可求得两投影系数为

$$\begin{aligned}N&=\frac{B_XZ'-B_ZX'}{XZ'-X'Z}\\ N'&=\frac{B_XZ-B_ZX}{XZ'-X'Z}\end{aligned} \tag{3-30}$$

式(3-28)和式(3-30)便是在单模型内计算模型点坐标的公式，称为空间前方交会公式。这两个公式是前方交会公式的一般形式，其他某些特定条件下的前方交会公式可以由这两个公式演变而来。

由式(3-28)可得 $NY-(B_Y+N'Y')=Q$，Q 称为模型的上下视差，如果立体模型建立，同名光线成对相交，则各点的 Q 值应为零。

【习题和思考题】

1. 什么是立体像对？
2. 什么是同名影像？什么是同名光线？什么是摄影基线？
3. 什么是核面？什么是核线？什么是核点？
4. 产生立体视觉的原因是什么？人造立体视觉应满足哪些条件？
5. 当进行正立体、反立体、零立体的立体观察时，像片应各如何放置？
6. 什么叫做相对方位元素？连续像对的相对方位元素和单独像对的相对方位元素各有多少个？它们的名称、符号、含义各是什么？
7. 什么叫做绝对方位元素？共有多少个？

8. 绝对方位元素分别对立体模型能起到什么作用？

9. 什么叫做上下视差？什么叫做左右视差？什么叫做左右视差较？它们的表达式各是什么？

10. 什么是内定向？什么是相对定向？什么是绝对定向？

第 4 章　像片控制测量

【教学目标】

学习本章，应掌握像片控制测量的定义与作用，像片控制点的分类，像片控制测量的布点方案，像片控制点实地选刺；理解像片控制点布设的基本原则和基本要求，像片控制测量技术计划的拟定，控制像片的整饰；了解像片控制点的联测。

4.1　概　　述

像片控制测量是指在少量大地点或其他基础控制点的基础上，按照航测内业的需要，在航摄像片规定位置上选取一定数量的点位，利用控制测量的方法测定出这些点的平面坐标和高程的工作。内业纠正或测图所需要的控制点可以用两种方法获得：一种是全部由野外测定；另一种是少量由野外测定，多数由内业加密取得。前一种方法又称为全野外布点方案，后一种方法又称为非全野外布点方案。

像片控制测量的主要内容如下：

(1)像片控制测量技术计划的拟定；

(2)高级地形控制点的观测与计算；

(3)控制点的选刺；

(4)像片控制点的观测、计算；

(5)控制测量成果的整理。

4.2　像片控制点的布设

4.2.1　像片控制点的分类

航外控制测量对像片控制点分为以下三种：

(1)平面控制点，只需测定点的平面坐标；

(2)高程控制点，只需测定点的高程；

(3)平高控制点，需同时测定点的平面坐标和高程。

在实际生产过程中为了方便地确认控制点的性质，一般用 P 代表平面点，G 代表高程点，N 代表平高点。另外，引点及支点的编号采用在本点编号和点名后加注数字的形式表示。

野外像片控制点连同测定这些点所做的过渡控制点，在同期成图的一个测区内要分别统一编号，编号方法可以采用按字母后附加数字(例如 P_5)的方法，编号顺序采用同一航线从左到右，航线之间从上到下的顺序，编号中不得出现重号，以免发生混淆。

平面点：P_1，P_2，P_3，…。

平高点：N_1，N_2，N_3，…。

高程点：G_1，G_2，G_3，…。

引点：在本点编号后加注数字，例如，P_{37-1}。

过渡控制点：字母不做统一规定，可以自己选用。如 A_1、A_2 或 F_1、F_2，……。

同一幅图或同一区域内，像片控制点应按从左至右、从上到下的顺序统一安排，有次序地进行编号，以方便查找和记忆。同一类点在同一图幅或同一布点区内不得同号；利用邻幅或邻区的控制点时仍用原编号，但应注明邻图幅图号。

4.2.2 像片控制点布设的基本原则

(1)像控点的布设必须满足布点方案的要求，一般情况下按图幅布设，也可以按航线或采用区域网布设。

(2)位于不同成图方法的图幅之间的控制点或位于不同航线、不同航区分界处的像片控制点，应分别满足不同成图方法的图幅或不同航线和航区各自测图的要求，否则应分别布点。

(3)在野外选刺像片控制点，无论是平面点、高程点或平高点，都应该选刺在明显目标点上。

(4)当图幅内地形复杂，需采用不同成图方法布点时，一幅图内一般不超过两种布点方案，每种布点方案所包括的像对范围相对集中，可能时应尽量照顾按航线布点，以便于航测内业作业。

(5)像控点的布设，应尽量使内业作业所用的平面点和高程点合二为一，即布设成平高点。

4.2.3 像片控制点布设的基本要求

航外像片控制点的布设不仅和布点方案有关，而且必须考虑航测成图的特点，即考虑在航测成图过程中像点量测的精度，绝对定向和各类误差改正对像片控制点的具体点位要求。为此，相关规范规定航外像片控制点应满足下列要求：

(1)选用的像片控制点，其目标影像应清晰，易于判别，当目标与其他像片条件发生矛盾时，应着重考虑目标条件。

(2)航外像片控制点一般应布设在航向及旁向六片或五片重叠范围内。六片或五片重叠范围应理解为一般情况下控制点应选在六片重叠范围内；如果选点有困难也可以选在五片重叠范围内。而且同一控制点在每张像片上的点位都能准确辨认、转刺和量测，符合刺点目标的要求及其他规定；这样内业加密或测图定向时，可以增加量测次数，提高量测精度。

(3)布设的控制点尽量能共用。

(4)航外像片控制点距像片边缘不小于1cm(18cm×18cm像幅)或1.5cm(23cm×23cm像幅)。

上述规定是因为像片边缘存在着较大的各种影像误差，其清晰度也较低，不能保证立体量测精度。

(5)航外像片控制点距像片的压平线和各类标志不小于1mm。这条规定是为了保证不影响立体观测，因为在接近压平线和各类标志进行立体观测时，测标不能准确地切准目标，影响量测精度。

(6)立体测图时每个像对四个基本定向点离通过像主点且垂直于方位线的直线不超过1cm，最大也不能超过1.5cm，四个定向点的位置应近似成矩形。

上述这些规定是根据立体测图仪定向的特点和像对立体模型的变形规律提出的。这样有利于控制和改正模型变形，保证测图定向的精度。

(7)控制点应选在旁向重叠中线附近，离开方位线的距离应大于3cm(18cm×18cm像幅)或4.5cm(23cm×23cm像幅)。当旁向重叠过大，离开方位线的距离应大于2cm(18cm×18cm像幅)或3cm(23cm×23cm像幅)；否则应分别布点。

这项规定是为了保证旁向模型连接，控制点共用，提高航线网旁向倾斜和鞍形扭曲两种模型变形的改正精度。

(8)解析法空中三角测量布点时，航线两端的控制点应分别布设在图廓线所在的像对内，每端上、下两控制点最好选择在通过像主点且垂直于方位线的直线上，相互偏离不超过一条基线；航线中央的控制点应尽量选择在两端控制点的中间，左右偏离不超过一条基线。

航线两端的控制点限制在图廓线所在的像对内是为了方便于按图幅作业；限制控制点在航线上的分布位置是为了保证航线模型定向和模型变形的改正精度。航线模型变形与像对模型变形的规律一样。因此，航线两端四角的控制点要求尽量成矩形分布，航线中央的控制点应有利于控制抛物线弯曲改正。

(9)控制点在相邻航线上不能共用时要分别布点，此时控制范围所裂开的垂直距离不得大于2cm。这是因为出现控制裂缝时，无论内业加密或测图，超出控制点以外1cm就不能保证相关规范规定的精度要求。

(10)位于不同方案布点区域间的控制点应确保精度高的布点方案能控制其相应面积，并尽量共用；否则按不同要求分别布点。这是因为布点方案与成图方法和地形类别有关，精度要求不一样。这一规定是为了不降低高精度图幅的成图精度。

(11)位于自由图边、待成图边以及其他方法成图的图边控制点，必须布设在图廓线外4mm以上。这是因为对自由图边必须有更严格的要求，以保证和以后测图的相邻图幅接边时不发生问题。

4.2.4 航测成图对地形类别的划分

地形类别是指对地表形态所规定的分类标准和分类名称。制定这些规定的目的是为了便于对不同地形类别确定不同的测图精度要求和便于制定作业计划，为组织测绘生产提供方便。

现行航空摄影测量外业规范按图幅内大部分地面坡度和高差划分地形类别，该规范将我国的地形划分为四类，如表4-1所示。

表 4-1　　地形类别划分标准

地形类别	地面坡度	高差/m
		1∶25000、1∶50000、1∶100000
平地	2°以下	<80
丘陵地	2°～6°	80～300
山地	6°～25°	300～600
高山地	25°以上	>600

同时规定，当地面倾斜角和地面高差发生矛盾时，划分地形类别应以地面倾斜角为主。这是因为高差和坡度既有联系又有区别，当地面为等倾斜一面坡时，其坡度与高差一致，但实际情况往往比较复杂，如石山地区，按高差属丘陵地，但其坡度很大，高程测量精度只能达到山地要求。黄土地貌也有类似情况。也就是说，测绘等高线的精度与地面坡度关系更为密切，划分地形类别时应以地面倾斜角为主。

地形类别是根据用图部门对不同地形条件下测制地形图的精度要求划分的，因此地形类别不同对成图精度要求也不同。如相关规范中要求 1∶50000 地形图等高线对最近的野外高程控制点的高程中误差：平地、丘陵地、山地、高山地分别是不超过 3m、5m、8m、14m。地形类别不同，对相应的加密点、高程注记点、等高线的高程要求也不一样。由此可以看出，地形类别的划分实质上是成图精度的划分。

4.3　像片控制测量的布点方案

根据成图方法和成图精度的要求在航摄像片上确定航外控制点的分布、数量和性质等各项内容称为像片控制测量的布点方案。在航测成图中按照外业控制点的作用分为全野外布点方案和非全野外布点方案。非全野外布点方案又包括单航线布点方案和区域网布点方案等，现分述如下。

4.3.1　全野外布点方案

通过野外控制测量获得的航外控制点不需内业加密，直接提供内业测图定向或纠正使用，这种布点方案称为全野外布点方案。这种布点方案精度高但费工、费时，只有在遇到下列情况时方才采用：

(1)航摄像片比例尺较小，而成图比例尺较大，内业加密无法保证成图精度；

(2)用图部门对成图精度要求较高，采用内业加密不能满足用图部门的需要；

(3)由于设备限制，航测内业暂时无法进行加密工作；

(4)由于像主点落水或其他特殊情况，内业不能保证相对定向和模型连接的精度。

全野外布点方案根据内业成图方法的不同分为综合法全野外布点方案、微分法全野外布点方案和全能法全野外布点方案。

供像片纠正时，每隔号像片四个角上各布设 1 个平面点，如图 4-1 所示。若需分带纠正，则图 4-1 中的平面点均改为平高点。当航线之间像片交错，控制点不能共用时，应分别布点。

微分法成图的全野外布点，当像片控制点采用内业加密不能满足平面及高程精度要求时，应采用平高全野外布点。全野外布点时，像片控制点的点位应满足内业成图的要求，在立体像对测图面积的四角布设 4 个平高点，另布设 1 个高程检查点，如图 4-2 所示。高程检查点应位于垂直于航向的两行平高点的大致中央，左右偏离时，距垂直于航向的两行平高点连线要分别大于基线长的$\frac{1}{3}$。如果检查点在方位线两侧的两个高程点连线之外，离开连线不得大于 1cm。

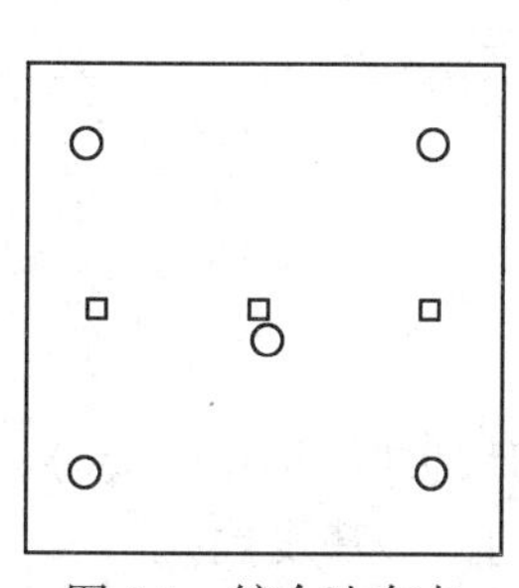
图 4-1　综合法布点

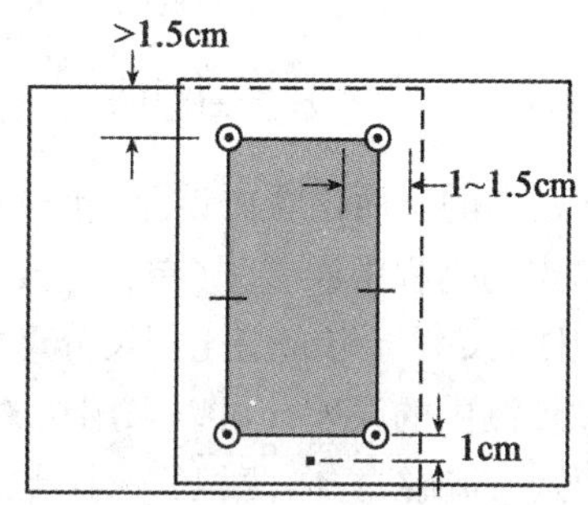

图 4-2　微分法布点

图 4-2 中，立测法成图，平高点应尽量布设在航向三度重叠和上下航线旁向重叠中线附近，所选点位应尽量能共用。若上下航线像控点不能共用，可以分别布点。像片控制点左右偏离经主点且垂直于方位线的直线的垂距一般应小于 1cm，最大不得大于 1. 5cm。立体测图的全野外布点的点位，同样适用于丘陵地、山地利用正射投影仪制作像片影像平面图的点位布置要求。综合法测图，像控点应在上下航线及像片左右均能共用，以便于编制像片平面图的片与片之间接边。航测立体测图时，当像片控制点采用内业加密能满足平面精度但不能满足高程精度时，应采用高程全野外布点，经外业选测高程点后，高程点的平面位置，由航测内业加密获得。选刺高程点的点位同图 4-2。

全能法成图的全野外布点又可以分为单模型和双模型两种布点方案。单模型布点方案是以一个立体像对为单位布设控制点；双模型布点方案是以两个立体像对为单位布设控制点。无论是单模型布点或是双模型布点，这两种布点方案的基本原理都是一样的，都是为了满足内业测图定向所需的控制点。

应当明确，无论是综合法、微分法或全能法全野外布点方案，像片控制点的位置和分布除应满足方案本身要求外，还应满足前节所讲的像片控制点布设的基本要求和其他相关规定。

4. 3. 2　非全野外布点方案

1. 航线网控制点跨度的限制

解析法空中三角测量航线网加密，是通过航线上每隔一定距离由外业提供的少量控制点加密测图定向点，如果外业控制点间隔增大，则距离控制点较远的加密点的精度就会降低，显然，离野外控制点越远，其精度也就越低。一般情况下，精度最弱处应在航向两野外控制点间隔的中央。如果要使航线网内精度最弱处的加密点平面和高程中误差不超出允许值，就必须限制每段航线网的跨度，即限制野外控制点在航线方向上的间隔距离(或基线数)。限制航线跨度是通过计算航线上最弱点精度是否满足测图要求来实现的，航线跨度越大，最弱点的误差就越大，在这一位置上的加密点的精度就越低。

通常限制航线跨度是按空中三角测量的精度估算公式进行反算，即根据相关规范中规定的加密点的允许误差，由给定的精度估算公式反算出相应的航线网跨度值。

空中三角测量中加密点的平面和高程中误差按式(4-1)、式(4-2)进行估算。

$$m_s = \pm 0.28K \times m_q \sqrt{n^3 + 2n + 46} \tag{4-1}$$

$$m_h = \pm 0.088 \frac{H}{b} m_q \sqrt{n^3 + 23n + 100} \tag{4-2}$$

式中：m_s——加密点的平面位置中误差(单位：mm)；

m_h——加密点的高程中误差，(单位：m)；

K——像片比例尺分母与成图比例尺分母之比；

m_q——视差量测中的误差，可以采用相关规范中的规定值(单位：mm)；

n——基线数，即航线方向两相邻像控点之间允许的摄影基线数；

H——相对航高(单位：m)；

b——像片基线平均长度(单位：mm)。

式(4-1)用于反算平面点的跨度，式(4-2)用于反算高程点的跨度。

利用公式直接计算 n 值不方便，实际作业中，计算 n 值的方法是根据经验，先给公式中的 n 假设一个值，利用公式分别计算出 m_s、m_h，将其与规范要求的 m_s 和 m_h 的值进行比较，当计算值小于且接近规范给定的值时，此时对应的 n 值就是合适的基线跨度值。

需要注意的是，式(4-1)、式(4-2)估算的精度，系指相邻航线加密结果取中数后的精度。因此，当为单航线加密时，反算的跨度应再除以$\sqrt{2}$，方为最后结果。

2. 平面单航线布点

平面单航线布点沿航向跨度为按式(4-1)(单航线)计算的 n，并在航线两端及中间布三对平面点，如图 4-3 所示。

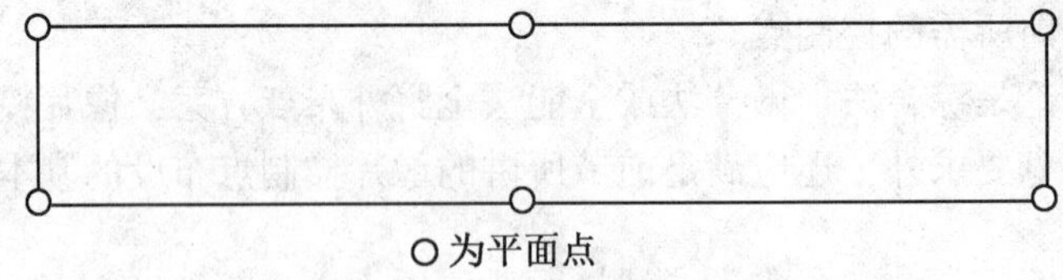

图 4-3　平面单航线布点之一

3. 平高单航线布点

平高单航线布点航向跨度为由式(4-1)、式(4-2)(按单航线)计算的 n，并在航线两端及中间布三对平高点，平面点与高程点的 n 值不等时，一般应尽量按较小的 n 值，平高结合布点。平面点间隔和高程点间隔相差较大时，也可以分别布点，如图 4-4 所示。

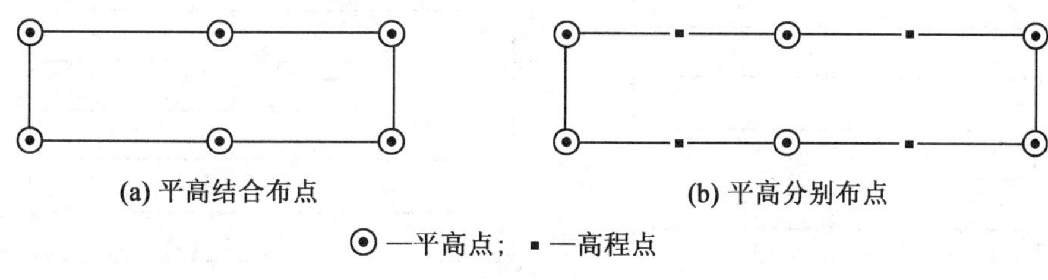

图 4-4　平高单航线布点之二

控制点的点位除满足一般规定外，还需满足下列条件：

(1)航线两端的上下点位于通过像主点且垂直于方位线的直线上，互相偏离一般不大于半条基线，个别最大不得大于 1 条基线。

(2)航线中间的两控制点，布设在两端控制点的中线上，其偏离一般不超过左右 2 条基线的范围；困难地区偏离不得超过左右 3 条基线，其中一个控制点位于中线上或两个控制点同时等距离向中线两侧偏离，若两控制点同时向中线一侧偏离时，则不得超过 1 条基线。

4. 平高区域网布点

航测成图，常以区域进行控制和加密。对区域的划分，应依据成图比例尺、航摄比例尺、测区地形特点、航区的实际分划、程序具有的功能以及计算机容量等进行全面考虑。可以根据自身具体情况选择最优方案实施。区域网的形状，为方便作业和保持图内加密精度基本一致，一般以横两幅纵两幅为宜。也可以不按图幅而按航线段或航摄分区划分区域。

平高区域网布点要求每条航线的两端必须布设高程点(已布设平高点处，为高程点与平面点相结合布设)，平高区域网布点，估算平面点和高程点的间隔 n，应根据相应成图比例尺和地形类别的加密点平面位置中误差和高程中误差 m_s 和 m_h，并应用式(4-1)、式(4-2)来估算。

平地、丘陵地，高程点除区域网周边布点外，区域网内部高程点的间隔，按高程点计算间隔(n)布设，山地、高山地，区域网内部高程点分别可以按 2(n)及(n)交替布设。如图 4-5 所示。

图 4-5 中，为了区域网的再划分，1、2 点也可以布设为平高点。区域网中，若遇有补飞航线，可以按图 4-5 中所示补飞航线的两端布设一个平高点和两个高程点。

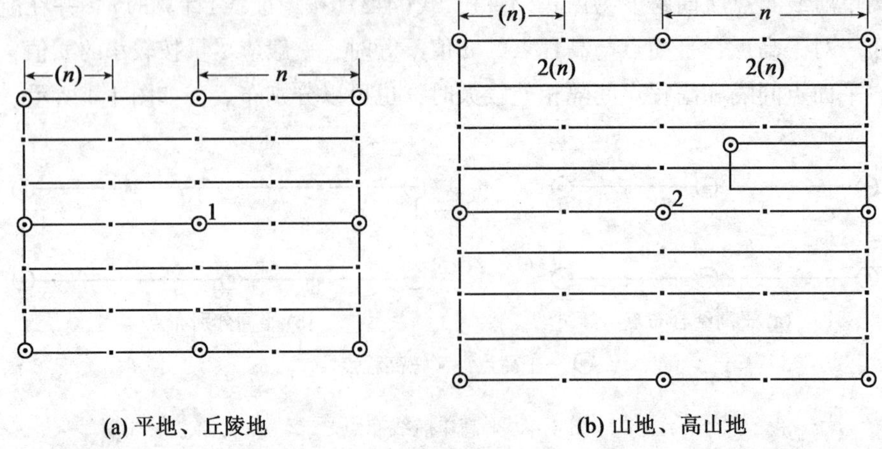

(n)—高程点间隔；n—平面点间隔

图 4-5　平高区域网布点

5. 不规则区域网布点

不规则区域网布点可以分为平面区域网不规则布点和平高区域网不规则布点两种。

(1)不规则平面区域网布点。平面区域网边界不规则时，应在区域网周边的凸角布成平面点；当沿航向的凸凹角间距大于或等于 3 条基线时，则凹角亦应布平面点。如图 4-6 所示。

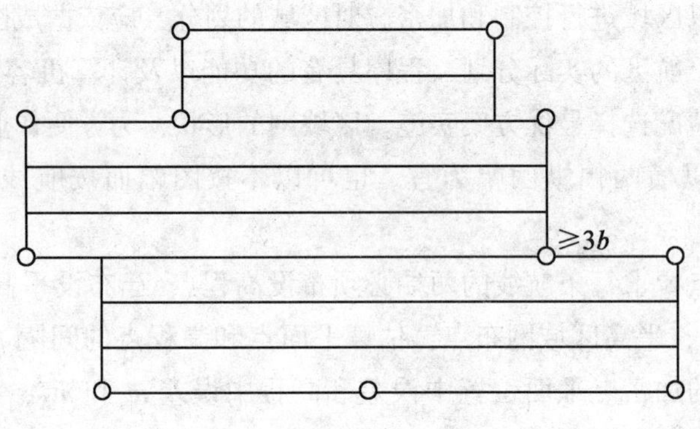

图 4-6　不规则平面区域网布点

(2)不规则平高区域网布点。平高区域网边界不规则时，应在区域网周边的凸角处布设平高点，凹角处布设高程点；当沿航向的凸凹角间距大于或等于 3 条基线时，则在凹角处也应布成平高点。布点的其他要求同平高区域网。如图 4-7 所示。

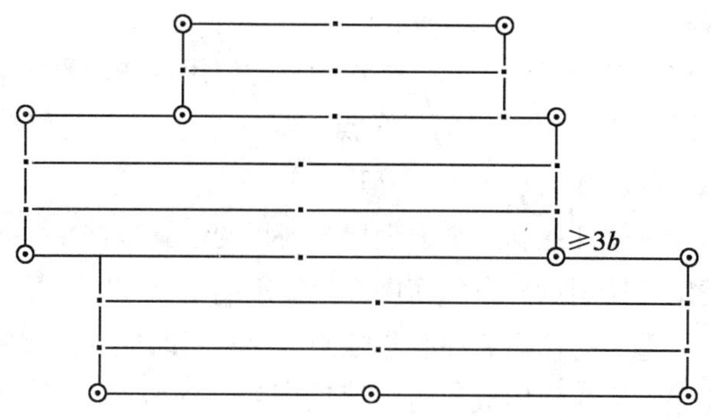

图 4-7　不规则平高区域网布点

4.3.3　地面标志的布设

当航测放大成图的放大倍率较大而致平面精度难以达到相关规范中的要求时，应在航空摄影前布设对空地面标志，以提高控像片控制点的平面精度，保证航内加密及立体测图的平面精度。对空地面标志应布设在对空视角宽广的地区，防止标志落入摄影死角。标志的颜色与实地要有鲜明的反差。标志材料应按照价格便宜、易于制作、不易破坏等原则来选择。地面标志的形状可以根据实地情况采用圆形标志、三翼标志和十字标志等，如图 4-8 所示。

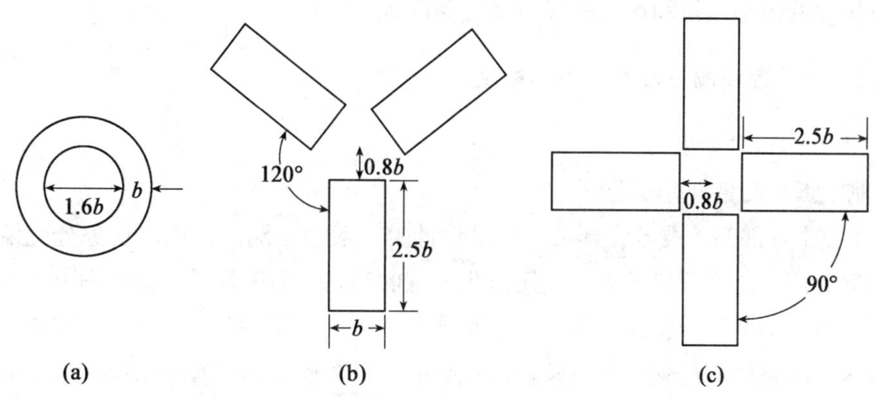

$b=0.05m_{像}$；$m_{像}$为像片比例尺分母

图 4-8　地面标志图形

4.4　像片控制测量技术计划的拟定

4.4.1　资料的收集和分析

在拟订技术计划之前，首先要收集各种资料。要收集的资料包括两方面，一是控制成果资料，二是航摄资料。

控制成果资料，包括控制点的坐标、高程以及与使用这些成果相关的其他数据、文字材料、图件等。控制点是指国家等级的三角点、导线点、GPS 点和水准点。控制成果资料一般由各省测绘主管部门的资料馆统一分管。

控制成果资料是计算航外控制点平面坐标和高程的起算数据，是进行航外控制测量的基础，控制成果的精度和控制点分布的密度都直接影响航测成图的质量，因此收集和分析控制成果资料具有十分重要的作用。在收集控制成果资料时应注意资料的完整性，不能只是抄取成果，还应注意收集在使用成果时将要用到的其他资料，如技术总结、成果说明、点之记、三角点连测图、水准点路线图等，这些资料对于控制成果资料的使用可以提供许多帮助。

另外，还必须收集比测图比例尺小的、施测年代较近的地形图。因为测区原有的地形图(又称老图)是航外控制测量和调绘的重要工具，是我们制定任务计划、指导调绘工作、进行控制测量技术设计的基础图件，这类图件会给航测外业的各项工作带来许多方便。

航摄资料主要包括航摄像片、像片索引图和航摄鉴定表。

分析检查航摄资料的目的是查明航摄的飞行质量和摄影质量，弄清航摄像片能否满足航测成图的要求；另外还可以依据像片情况提出合理的施测方案，以及对航摄资料的某些质量问题提出具体处理办法。航摄资料的检查主要包括检查位于自由图边的像片是否满幅，检查像片的摄影质量和像片的飞行质量等内容。

4.4.2 像片控制测量技术计划的拟定

1. 技术计划拟定的依据

(1)航空摄影测量外业规范。

(2)业务主管部门的技术设计书。技术设计书一般包括测区范围、任务分配情况、测区一般情况介绍、测区资料来源及使用时应注意的问题，各图幅采用的成图方法、布点方案和图幅困难类别的划分，经踏勘后所了解到的大地点的完好情况，计划要加测的小三角点和高等级水准路线的位置、数量及提供成果的时间，根据测区实际情况所采取的技术措施和技术补充规定，等等。

(3)收集分析资料情况。

2. 拟定技术计划的程序和方法

(1)在老图上标绘三角点、水准点和图廓线。在老图上标绘三角点、水准点分两种情况，如果这些大地点施测的年代较早，在老图上已经用相应的符号表示出来，这时只需根据它们的坐标、点之记、路线图或连测图检核其位置、名称或编号即可确定。如果这些大地点施测年代较近，在老图上没有表示，这时可以根据坐标，对照老图上的公里格网，用展点的方法确定三角点或精密导线点在老图上的位置，再用点之记和连测图作检查。对于水准点则可以根据点之记和路线图与老图上的地物、地貌相对照，判定其概略位置。

在老图上找出三角点、精密导线点和水准点的位置后，应以图式规定的相应符号和颜色标绘，并注出点号或编号；三角点用边长约 7mm 的红色三角形，小三角点及精度低于国家等级的三角点、导线点用边长约 7mm 的红色倒三角形表示，水准点用直径约 7mm 的绿色圆中加叉符号表示。

在老图上标绘图廓线可以采用对称折叠和量算两种方法。一般情况下，老图比例尺比成图比例尺小，可以根据老图与成图比例尺的比例关系，以老图的图廓线为准纵横等分折叠，沿折叠的痕迹线绘制出图廓线，基本上可以满足在像片上标绘图廓线的要求。所谓量算法，是指用直尺量出老图四周图廓线的长度，将每条图廓线边长等分，得出等分点，然后以对称点为准纵横连线，得出所需的图廓线的位置。

(2)在航摄像片上转标图廓线和大地点。在像片上选点需要考虑图廓线、大地点的位置，因此还需要将老图上标出的图廓线和大地点转标到航摄像片上。转标前应将像片按航线和像片右上角的编号进行清点和排列，然后用老图所表示的地物、地貌符号和航摄像片相应的影像对照判读，在像片上判出图廓线和大地点的位置并用红、绿(或蓝)玻璃铅笔以相应的符号把它们标注出来。

从老图向像片上转标这项工作对于初学者比较困难，这不仅需要有一定的识图基础，而且还需要有根据像片影像在航摄像片上判读地物、地貌的能力，因此要注意学习掌握转标的方法。

首先根据航摄分区的情况，对照老图大致确定航摄像片所属图幅的范围(用航摄鉴定表或像片索引图的图号与老图的图号对照)，然后弄清航线和像片的排列顺序和重叠关系。在对照老图和像片影像进行判读时要注意“从总貌到细部，从易到难”的原则，也就是首先抓住这一地区具有明显特征的地物、地貌，如较大的村庄、河流、湖泊、水库、山峰、道路等，找到大致的范围；然后再根据这些地物、地貌和周围地物的关系，找出图廓线和大地点在像片上的位置。所谓从易到难，就是先从容易找到的地物、地貌入手，根据它们与周围地物的相对位置，逐步推移的判定方法。

为了考虑像片控制点在像片上的位置是否满足相关规范中的规定，选点前还应用铅笔标出像主点、像片编号、方位线以及过像主点垂直于方位线的直线等内容。

(3)在像片上选点。像片选点是指在满足相关规范中各种要求的情况下在像片上初步圈定野外像片控制点的大概位置。选点是拟定技术计划的基础，选点的质量直接影响成图的精度，同时也直接影响内、外业测量工作，因此必须耐心、细致、全面地考虑问题，才能获得最好的位置。像片选点一般应考虑以下问题：

①选点必须满足布点方案的要求。相关规范中根据地形类别和成图比例尺给出了各种不同的布点方案，如平地、丘陵地、山地、高山地，在这些地形类别不同的情况下，又分为按全野外布点，按航线加密布点，按区域加密布点各种方案；每一种布点方案所要求的野外控制点的性质、数量、分布都各不相同，因此确定布点方案是像片选点最先要考虑的问题。

②选点应满足野外控制点在像片中的基本位置要求。如野外控制点应选在航向及旁向六片或五片重叠范围内；距像片边缘不小于 1.5cm；距像片的压平线和各类标志不小于 1mm 等。

③选点应考虑刺点目标的要求。刺点就是用针在像片上刺孔，用以标示控制点在像片上的准确位置，刺点是内业量测的依据，具有十分重要的作用。因此，刺点目标的选择必须符合相关规定。如平面控制点应选在能准确刺出点位的地物点上；高程控制点应选在高差变化不大的地方；平高控制点应兼顾平面和高程控制点两者的要求等。

④选点应考虑实际施测的可能。所选的控制点虽然能满足上述各项要求，但实际无法施测也无济于事；或者能施测，但要增加许多工作量，造成浪费，显然这也不好。

由于选点时涉及的航线多、像片多，切忌混乱；选点前应将所用的像片整理好并有次序排放(但不必都展开)；涉及相邻航线之间共用的控制点，因为必须满足六片或五片重叠，选点时需将相邻航线相关像片取出，同时考虑控制点的位置，保证控制点在每张像片上都能满足相关规范中规定的要求。因为选点时必须考虑地形情况，在有起伏的地区最好在立体观察下选点。选出的平面点、平高点均用玻璃铅笔，以直径约 1cm 的红圆圈标定；高程控制点以绿色(或蓝色)圆圈标定；并由北向南，从左向右进一步按规定符号进行编号；同一图幅图或同一区域内不能重号。如果利用邻幅图或邻区的控制点则应在其编号后加注其所在图幅的图号。

⑤选点还应考虑已有大地点的利用。凡符合上述各项要求的大地点均可代替像片控制点，以减少野外工作量。

(4)制定野外控制测量连测计划。制定控制点连测计划一般在老图上进行，因此在像片上选出控制点后，还要将这些控制点转标到老图上(转标的方法和前面所讲在像片上转标图廓线和大地点的方法类似)，但转标的符号应小一倍；然后在老图上，根据大地点和控制点的分布情况，结合地形特点、控制点的性质和精度要求，综合思考，比较合理地制定全部控制点的平面和高程连测计划。

连测计划包括连测方法的选择和按规定确定具体的连测图形或连测路线。

当测区内通视良好，大地点较多且分布均匀，一般可以根据本单位的设备、人员技术等情况采用测角交会的方法进行连测。也可以采用 GPS 定位技术测定各控制点坐标。

在测区平坦、隐蔽，通视困难的情况下，可以采用全站仪测距导线施测。由于全站仪测距精度高，通视条件容易满足，这种方法方便、灵活，是当前对付隐蔽地区的主要施测手段。

控制点的高程连测是航外控制测量的重要组成部分，像片中设计的高程点、平高点均须测定其高程。根据地形条件不同，控制点的高程连测一般采用测图水准、经纬仪水准、高程导线、三角高程导线、独立交会高程点等方法。

(5)绘制野外像片控制点连测计划图。在老图上按上述各项要求拟定野外像片控制点连测计划，一般用铅笔草绘。在连测计划拟定之后，另外用方格纸或其他质量较好较厚的白纸进行转绘并按规定的符号和颜色整饰。连测计划图的比例尺应等于或大于老图比例尺；连测计划图上的大地点、控制点的位置是概略标定的。

4.5 像片控制测量的实施

4.5.1 像片控制点实地选刺

1. 像控点的实际选定

在室内拟定像片控制点连测计划后，已经在像片上确定了这些控制点的概略位置，但我们的目的是要在实地测定这些控制点的坐标和高程，以提供内业加密或测图使用，因此还必须在实地找到这些控制点的相应位置，到实地落实连测方案并最后选定像控点。另一方面，在像片上室内预选的像控点和在已有地形图上室内拟定的连测方案，只是主观上所计划在纸上的东西，不一定都能符合实际情况，必须到野外去对预选的像控点一一实地核实确定，对拟定的连测方案的可行性一一现场落实。对存在的问题就地纠正，实际选点时应着重考虑以下问题：

(1) 首先勘察已知控制点，以熟悉测区已知控制点的情况。

(2) 根据像片上预选像控点的影像，经实地判读，反复对照，辨认出所预选的像控点在地面的位置，并核对点位是否符合刺点目标的要求，以及摄影后刺点目标有无变动和破坏。

(3) 根据拟定的连测方案在该像控点上有哪些观测方向，并逐个观察所有方向是否通视。若所有方向都通视，则像控点就被最后选定，连测方案就被落实。

2. 刺点目标的选择要求

为保证刺点准确和内业量测精度，对刺点目标应根据地形条件和像片控制点的性质进行选择，以满足相关规范中的要求。

平面控制点的刺点目标，应选择在影像清晰，能准确刺点的目标点上，以保证平面位置的准确量测。一般应选择在线状地物的交点和地物拐角上，如道路交叉点、固定田角、场坝角等；此时线状地物的交角或地物拐角应为30°～150°，以保证交会点能准确刺点。在地物稀少地区，也可以选择在线状地物端点，尖山顶和影像小于0.3mm的点状地物中心。弧形地物和阴影等均不能选做刺点目标，这是因为摄影时的阴影与工作时的阴影不一致，而弧形地物上不易确定其准确位置。

高程控制点的刺点目标应选择在高程变化不大的地方，这样，内业在模型上量测高程时，即使量测位置不准，对高程精度的影响也不会太大。因此，高程控制点一般应选择在地势平缓的线状地物的交会处，地角，场坝角；在山区，常选择在平山顶以及坡度变化较缓的圆山顶、鞍部等处。狭沟、太尖的山顶和高程变化急剧的斜坡等，均不宜选做刺点目标。

平高控制点的刺点目标，应同时满足平面和高程两项要求。

3. 像片控制点刺点的精度和要求

野外像控点的目标选定之后，应根据像片上的影像，在现场用刺点针把目标准确地刺在像片上，刺点的精度直接关系着航内加密成果的精度和在仪器上测图的精度。刺点时应注意以下几点：

(1)应在所有相邻像片中选择影像最清晰的一张像片用于刺点。

(2)刺孔要小而透。针孔直径不得大于 0. 1mm。

(3)刺孔位置要准，不仅目标要判读准确，而且下针位置也要准确，刺点误差应小于像片上 0. 1mm。

(4)同一控制点只能在一张像片上有刺孔，不能在多张像片上有刺孔。

(5)同一像片控制点在像片上只能有一个刺孔，不允许有双孔，以免内业无法判断正误。

(6)所有国家等级的三角点、水准点及小三角点均应刺点。当不能准确刺出时，对于三角点、小三角点可以用虚线以相应符号表示其概略位置，在像片背面写出点位说明或绘出点位略图。

(7)各类野外像控点根据刺孔位置在实地打桩，以备施测时用之。

4. 5. 2 像片控制点的连测

在施测像控点平面坐标的方法中，其他施测像控点平面坐标的方法，在控制测量或地形测量中已讲过，前面有关章节也已提及，不再赘述。这里仅对引点法做一介绍。

引点法适合于像控点通视不佳而像控点(引点)附近的某点(本点)通视良好的情况(引点不得再发展新点)。引点的图形如图 4-9 所示，C 为本点通视良好，可以测算出坐标，P 为引点，即通视困难的待求像控点，S 为本点至引点的距离，可以实地量取，O_1、O_2、K 皆为已知点。水平角观测应在本点 C 上观测两个连接角 C_1、C_2，在引点上若能看到一个已知点 K，还应观测一个检查角 ε。

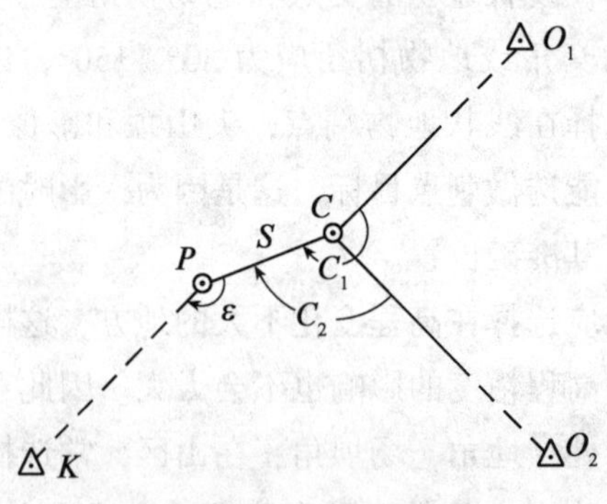

图 4-9 引点法示意图

4.5.3 控制像片的整饰

1. 野外像控点的反面整饰和注记

野外像控点(连同三角点、水准点等)在像片反面整饰和注记一律在刺孔像片上用黑色铅笔进行。首先根据透到像片反面的针孔用相应符号标出点位、注上点号(或点名),再用文字写上点位说明以及刺点者、检查者、年月日。当文字的点位说明不能清楚地表达出点的准确位置时,还应在像片反面加绘点位略图。

按照相关规范中对控制像片的要求,其反面整饰格式如图 4-10 所示。

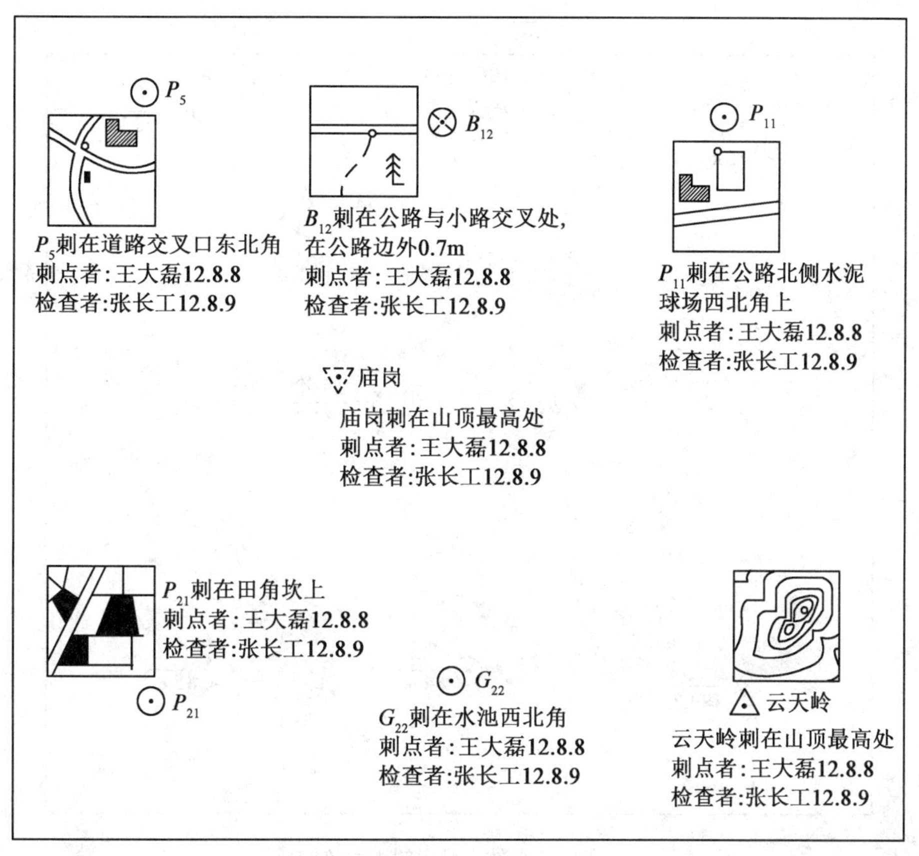

图 4-10 野外像控点的反面整饰

2. 野外像控点的正面整饰和注记

刺在控制像片上的野外像控点(连同三角点、水准点等)除进行反面整饰和注记外,还需用彩色颜料在刺孔像片的正面进行整饰和注记。根据刺孔用规定符号标出点位(对不能精确刺孔的点,符号用虚线绘制),用分数形式进行注记,分子为点号或点名,分母为该点的高程。控制片正面整饰,符号的形状、尺寸、颜色如表 4-2 所示。

表 4-2　　控制片正面整饰的符号规定

类别	三角点	五等小三角点	埋石点	水准点	平面点平高点	高程点
符号	△	▽	□	⊗	○	○
边长或直径(mm)	7	7	7	7	7	7
颜色	红	红	红	绿	红	绿

按照相关规范中的规定，控制像片正面的整饰格式如图 4-11 所示。

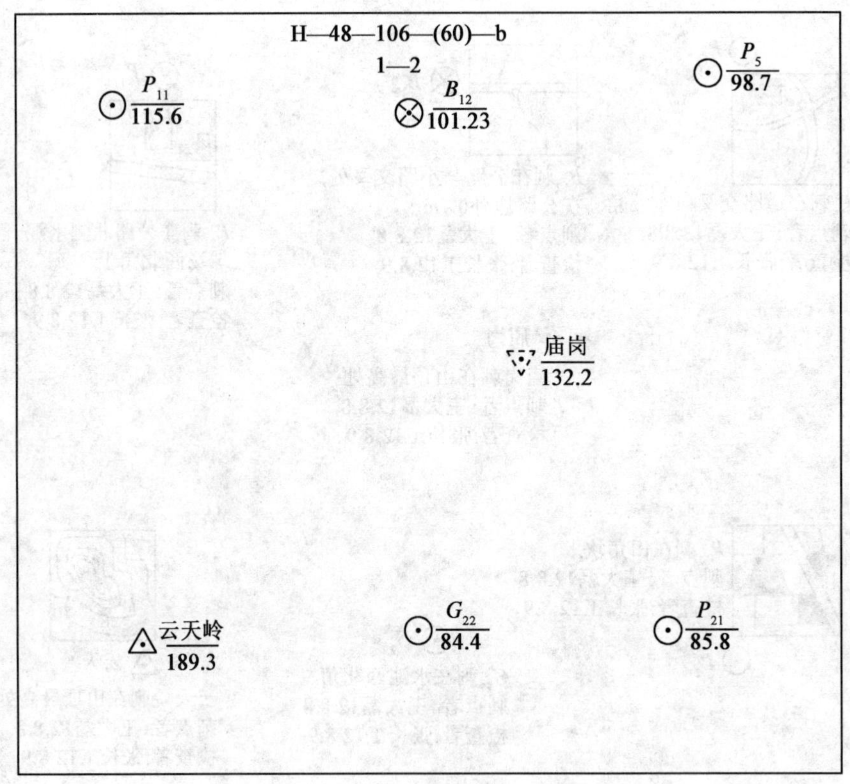

图 4-11　野外像控点的正面整饰

图 4-10 和图 4-11 的控制像片整饰格式适用于各种成图方法和各种布点方案。像片所在的图幅编号应注于像片的北部中央。像片所在图幅内的航线编号写在图幅号下面，由北向南用阿拉伯字 1，2，3，…方式编写，后跟一短线，短线后的数字为像片号。

4.5.4　像片控制点的接边

控制测量成果完成以后，应及时与相邻图幅或区域进行控制接边，控制接边工作包括以下内容：

(1)邻幅图或邻区所测的像片控制点，如果为本幅图或本区公用，则应检查这些点是否满足本幅图或本区的各项要求；如果符合要求，则将这些控制点转刺到本幅图或本区的控制像片上，同时将成果转抄到计算手簿和图历表中。同样，如果按任务分配，本幅图或本区所测的控制点应提供给邻幅图或邻区使用，亦应按同样方法转刺、转抄成果。

(2)自由图边的像片控制点，应利用调绘余片进行转刺并整饰，同时将坐标、高程等数据抄在像片背面，作为自由图边的专用资料上交。

(3)接边时应着重检查图边上或区域边上是否因布点不慎产生了控制裂缝，以便补救。

所有观测手簿、测量计算手簿、控制像片、自由图边以及接边情况，都必须经过自我检查和上级部门检查验收，经修改或补测合格后方可上交。

【习题和思考题】

1. 像片控制点布设的基本要求有哪些？试简要说明提出这些要求的原因。
2. 什么是布点方案？在航测成图中有哪些布点方案？
3. 选择布点方案时应考虑哪些因素？
4. 在进行航线网或区域网加密时，为什么要限制野外像片控制点的跨度值？
5. 什么是全野外布点方案？全野外布点方案适用于哪些范围？
6. 什么是非全野外布点方案？非全野外布点方案有哪些优点？
7. 分析、检查航摄资料包括哪些内容？其目的是什么？
8. 什么是实地选点？实地选取像片控制点应考虑哪些问题？
9. 像片刺点应满足哪些要求？

第5章　像片判读与调绘

【教学目标】

学习本章，应掌握像片判读特征和像片判读方法，地物和地貌的调绘，新增地物的补测方法；理解综合取舍的目的和原则，地理名称的调查和注记方法，调绘像片的整饰与接边；了解像片调绘的准备工作，像片调绘的基本方法。

5.1　像片判读

5.1.1　像片判读特征

航摄像片是地面的中心投影，像片上的影像与相应目标在形状、大小、色调、阴影、纹形、布局和位置等特征方面有着密切的关系，人们就是根据这些特征去识别目标和解释某种现象的。这些特征称为判读特征。值得注意的是，不同类型的像片以及像片倾斜和地形起伏等因素的影响会使判读特征有很大差异。因此，掌握判读特征以及各种因素对像片判读的影响，对像片判读具有很重要的意义。

1. 形状特征

形状特征是指地物外部轮廓在像片中所表现出的影像形状。地物的形状不同，其影像形状也不同。影像形状在一定程度上反映出地物的某种性质，所以形状特征是识别目标的重要依据之一。

在近似垂直摄影的像片上，倾斜误差对地物影像形状的影响很小，平坦地面上地物影像形状与其俯视图形相似。但是投影误差对具有一定高度的目标影像形状的影响是不能忽视的。高于地面的地物影像一般都有变形，相邻像片上相应影像的形状也不一致。位于斜面而不突出所依附斜面上的地物，由于斜面受投影误差的影响，地物影像形状也有变形，物、像形状不相似，相邻像片上同一地物影像形状也不一致。从投影误差的性质知道，这种变形不仅与目标本身高度有关，而且与地物相对于航摄机镜头的位置有关。当目标位于底点处，不管多高，影像形状与相应地物顶部形状相似，没有变形；离底点愈远，变形愈大，影像不仅反映了地物顶部形状，而且也显示了地物侧面形状。

投影误差引起高出地面目标影像变形，而且遮盖其他地物，对判读和量测有不利的一面。但是，投影误差对于判读也有有利的一面，例如，可以根据投影影像反映的地物侧面形状识别地物；根据投影误差的大小确定地物高度。

2. 大小特征

大小特征是指地物在像片上的影像尺寸。根据像片比例尺能明确绘制出地物大小的概念。因此，判读前应弄清像片比例尺和像片比例尺的变化。在航空摄影像片上，平坦地区各地物影像的比例尺基本一致，实际大的地物反映在像片上的影像尺寸也大，反之则小；起伏不平的丘陵地和山地的影像在同一张像片上比例尺处处不一致；处于高处的地物，相对航高小，影像比例尺大；处于低处的地物，相对航高大，影像比例尺小。因此，同样大小的地物，反映在像片上的影像，位于山顶的比山脚的大。

大小特征除主要取决于像片比例尺外，还与地物形状和地物的背景有关。例如，在航空摄影像片上，与背景密度差较大的小路和通信线等线状地物的影像宽度往往超过根据像片比例尺计算所应有的宽度。

3. 色调特征

地面物体呈现出的各种自然色，在黑白像片上就以不同的黑度层次表现出来。这种黑度差别称为色调。影像的色调主要取决于感光材料(航摄底片)的感光特性、地物表面的照度和地物表面的反射能力。

在全色摄影像片上的影像色调主要取决于地物表面亮度，而地物表面亮度与照度、地物亮度系数、地物表面粗糙程度有关。

(1)色调与地物表面照度的关系。地物表面受太阳光直接照射和天空光照射，照度的大小和光谱成分随太阳高度角而变化。在太阳高度角相同的情况下，如果同类地物亮度系数相同，则照度大的部分亮度大，在像片上的影像色调浅，反之则深。

(2)色调与亮度系数的关系。物体的亮度系数是指照度相同的条件下，物体表面的亮度与理想的绝白表面的亮度的比值。亮度系数大的地物在像片上的影像色调浅，反之就深。

不同性质的地物，亮度系数不同；同一类地物，表面状态不同，亮度系数也不一样。同类性质的地物，表面干湿程度不同，亮度系数也不同，含水量多，亮度系数小，在像片上的影像色调深；粗糙程度不同，亮度系数也不同，表面愈粗糙，亮度系数愈小，在像片上的影像色调愈深；植被的亮度系数随着生长期不同，即随着季节不同而变化。

由于航摄底片对天然颜色的感光程度是不一样的，所以在像片上呈现的色调也不一样，如白色、黄色物体在像片上的色调为白色或浅灰色，红色、深棕色物体在像片上为灰色，绿色、黑色物体在像片上为深灰色或黑色。

4. 阴影特征

阴影是指地面物体在阳光照射下投落在地面上的影子。阴影在像片上也是有影像的，阴影的方向取决于太阳的照射方向。航空摄影是在晴天进行的，故高出地面的物体，如水塔、烟囱、悬崖等，及低于地面的物体，如冲沟、雨裂等，均会出现阴影。阴影一般与物体的高度成正比，与阳光的高度角成反比。在同一张像片上，各地物阴影影像的方向都是一致的，不因点的位置不同而异，如图 5-1 所示。阴影投落在不同的地面上，其成像大小也不相同，如图 5-2 所示。阴影对突出地面物体的判读具有重要意义，特别是当物体较小，而与周围地物的影像缺乏色调上的差异时，阴影特征显得特别有用。有时阴影也会造成判读上的困难，例如大建筑物的阴影盖住小而重要的地物影像，或把阴影误认为物的影像等。所以当判读有阴影地物时，最好用立体观察，以免造成错觉。

图 5-1　阴影方向

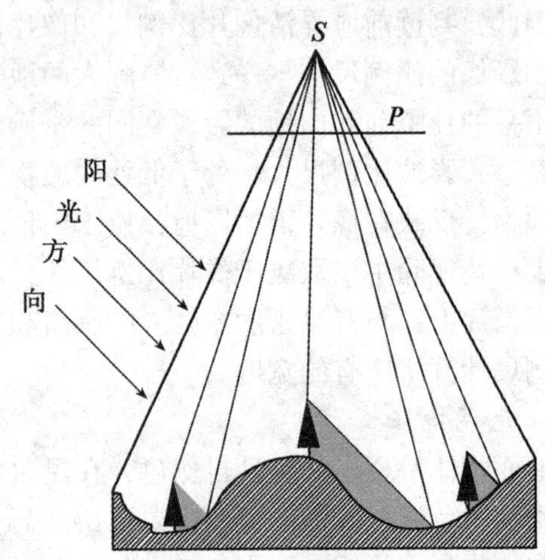

图 5-2　阴影变形

5. 纹形图案特征

细小地物在像片上有规律地重复出现所组成花纹图案的影像称为纹形图案特征。纹形图案是形状、大小、阴影、空间方向和分布的综合表现，反映了色调变化的频率。纹形图案的形式很多，有点、斑、纹、格、垅和栅等。在这些形式的基础上根据粗细、疏密、宽窄、长短、直斜和隐显等条件还可以再细分为更多的类形。

每种类型的地物在像片上都有本身的纹形图案。因此，可以从影像的这一特征识别相应地物。如针叶树与阔叶树可以根据影像纹形图案的差异区分；沙漠类型、海滩性质等可以根据纹形图案识别。有些地物，如草地与灌木依照影像的形状和色调不易区分，但草地影像呈现细致丝绒状的纹理，而灌木林为点状纹理，比草地粗糙，容易区分。

6. 位置布局特征

位置布局特征是指地物的环境位置，以及地物间空间位置配置关系在像片上的反映，也称为相关位置特征，是最重要的间接判读特征。

地面上的各种地物都有其存在的位置，并且与周围其他地物之间有某种联系。例如，造船厂要求设置在江、河、湖、海边，不会在没有水域的地段出现；公路与沟渠相交一般为桥涵。特别是组合目标，组合目标由一些单个目标按一定的关系位置布局配置。例如，火力发电厂由燃料场、主厂房、变电所和供水设备等地物组成，这些地物按电力生产的流程顺序配置。因此，地物之间的相关位置特征有助于识别地物性质。

例如，草原上有的水井影像很小，不容易直接判读，但可以根据许多条放牧小路的影像相交于一处识别；又如河流的流向可以根据河流中沙洲滴水状尖端方向，支流汇入主流相交处的锐角指向，停泊船只尾部方向，浪花与桥的相关位置等标志判断。

7. 活动特征

活动特征是指目标的活动所形成的征候在像片上的反映。坦克在地面活动后留下的履带痕迹，舰船行驶时激起的浪花，工厂生产时烟囱排烟等。这些都是目标活动的征候，是判读的重要依据。

上述七个判读特征，在实际应用中要综合分析、综合考虑，单凭某一特征来判读，通常是不完全可靠的。对于判读特征的运用，必须通过不断地学习和实践，不断地总结经验，才能较好的掌握。

5.1.2 像片判读方法

像片判读的方法，无论是室内判读、野外判读或综合判读，普遍采用的都是目视判读方法。

1. 目视判读前的准备工作

(1)收集各种辅助资料。如地形图、图表、现状图以及官方确认的文字说明等。

(2)收集或制作样片。我国幅员辽阔，地形复杂，判读人员要了解各种地物、地貌的信息，必须借助于判读样片，判读样片可以帮助判读人员认知以图像形式出现的信息，并指导判读者正确识别未知物体。

判读样片可以自己制作，也可以利用相关单位的样片图集。

(3)训练判读能力。作为一个航测外业工作者，必须有较好的视觉敏锐度和立体感、逻辑推理能力、自然地理和地貌学知识以及专业知识，还要有一定的社会经验和工作责任心。所以这些能力都必须在平时加以锻炼提高。

(4)准备辅助判读的仪器设备。如放大镜、立体镜、航空判读仪等。

(5)评定像片影像质量。用于判读的像片，必须满足以下条件：

①像片上所有地面景物的细节必须充分显示，并具有适当密度。

②相邻地物影像和同一地物的细节影像都应具有明显的、眼睛能觉察到的反差。

③亮度相同的地物，无论它构像于像幅中的任何位置，都应当有相同的色调和密度。

2. 目视判读的一般方法

(1)判读的一般原则。一般情况下，判读可以首先从宏观的整个地区分析开始，然后再对细部进行认真的判读分析。判读者要按顺序编排像片、爱护像片，有条不紊地进行工作，从一般细部到个别细部，从已知特征到未知特征，从局部特征到整个区域的判读持征，循序渐进地进行工作。

(2)目视判读的一般方法。

①直判法：直接应用判读特征，对像片影像作出较有把握的判读。

②对比法：利用典型样片进行对比分析判读。

③综合判认法：利用地物之间的相关性、依存关系作出综合分析判读。

3. 野外判读

(1)了解像片比例尺。了解像片比例尺对于判读具有重要的意义，因为利用像片比例尺可以衡量判读的难易程度。一般来讲，像片比例尺越大，影像特征越明显，越易于判读。而且确定了像片比例尺后，可以在影像上进行尺寸量测，从而确定较小地物及新增地物的准确位置、大小，有利于综合取舍等。

像片比例尺大概的数值可以从航摄鉴定书查找，但该比例尺是依据每个航摄区的平均航高概算的，不能用于地物的实际尺寸计算。较精确的测定比例尺的方法有以下两种：

①利用地形图求像片比例尺。用像片上某一线段的量测值和由旧地形图上量得的相应线段实际长度之比即求得像片比例尺。

在选择线段时，一般应大致对称于像主点且互相垂直的两条线段来计算像片比例尺，以减少像片倾斜带来的影响。

②利用实地距离求像片比例尺。用像片上某地物影像的量测值和该地物的实际长度之比即求得像片比例尺。

一般在1∶10000航测成图中，要求用于像片判读的像片比例尺应大于1∶16000。为了保证其精度，当像片比例尺太小时，可以将像片放大后用于作业。

(2)了解摄影时间。摄影时间也可以从航摄资料鉴定表中查取。了解摄影时间，可以从中了解到航摄像片新近程度。摄影时间距离实际进行野外判读的时间越长，测区的变化越大，判读越困难。另外，了解摄影时间可以知道摄影的季节。不同季节摄影，地物、面貌有很大不同，地物在像片上构像的色调相应也会不一样，地物存在的状况也会产生变化。如雨季摄影时，季节性河流和干河床可能暂时有水，判读时实际无水；河流、湖泊、水库的水涯线比常水位高。冬季摄影，田里庄稼已收割，大部分树林已落叶，像片上的色调与夏季判读时看到的相应颜色不相适应等。这些情况在判读时都应注意。

(3)了解测区的一般情况。在进入实地判读之前，应根据像片、老图和其他资料对测区进行一般的了解，做到判读时心中有数。如了解测区的地形情况(平地、丘陵、山地、沙漠、草原等)，了解测区的水系状况、交通状况，森林的品种、类别以及分布情况，居民地的类型和分布情况等。了解这些情况对于在像片判读中宏观地分析问题会有许多帮助。

4. 野外判读的方法

到实地判读，对于初学者最好先选择地物比较简单，像片比例尺比较大的航摄像片进行练习。因为像片比例尺大，判读特征在像片上就显示得比较明显；地物简单，判读就比较容易，这对掌握基本判读方法有利。以后像片比例尺可以逐步由大到小，地物可以由简到繁，以便逐步提高判读技术。

(1)选好判读时的站立位置。判读时，判读人员要尽可能站在判读范围内比较高的地方。这样，看的范围大，总貌特征比较明显，容易确定像片方位和自己在像片中所处的位置。

(2)确定像片方位。确定像片方位就是将像片的方向与实地的方位联系起来，使它们基本一致，这也称为像片定向。像片定向时，首先要判读出判读人员所在的位置，然后与周围明显突出的目标相对照，旋转像片，使之与实地方位一致，像片定向后再进行详细的判读就比较容易了。

(3)判读地物、地貌元素。像片判读最终的目的是判读航测成图所需要的地物、地貌元素。在像片定向后即可进行。此时应注意掌握“由远到近、由易到难、由总貌到碎部、逐步推移”的方法，寻找判读目标的准确位置。

由远到近：远处范围大，总貌清楚，容易弄清大的、明显的地物之间的关系，从而迅速地在像片中找到它们的具体位置；近是指判读目标。由远到近就是先判读远处大的、明显的目标的位置，再推向近处，寻找判读目标的准确位置。

由易到难：就是先抓住容易判定的特征地形，迅速找到它们在像片中的个体位置，作为判读其他地物的突破口。以此为基础，向周围扩展开，找出较难判定的目标的准确位置。

由总貌到碎部：一个地区大的河流、村庄、山岭、铁路、公路、森林等主要、明显的地物，构成了这一地区地形的总貌，总貌描绘了这一地区地形的轮廓。这些明显的地物清晰、突出，给人以很深的印象，在像片上也最容易判定。在判定地形总貌的基础上，再缩小到某一范围去判定某一目标的位置就比较容易了。

逐步推移：这是判读中常使用的方法。假设第一个地物已经判出，则紧靠着的第二个地物不难判定；第二个地物已经判出，则紧靠的第三个地物也就判定了。如此逐步推移下去，一定可以准确判出所需要判读的目标。

综合运用以上方法就能较迅速、较准确地判定全部地物、地貌元素的位置。

(4)走路过程中的判读。全野外调绘就意味着全野外判读，因此更多的时候是在走路过程中进行判读，或者称为边走边判读。尤其是在地物密集的地区，到处都分布着需要判读的目标，这时就应注意"看、听、想、记"相结合，才能收到良好的效果。

看：就是边走边看，留心周围需要判读的目标。一旦发现目标，立即判读、记录。

听：就是用耳朵寻找需要判读的目标。如听见汽车、火车叫，就一定有公路或铁路；听见流水声就可能有河流或其他水源；听见放炮的爆炸声就可能有采石场等。

想：就是边走边思索、分析。如想一想现在在像片中的什么位置，下面该往哪里走；想一想还有什么目标需要判读，是否有遗漏；想一想是否有需要量注数据的地物等。

记：就是要记住走过地方的特征，判读过的地物的形状、位置、方向等特点。这样，就可以在清绘时检查记录的正确性，修正和补充记录的不足。在实际判读时，许多地物往往不需要记录而全凭记忆在清绘时绘制出，如铁路、公路、树林、大的桥梁，大面积的旱地、水稻田，甚至比较明显的乡村路、小路等。判读人员应努力培养自己职业记忆的能力。

(5)勤看立体，随时检核。看立体是帮助判读的重要手段。立体模型可以使需要判读的地物显得更清楚、更生动、对比感更强。许多从平面像片上很难辨认的地物，在立体模型下却很清楚，尤其是对于地形起伏、地物繁杂的地区更为重要。

应当指出的是，由于地物众多，地形千变万化，判读中出现错判的事时有发生，因此在判读过程中要经常进行检查，从多方面推判，直到确信无误为止。

总之，野外判读是一项复杂、细致、责任心很强、技术性很强的工作。要求从事这项工作的专业人员，不但要有很好的技术水平，而且要有优良的思想道德、很强的责任心，才能有效地完成这项工作。

5.2 像片调绘的综合取舍

在比例尺为 1∶5000 或 1∶10000 成图的像片调绘时，不可能也没必要将地面上的地物、地貌全部表示在像片上，因为像片上过多地表示地物、地貌元素，不但会造成主次不分，影响成图的清晰，而且还会增加不必要的外业工作量。所以在外业调绘时要进行综合取舍。所谓综合，就是根据一定的原则，在保持地物原有性质、形状、轮廓、密度和分布等主要特征的同时，对某些地物分不同情况，进行数量和形状上的概括；所谓取舍，就是根据测制地形图的需要，在调绘的过程中，选取重要的地物、地貌元素予以表示，对另一些次要的部分舍去，不予表示。综合与取舍是互相制约的，综合取舍的过程就是对地物、地貌进行选择和概括的过程。

综合还包括两层意思：一是将许多同性质，而又联结在一起的某些地物，如房屋、稻田、旱地、树林等聚集在一起，不再表示它们单个的特征，而是合并表示它们总的形状和数量；二是在许多同性质的地物中，还存在某些别的地物，如稻田中有小块旱地，连成片的房屋中还有小块空地等，这些地物如果被舍去，则意味着已经将它们合并在周围的多数地物中，改变了它们原有的性质，这也算是综合。这些地物如果被选取(如稻田中的小块旱地比较大，有一定目标作用，应单独表示)，则意味着该地物应从周围地物中脱离出来，不能综合。

综合与取舍是互相联系、互相制约的。综合取舍的过程，就是对地物、地貌进行选择和概括的过程。综合过程中有取舍，而取舍过程中也有综合，不能孤立地看待综合与取舍。

5.2.1 综合取舍的目的

第一，地面上的地物很多，从广义角度看，可以说整个地面都被地物覆盖着，要将全部地物都表示在缩小千倍、万倍的图纸上是不可能的。因为在这种情况下，许多地物都是要扩大以后才能在图面上表现出来，加上图面的各种注记也要占据一定的面积，这样就会造成表示的内容所需要的图幅面积超出了图幅的承受能力。也就是说，地形图在表示地面物体时不能超出自己的承受能力，必须对地面物体进行有选择性的表示。因此，综合取舍的目的之一，就是通过综合和选择使地面物体在地形图上得到合理的表示。

第二，测制地形图是为了给国民经济建设提供基础资料，因此，综合取舍的目的还在于从众多的地物中选取与国民经济建设有一定价值的地物进行表示；或者对某些地物进行综合表示，而保留地物对国民经济建设有一定作用的某些性质和特征。从这一观点出发，所谓重要地物就是指在国民经济建设中有重要作用的地物，反之就是次要地物。在综合取舍中就是要保证选取重要地物进行突出表示，对次要地物则可以适当综合表示或舍去。这样才能使图面所表示的内容具有一定的层次，主次分明，重点突出。

第三，繁杂的地物如果都描绘在地图上，往往会掩盖这一地区的本来面貌和某些反映地物本质的特征，而且还会使重要地物得不到准确表示。因此，综合取舍的第三个目的就是通过综合取舍更真实地、艺术地表现这一地区的特点，反映地物的本质，并使重要地物得到准确表示。

总的来说，综合取舍的目的就是：使地形图得到合理的表示方法，具有主次分明的特点，保证重要地物的准确描绘和突出显示，反映地区的真实形态，从而使地形图更有效地为国民经济建设服务。

5.2.2 综合取舍的原则

综合取舍是调绘过程中比较复杂，比较难以掌握的一项技术。有的地物可以综合，如连成片的房屋、稻田、树木；有的地物又不能综合，如道路、河道、桥。同一地物在某种情况下可以综合，如房屋连成片；而在另一种情况下又不能综合，如房屋分散或整齐排列。同一地物在有些地区应该表示，如小路在道路稀少的地区应尽量表示；而在另一地区则可以舍去或者选择表示，如小路在道路密集的地区。这就要求调绘人员认真理解综合取舍的精神和相关规定，而且只有通过长期实践，不断总结经验，才可能较好地掌握这项技术。

运用综合取舍进行调绘，还应遵循以下原则：

1. 根据地形元素在国民经济建设中的作用决定综合取舍

地形图主要是服务于国民经济建设的，因此地形图所表现的内容也应该服从这一主题，凡是在国民经济建设中有重要作用的地形元素，就是调绘时选择表示的主要对象。如铁路、公路、居民区、水源、三角点、水准点、电力线、较大面积的树林；以及在地图判读、定位，在设计、施工中进行量算具有重要作用的各种突出于地面的独立建筑物，如宝塔、烟囱、独立树等在国民经济建设中都有各自不同的作用，是在调绘中应着重表示的地形元素。

2. 根据地形元素分布的密度进行综合取舍

地形元素的作用在一定条件下也有相对性。如在水网地区个别的水源就显得不那么重要，但是在干旱地区水源的重要性就大大提高了，因此调绘时要根据地形元素分布的密度考虑综合取舍问题。一般情况是，某一类地物分布较多时，综合取舍幅度可以大一些，即可适当多舍去一些质量较次的地物；反之，综合取舍幅度就应小一些，即尽量少舍多取或进行较小的综合。如在人烟稠密的地区小路很多，则只选择主要的进行表示；在水网地区，到处都是水源，舍去几个小水坑、小水塘是常有的事；在树木生长较多的地方，田间的散树也多，可以少表示或不表示；但是，如果这些地物出现在人烟稀少的地区、干旱地区或很少生长植物的沙漠地区就必须表示，否则将算是重大遗漏。

3. 根据地区的特征决定综合取舍

在根据地形元素分布密度进行综合取舍的同时又要注意反映实地地物分布的特征，否则就会使地形图表现的情况与实地不符，面貌失真，降低地形图的使用价值。如小路很多的地区，如果大量舍去某些小路，结果图面上变得与人烟稀少地区的小路分布差不多了，这就失去了这一地区小路分布的特征。同样，水多的地方应相对地反映水多的特点；树多的地方应相对反映树多的特点。也就是说，在综合取舍过程中，也要注意地形元素的相对密度，即实地密度大，图上所表现的密度也大；实地密度小，图上所反映的密度也小，这才符合客观分布情况。综合取舍中，必须辩证地处理两者之间的关系。

4. 根据成图比例尺的大小进行综合取舍

成图比例尺越大，图面的承受能力也越大，用图部门对图面表示内容的要求也越高，图面就应该而且有条件表示得详尽一些。因此，调绘中，综合的幅度就应小一些，即多取少舍少综合；反之，成图比例尺越小，综合取舍的幅度就可以大一些，即可以相对地多舍、多综合一些地形元素。

5. 根据用图部门对地形图的不同要求进行综合取舍

不同专业部门对地形图所表示的内容以及表示的详尽程度也有不同要求，如水利部门要求详细表示水系分布、水工建筑、地貌形态、居民地分布、交通条件等内容；林业部门要求详细表示森林分布状况、生长情况、树种名称，还有密度、森林的采伐情况、林中的空地、通行情况等。总之，这些具有专用性质的地形图都各有侧重，调绘时可以根据不同的要求决定综合取舍的内容和程度。

正确运用以上原则，还必须结合相关规范、图式的相关规定和实际情况，决不能照搬、采取统一的模式。

总之，取与舍、合并与保留是既对立又统一的，有取就有舍，有舍就有取，地面上繁多的地物，必然有主要和次要之分，即使是同一种地物，也要进行取舍，其原则是：取突出明显的，舍不突出不明显的；取主要的，舍次要的；取大的，舍小的；取永久性，舍临时性的；与用图直接有关的优先表示，一般的酌情简化。

5.3 像片调绘的实施

5.3.1 像片调绘的准备工作

1. 划分调绘面积

调绘面积是指每一张调绘像片进行调绘的有效工作范围。因为一幅图包括若干张航摄像片，而且像片之间又有一定重叠，这就一定会产生调绘像片之间的接边问题，必然要划分工作范围。这是调绘之前必须进行的工作，也是很重要的工作。

调绘面积的划分有以下要求：

(1)调绘面积以调绘面积线标定，为了充分利用像片，减少接边工作量，在正常情况下，要求采用隔号像片作为调绘片描绘调绘面积线。

(2)调绘面积线应绘制在隔号像片的航向和旁向重叠中线附近，这样可以充分利用像片上影像比较清晰，变形较小的部分进行调绘。

(3)要求调绘面积线离开像片边缘 1cm 以上。

(4)当采用全野外布点时，调绘面积的四个角应在像片控制点附近，且尽可能一致，偏离控制点连线不应大于 1cm，因为内业不能超出控制点连线 1cm 以外测图，势必一部分内容要转到另一个立体像对才能测绘，这样会给内业工作增加某些不方便。

(5)调绘面积线在平坦地区一般绘制成直线或折线；丘陵地和山地，则要求像片的东、南边绘制成直线或折线，相邻像片的西、北边根据相应的直线或折线在立体下转处绘制成曲线，这是因为地形起伏所产生的投影差，使像片上的直线在相邻像片上变成了曲线；如果在相邻像片上都是通过相应端点连成直线，则必然产生调绘面积的重叠或漏洞。

(6)划分调绘面积不允许有漏洞或重叠，所谓漏洞就是一部分地面不在任何调绘范围之内；所谓重叠就是一部分地面同时出现在相邻的两张调绘像片的调绘面积内，显然前一种情况使一部分地区成为空白，内业无法测图；后一种情况则增加了重复调绘的工作量。

(7)调绘面积线应避免分割居民地和重要地物，且不得与线状地物相重合，为此可以将调绘面积线描绘成折线。否则，调绘面积线两边的地物，由于调绘面积线的误差影响，容易产生扩大、缩小或者遗漏，还应注意不要破坏重点目标的影像。

(8)图幅边缘的调绘面积线，若为同期作业图幅接边，可以不考虑图廓线的位置，仍按上述方法绘制，以不产生漏洞为原则；若为自由图边，则参照老图在调绘像片上绘制出图廓线后，实际调绘时应调出图廓线1cm以外，以保证图幅满幅和接边不发生问题。

(9)图幅之间的调绘面积线用红色，图幅内部的线条用蓝色，并以相应颜色在调绘面积线外注明与邻幅或邻片接边的图号、片号。这样做主要是为了便于区分和查找像片。

(10)旁向重叠或航向重叠过小而需分别布点时，调绘面积线应绘制在两控制点之间，距任一控制点的距离均不应大于1cm。

2. 准备调绘工具

(1)调绘像片的编号、选择、检查。首先应和控制像片一样，对调绘像片进行编号；然后选择最清晰的像片作为调绘像片。同时再对像片的质量进行一次仔细的检查。这时主要检查像片影像的质量是否符合调绘的一般要求，有无云影、阴影、雪影、航摄漏洞等情况；检查像片比例尺是否能保证调绘质量，最好的办法是看看各种比例尺表示的地物是否能清楚地在像片上描绘。如果像片比例尺太小，可以申请放大。

(2)调绘工具。调绘的工具也应考虑周到。除调绘像片外还应带上配立体的像片、像片夹、老图、立体镜、铅笔、小刀、沙纸、橡皮、钢笔、草稿纸、皮尺或其他方便的量测工具、刺点针以及其他必要的安全防护用品等。另外，每一张调绘像片都要贴一张透明纸，透明纸的一边贴在像片背面边缘，透明纸的大小以翻折以后能盖住像片正面为原则，透明纸的主要作用是在调绘时用作记录和描绘。

航摄像片比较光滑，调绘时不易着铅，清绘时也不易上墨，因此，调绘前应对像片进行适当处理，一般的方法是用沙橡皮(即硬橡皮)在像片正面适当用力地来回擦，直到能着铅为止。但应注意不要擦坏影像。

3. 做好调绘计划

如果第二天准备调绘某一张像片，事先应有一个小计划。所谓小计划就是通过对像片进行立体观察，结合老图和其他相关资料，对调绘地区进行初步分析，并在分析的基础上安排一下第二天调绘的范围、路线、重点，以及调绘中应注意解决的问题。

对调绘地区进行初步分析主要是指掌握调绘区域的地形特征，如居民地的分布及类型特征、水系、道路、植被、地貌、境界以及地理名称的分布情况。初步掌握这些情况后，就可以估计调绘的困难程度，调绘的重点应放在哪里，调绘的路线应如何安排，调绘中可能出现哪些问题。有了这样的思想准备和打算，往往会取得较好的调绘效果。

调绘路线要根据地形情况和调绘重点进行选择。

①平地：居民地多，应沿着连接居民地的主要道路进行调绘，调绘路线可以采用S形或梅花形，但沙漠、草原、沼泽等人烟稀少的平坦地区，应沿着主要道路进行调绘。

②丘陵地：居民地一般多在山沟内，调绘时主要是沿着山沟转。但有时为了走近路，或者调绘山脊上某些地物，也要穿过某些山脊。因为丘陵地山都不高，调绘时有更多的灵活性。

③山地：一般采用分层调绘的方法，即先沿沟底，再上山坡，一层调完再上更高一层，直到一条大沟调绘完转到另一条大沟。

调绘范围内如果有铁路、公路和较大的河流，一般应作为调绘路线，沿线调绘，这样，便于详尽地表示其附属建筑物。

调绘工作是一项比较复杂的工作，事先必须把问题想得多一些，计划安排得周到一些，这样才会取得好的调绘效果。

5.3.2 像片调绘的基本方法

1. 像片调绘的基本作业程序

(1)准备工作。包括划分调绘面积，准备调绘工具，作好调绘计划等内容。

(2)像片判读。像片判读的基本知识已在前面作了详细介绍。这时就用像片对照实地判读确定各种地形元素的性质以及它们在像片中的形状、大小、准确位置和分布情况，以便在像片上描绘。

(3)综合取舍。就是在像片判读的基础上对地形元素进行合理的概括和选择。这是调绘过程中的重要手段。

(4)着铅。就是在综合取舍原则下，用铅笔将需要表示的地形元素准确、细致地描绘在像片或透明纸上，这是着墨的重要依据。

(5)询问、调查。这里主要是指向当地群众询问地名和其他有关情况，调查各级政区界线的位置和可能没被发现的地形元素。同时应将所得结果准确记录在像片上或透明纸上。

(6)量测。量测是指量测陡坎、冲沟、植被等需要量测的比高，并做好记录。

(7)补测新增地物。新增地物是指摄影后地面上新出现的地物。因像片上没有其影像，按相关规范中的要求若必须表示的元素，就需要在实地补绘。个别新增地物可以根据与其相邻地物影像的相对位置补绘。但大面积的新增地物可以采用其他办法补绘。

(8)清绘。就是根据实地判绘的结果，在室内着墨整饰。这时应按照图式规定的各种符号和相关规范中的要求，认真、仔细地描绘。

(9)复查。清绘中还有不清楚的地方以及其他问题，应再到实地查实补绘。

(10)接边。就是调绘边线地方与邻幅或邻片调绘的内容是否衔接。如本片调绘的道路通过调绘边线伸入相邻调绘像片，相邻像片也必须有同一等级的道路与之相接。而且相接位置应吻合，如果有某一地物接不上，则必须查实、修改，直到全部接好为止。

2. 像片调绘注意事项

(1)注意采用远看近判的调绘方法。所谓远看，就是调绘时不但要调绘站立点附近的地物，而且要随时观察远处的情况。因为有些地物，如烟囱、独立树、高大的楼房，从远处观察十分明显突出；到近处时，往往由于地形或其他地物的阻挡，反而看不清或者感觉不出它们的重要目标作用了。另外，有些地物，如面积较大的树林、稻田、旱地、水库等，从远处观察，容易看清它们的总貌、轮廓、便于勾绘，到近处时，由于现场狭窄，只能看到局部，描绘时反而感到困难了。但是，有些地物在远处不能判定准确位置，如独立物体，这时就必须在近处仔细判读它们的位置。因此，调绘独立地物往往采用远看近判相结合的调绘方法。

(2)应注意以线带面的调绘方法。以线带面就是调绘时以调绘路线为骨干，沿调绘路线两侧一定范围内的地物，都要同时调绘。做到走过一条线，调绘一大片，这样可以加快调绘速度。

(3)着铅要仔细、准确、清楚。着铅是调绘过程中最重要的记忆方式。这项工作是在准确判读和进行综合取舍后记录在像片或透明纸上的野外调绘成果，是室内清绘的主要依据。因此，必须仔细、准确、清楚。

除像片上影像明显、易记的地物，如铁路、公路、河流、水库、稻田、树林等可以不着铅或简单注记外，一般调绘的地物都要仔细着铅，即在像片上或透明纸上用铅笔详细勾绘出地物影像的轮廓，并且要求位置准确，线条清楚，在室内清绘时能准确区分。对于独立地物，必要时应准确判出其中心点位置。

着铅时既不能过于简单，也不能太详细。因为太详细会使得像片和透明纸上线划过分繁杂，这样反而不清楚了。因此，调绘者还必须逐渐培养自己的职业记忆能力，让所有的调绘内容牢牢记在自己头脑中，这样还可以加快调绘速度。

(4)调绘中要注意养成“四清”、“四到”的良好习惯。“四清”就是站站清、天天清、片片清、幅幅清。站站清就是调绘一处就把这里的问题全部搞清楚。天天清就是头天调绘的内容第二天全部清绘完。一般不允许隔天清绘，更不允许隔几天以后才清绘。因为一天调绘的内容很多，隔的时间长了，记不清，容易绘错。片片清就是调绘完一片，就要及时清完一片。幅幅清就是指一幅图彻底搞清楚后，再进行下一幅图的工作。尤其是收尾工作，如接边、复查、检查验收、修改、填写图历表等，一定要抓紧做完，不留尾巴。

“四到”是指跑到、看到、问到、画到。“四到”的总目标还是看清、画准。因此，只要看清、画准就能保证成图质量。

(5)注意依靠群众，多询问、多分析。调绘过程中有许多情况必须向当地群众询问、调查，以获得可靠信息。如地名、政区界线、地物的季节性变化、某些植物的名称、隐蔽地物的位置等，都必须向当地群众调查才能知道。因此，依靠群众，尊重群众是每个测量工作人员应有的态度和重要的工作方法之一。

有时由于语言不通、工作性质的差异、文化水平低、表达能力不强等各方面的原因，在询问过程中往往出现问不清楚或者说错的现象。因此，对了解的情况要综合分析以确保结论的准确性。

(6)注意发挥翻译向导的作用。在少数民族地区或者方言方音较重的地区，一般应有翻译或向导协助调绘工作。翻译、向导多聘请当地人，他们懂当地语言，有一定文化程度，熟悉当地情况，称得上“活地图”，充分发挥他们的作用会给测绘工作带来许多方便，在生活上也会得到许多帮助。

调绘方法有许多地方是很灵活的，必须在实际工作中不断总结经验充实自己，以提高自己的作业水平。

5.3.3 地物的调绘

1. 独立地物的调绘

(1)独立地物。独立地物大多高于地面，在像片上一般是根据其投影和阴影的影像进行识别并确定其准确位置。当独立地物较小，且像片的地面分辨率不高，其影像不能反映独立地物的基本形态时，则必须采用野外调绘的方法确定其性质和在像片中的位置。

独立地物的类型很多，除现行图式中列出的独立地物符号外，还有许多独立地物没有专门设置符号。另外，有些独立地物有类似的性质和作用，或类似的意义，但具有完全不同的外形。因此，独立地物调绘的主要内容是正确判断独立地物的性质和灵活运用独立地物符号。

调绘独立地物必须做到位置准确、取舍适当。独立地物是判定方位、确定位置、指示目标的重要标志，故首先要求独立地物的位置必须准确。不依比例尺表示的独立地物，一般要求用刺点针刺出其中心点的位置，且描绘时刺点中心应与符号中心点严格一致；依比例尺表示的独立地物则要求准确绘制出轮廓线位置，像片中无法精确判定位置的重要地物，必要时应采用实测的方法确定。

独立地物的区分仍然是相对的，因此在众多的地物中必须进行选择，优先表示最突出的独立地物，从普遍中选择特殊。如工业地区烟囱很多，此时可以舍去部分次要的烟囱，选取高大、突出的烟囱表示；而在地物稀少的地区，有些地物也许并不高大，如一棵普通的小树或者一个小水坑，却因为周围地物极为稀少而显得突出，必须表示。这就是选择独立地物的方法。

(2)独立地物符号的运用。图式虽然绘制出了许多符号来表示地物，但毕竟有限，与地面上实际存在的地物种类相比较仍然相差很远；尤其是随着社会的发展，新的地物又不断出现，在调绘中常常遇到某些地物找不到恰当的符号进行表示，尤其是调绘现代化工厂、矿山，情况就更为复杂。因此，要求调绘人员充分理解图式精神，尽量用图式给出的符号去表示各种各样的地物，解决实际存在的丰富多彩的地物的表示问题。

符号种类不够用的情况主要表现在独立地物方面，因此独立地物符号的运用应从以下几方面考虑。

①根据独立地物的外形特征选用符号。图式中的许多独立地物符号反映了地物的外形特征，例如烟囱、水塔、宝塔、牌坊、独立树等。并将外形特征相似的独立地物概括成用同一符号表示，例如钟楼、鼓楼、城楼、古关塞用同一符号表示，彩门、牌坊也用同一符号表示。根据这一方法，在实际调绘中如果遇到某些独立地物在图式中不能找到对应的符号进行表示时，首先可以分析地物形状。地物形状如果接近或者相似于某一图式符号所表示的独立地物，就可以选用这种符号表示，并加注性质说明。

②根据独立地物的作用和意义选用符号。有些地物具有类似的作用，但外形不同，例如油库、煤气库、氨水库，既有球形的也有圆柱形的；另外，也有一些地物外形不同但意义相近，如纪念碑、纪念像、纪念塔等；还有外形不同但意义和作用都相同的独立地物，如无线电杆和无线电塔以及其他无线电发射装置或接收设备，这些独立地物也是用同一符号表示。因此，在实际调绘中既要根据独立地物的外形，也要根据独立地物的意义和作用选择相应的图式符号。是侧重于外形还是侧重于意义和作用，必须由独立地物的实际情况决定。

③根据其他具体情况选择符号。现代工业有许多不同性质、不同形状、不同作用的专用建筑和设备，无论有多少选择符号的原则也很难全部概括，因此在实际调绘中还必须根据其他具体情况选择比较合理的图式符号进行表示。如塔形建筑物，图式上规定散热塔、跳伞塔、蒸馏塔、瞭望楼等均用塔形建筑物符号表示，实际上这些地物既没有相近的作用和意义，而且形状的差别也较大，更没有一个所谓标准的塔形建筑物进行比较，要以上述

原则去理解是很困难的。因此，有些符号的选择是很近似的，必须在概括的基础上再概括，也就是在不同的基础上去寻找相同的条件，这样才能灵活地运用给定的符号去解决作业中的实际问题。

④注意独立地物符号描绘的方向。独立地物符号绝大部分要求按垂直于南、北图廓线的正方向描绘，但也有个别符号要求按真方向描绘或者与南图廓线斜交成 45°角进行描绘。按真方向描绘的有山洞、泉、打谷场、球场、羊浴池、桥、坝、探槽等；石灰岩溶斗符号要求与南图廓线斜交成 45°角并符合光线法则进行描绘。

⑤注意独立地物符号描绘的位置。图式对个别独立地物符号描绘的位置作了特殊规定：气象站(台)符号应绘制在风向标的中心位置上；厂房面积较小的发电站(厂)符号应绘制在主要厂房位置上；面积较大的庙宇符号应绘制在大殿位置上；加油站符号应绘制在实地油箱位置或贮油的房屋上。这些规定主要从实际情况出发，便于从图上确定独立地物的准确位置。

⑥注意图式符号的版本和比例尺。随着科学技术和本学科的发展与进步，一定时期以后图式、相关规范都需要修改和补充；不同比例尺成图内容的详尽程度、成图精度都不一样，相应的图式符号的内容以及表示方法也有区别。因此，必须注意使用现行的相应比例尺的图式版本进行描绘。

⑦注意独立地物符号与其他地物符号在描绘时的避让关系。独立地物与其他地物不能同时准确、完整地表示时，处理这种避让关系的基本原则是：中断其他地物符号，或者将其他地物符号移位，保证独立地物符号完整、准确地描绘，符号之间应留出 0. 2mm 的间距。如果两个独立地物紧靠在一起，符号不能按真位置同时绘出时，应选择其中主要的保持真位置准确绘出，另一个相对移位绘出。

2. 居民地的调绘

我国是一个幅员辽阔、地理复杂、历史悠久、人口众多和多民族的国家。不同地理条件、不同历史时期和不同风俗习惯形成了不同类型的居民地。由于用途不同，对居民地的分类标准和表示方法的要求也不一样。有的按行政等级分类；有的依人口数量多少分类；有的以建筑形式和结构特点分类；有的根据分布特点和平面图形分类。对于测制国家基本比例尺地形图而言，居民地的分类必须从满足国家经济建设和国防建设的全局出发，兼顾特殊部门的需要。因为我国广大地区的居民地多为房屋建筑形式，黄土覆盖地区有窑洞建筑居民地，草原和荒漠地区还有蒙古包和帐篷等建筑形式居民地，测制国家基本比例尺地形图通常将居民地分为街区式居民地、散列式居民地、窑洞式居民地以及其他类型居民地等四大类。

(1)调绘居民地应着重表示的特征。

外围轮廓特征：是指村头村旁的独立房屋、凸凹拐角、外围墙、主要道路进出口。

结构类型特征：是指房屋的分布特点、排列特点、组合特点。有街区式、散列式、集团式等类型。

通行情况特征：是指区分出主要街道、次要街道、小巷，表达清楚道路的分布和连接。

方位意义特征：是指居民地内具有方位作用的突出建筑。例如建筑物或高大，或颜色明显，或造型别致。

地貌形态特征：是指居民地内外的冲沟、陡坎、坑穴、土堆等。

相关位置特征：是指居民地与水系、道路、垣栅之间的位置表示和避让关系。

(2)调绘居民地的表示方法。

任何一个房屋式居民地，不外乎由独立房屋、街区、街道三个基本图形和固定名称所组成，但不同类型的居民地，组成情况不同。

①独立房屋。独立房屋是指单幢房屋。有三种表示方式：A. 独立房屋的图上尺寸小于0.7mm×1.0mm时，用0.7mm×1.0mm的黑色方块表示，称为不依比例尺表示；其以屋脊方向为长边方向，当为圆形或正方形的平顶房屋时，以门的左右方向为长边方向。B. 独立房屋的图上尺寸宽小于0.7mm，长大于1.0mm时，用宽0.7mm，长为实际长的黑色方块表示，称为半依比例尺表示。C. 独立房屋的图上尺寸大于0.7mm×1.0mm时，用图上的实际尺寸表示，称为依比例尺表示，如图5-3所示。当独立房屋分布密集不能逐个表示时，可以外围全部选取，内部适当取舍，一般不宜综合。位于河边、路旁、村口处的独立房屋，具有判定方位的作用，要特别注意表示。独立房屋的围墙篱笆，能依比例尺表示时取，否则舍去。

②街区式居民地。街区式居民地是指房屋毗连构成街道景观的居民地。要注意表示好街区外形特征：如街区外沿凸凹部分达图上1mm以上时均应表示；位于街区边缘或道路进出口处的独立房屋不能舍去或合并；街区外围的河渠、冲沟、土堤、竹篱等要详细表示。要注意做好街区内部的综合取舍：如街区内房屋间距小于图上1.5mm时可以合并，较大的空地应区分；工矿、机关、学校、新住宅区的房屋，不能视为街区，应逐个房屋表示。街道的表示应反映出通行特征：主要街道、次要街道应分明，巷道取舍应适当，十字街口、丁字街口、街道与巷道的交叉口位置要准确；具有方位意义的房屋，要用突出房屋的符号表示，如图5-4所示。

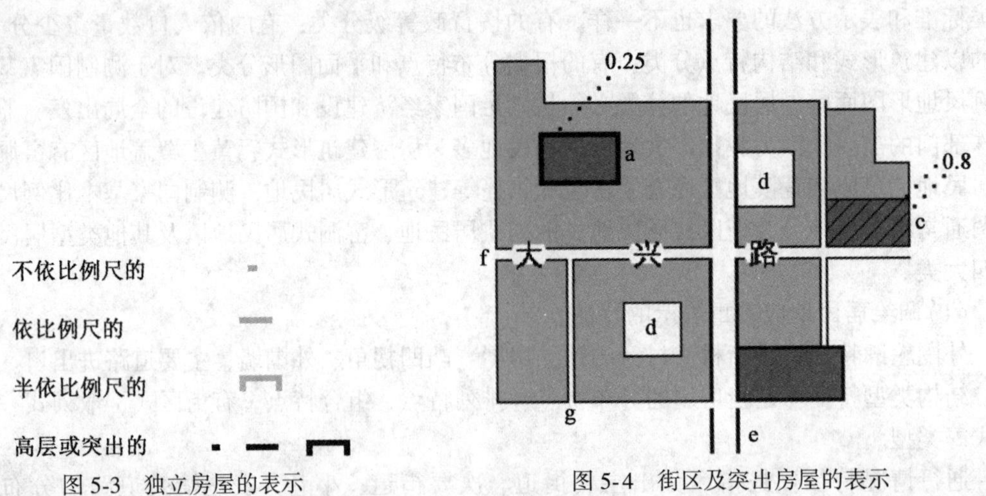

图5-3　独立房屋的表示　　图5-4　街区及突出房屋的表示

③散列式居民地。房屋间距较大、排列分散、形不成街道的居民地称为散列式居民

地。散列式居民地的特点是房屋依天然地势(沿山坡、河渠、道路、堤岸)构筑。房屋之间不相毗连，有的均匀分布，有的三五成团，有的整齐排列，有的零散分布，没有明显的街道和外轮廓。相邻居民地之间也无明显的界线，散列式居民地的判读比街区式居民地困难。但是散列式居民地周围一般有茂盛的树木或竹丛，房前有空地，而植被和空地与居民地的背景有明显的反差，有利于发现散列式居民地并正确判读。

工矿、机关、学校、新住宅区的房屋也属散列式居民地。综合取舍的原则是：对三五成团连接紧密的房屋可以综合，但综合不能过大，其余房屋应逐个表示，尤其对于外围的独立房屋更应注意表示，以不失散列分布的特点为原则。

散列式居民地表示的关键是独立房屋的取舍问题。许多散列式居民地中，独立房屋分布密度较大，不能逐个表示，而必须进行取舍。通常是取道路交叉处、道路旁、河渠边、山顶、鞍部等处有方位意义的房屋，或坚固稳定的房屋，舍去矮小、破旧、无方位意义的房屋。经取舍后表示在像片上的独立房屋符号的疏密状况应与实地特点一致。对于房屋相对集中的散列式居民地应注意选取村庄外围的房屋表示，以反映村庄的范围；而对于范围不明显的散列式居民地，则应注意舍去村庄之间相邻处无方位意义的独立房屋，以利于用图者判断村庄的界线。

在散列式居民地中，有局部范围房屋分布较密时，应按相关规范中的要求综合成街区符号或用小居住区符号表示，不应采用缩小符号的尺寸和间隔的方法逐个用独立房屋符号表示。

④窑洞式居民地。窑洞式居民地是我国黄土覆盖地区农村的主要居住建筑形式之一，分布在河南、山西、陕西和甘肃等省域。窑洞的分布位置与地形和水源条件关系密切，多建筑在黄土塬的坡壁及冲沟的沟壁上，影像为黑色小块，窑洞前空地影像呈白色，这是其构像特点。窑洞影像易被阴影遮盖，给判读带来困难，应在立体观察下判读为好。窑洞要按真方位表示，符号绘制在洞口位置，方向一般应和等高线大致垂直。窑洞的调绘，要注意反映出其分布特征，窑洞应逐个表示，表示不下时，可以适当舍去，不能综合。

窑洞有地面上窑洞和地面下窑洞两种。地面上窑洞是指直接在坡壁上挖成的窑洞；地面下窑洞是指先向地下挖一大坑，形成四面坑壁，再由坑壁水平掏成窑洞。我国大部分地区为地上窑洞，有少数地区以地下窑洞分布为主，还有的地上窑洞地区杂有地下窑洞。地上窑洞与地下窑洞在地形图上的符号不同，判绘时用各自相应的符号表示。

地下窑洞最重要的特征是从地面向下挖掘的方坑，方坑的四周坡壁有窑洞。在实际作业中会遇到有些窑洞建在陡坎棱线边缘附近，以很短的隧道或豁口与坎下的道路相通，这类窑洞与典型的地上窑洞和地下窑洞不同。无论方坑与陡坎棱线边缘之间的黄土层多宽，是否掏有窑洞，应按地下窑洞符号表示。

地上窑洞有散列、成排和成排多层几种分布形式。散列式窑洞多分布在冲沟谷地，依谷地自然形态散列配置，其特点是零乱、松散，方向互不一致。表示时，除需注意定位准确和符号方向与实际方向一致外，还要反映一个居民地窑洞分布的范围和内部分布的疏密情况。

成排分布的窑洞是在同一坡壁上按同一高度以大致相等的距离挖掘的窑洞，判绘中当不能逐个表示时，在保持两端位置准确的前提下，其间用两个以上窑洞符号并联表示；当其长度不能依比例尺用两个符号表示，而用一个符号又不能反映其特点时，则用两个符号并联表示。其定位点可以根据周围地物情况，保持一端位置准确，另一端移位，或者向两端移位。

多层成排窑洞，当不能逐层表示时，则选择其中方位意义大的一层按真实位置绘制，另一层移位表示。

⑤蒙古包、牧区帐篷和棚房。蒙古包、帐篷是我国牧区少数民族居住的主要形式，分布在西北地区。棚房是指有顶棚而四周无墙或仅有简陋墙壁的建筑物。如有些工厂的工棚，看管田园或森林的草棚、季节性居住的渔村等。

蒙古包是我国蒙古族传统的居住形式，其特点是搭拆方便、避暑防寒、宜于游牧。蒙古包一般不是常年固定在一个草场，属季节性建筑物。在内地，一般季节性的地物不表示，但在人烟稀少的草原上要表示。这是因为草原上其他地物很少，蒙古包及蒙古包迁走后留下的痕迹都有很好的方位作用。另外蒙古包的表示，还能反映该地区草场的经济价值等信息。

蒙古包一般都是单个零散分布，也有密集分布的，在航摄像片上，蒙古包呈白色或灰色圆点影像，与草地影像有较大的反差。蒙古包无论其分布形式如何，只在蒙古包影像中心或牲口圈痕迹附近用单个蒙古包符号表示，并加注居住的月份，有名称的还应注记名称。居住月份的注记除参考老图、向当地群众调查外，还可以根据摄影时间、蒙古包所处的地形位置判断。

帐篷是牧区放牧的临时居住地，多见于西藏、青海等省域的草场。帐篷有黑色和白色两种，判读和表示方法与蒙古包相同。但是帐篷的流动性更大，虽然也属季节性的，但每年的位置并不固定。因此，对帐篷符号的定位不必严格要求。

在航摄像片上，棚房不易与其他房屋区分，一般只有通过实地调查，或参考大比例尺地形图识别。城郊和农村人工种植经济作物和蔬菜的暖房，在大比例尺图式上有专门的符号，而在中、小比例尺地形图图式上没有专门符号，可以用棚房符号表示，并加注“温”字。

3. 道路的调绘

道路起着连接居民地和担负交通运输的作用，是重要的地形要素，分铁路、公路、大车路、乡村路、小路五个等级。道路调绘要着重表示以下几点。

等级分明：是指公路与简易公路、大车路与乡村路、乡村路与小路的等级区分要正确，以正确地反映道路的通行能力。

位置准确：符号中心线即实地道路中心线，道路的交叉口、转弯、附属建筑物不得移位。

取舍适当：主要表现在对小路的取舍，道路稀少的山丘区要多取，道路密集的平坦区要少取。在取舍中要注意反映各地区道路网分布的特点和保持相对密度，道路应条条走得通，连接合理，去向分明，形成网络。

注记正确：是指公路的铺面材料和路宽注记，以及对电气铁路、窄轨铁路、轻便铁路的注记等，注记要与实际情况相符。

交接清楚：道路与道路、道路与居民地、道路与堤、道路与地貌、道路与其附属设施等的关系要交接清楚，表达正确。

(1)铁路。铁路按两条铁轨之间的距离分为标准轨铁路(轨距为1.435m)和窄轨铁路。标准轨铁路与窄轨铁路，单线铁路与复线铁路，电气化铁路与非电气化铁路，在运输能力上不同。因此，在地形图上的表示也有区别，它们的表示方法如图5-5所示。

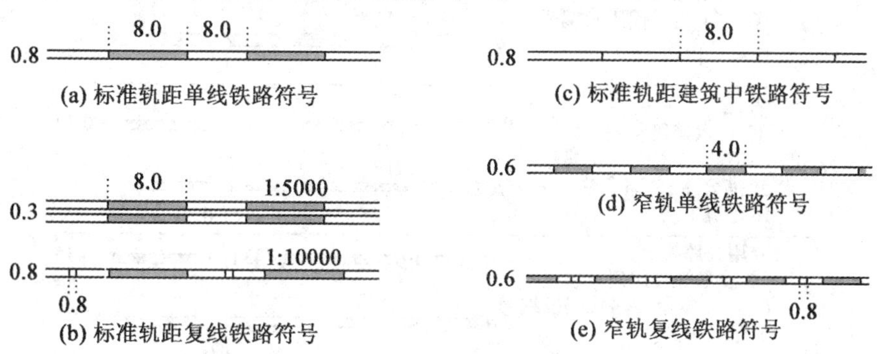

图5-5 铁路的表示

调绘时应注意区分单线铁路和复线铁路，不能把复线铁路绘制成单线铁路，更不能把单线铁路绘制成复线铁路。当复线铁路因地形限制或其他原因中途分开成两条单线铁路时，如果不能分别用单线铁路符号绘制，则应选择其中一条线路用复线铁路符号准确表示，另一条不表示。如果能分别用单线铁路符号绘制真实位置时，则应以单线铁路符号分别表示，但两条线路距不应小于0.3mm，如图5-5(b)中1∶5000的图例所示。当不能按真实位置分别表示两条线路时，以两条标准轨的几何中心为准用相应符号表示，如图5-5(b)中1∶10000的图例所示。

如果不是复线铁路，有时两条单线铁路相遇，彼此平行而不能各自绘制出符号时，应各稍向外移位，仍以单线铁路表示，决不能绘制成复线铁路符号。因为复线铁路是指火车在两地之间可以同时对开的铁路。

(2)公路。公路是各城镇、乡村和工矿之间主要供汽车行驶的道路。公路是城乡之间联系的纽带，像片调绘时必须将地面的公路全部表示在像片上或地形图上，并注意区分不同技术等级和沿线设施的表示。

1)公路等级。公路部门根据交通量及其使用任务和性质将公路分为五个等级。

公路由路基、路面、桥涵和沿线设施组成。不同等级的公路，所组成的技术标准是不同的。在现行地形图图式上，公路分别用高速公路和普通公路符号表示，即高速公路用高速公路符号表示，不加注记，一、二、三、四级公路用普通公路符号加注记表示，如图5-6所示。

高速公路在我国是20世纪80年代才开始修建的，在像片判读中易与普通公路区分。高速公路与其他通道相交时全为立体交叉，交叉形式除在控制出入的地点为互通式立体交叉外，其他均为简单立体交叉；高速公路路基很宽，而且有宽大于4.5m的中间带。

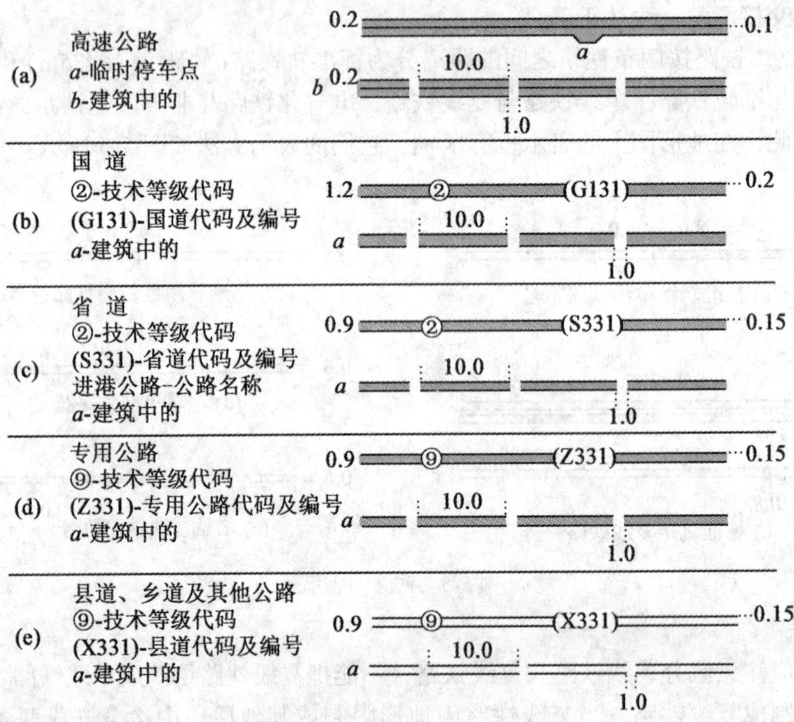

图 5-6 各等级公路的表示

普通公路中，一、二、三、四级公路的通行情况和运输能力各不相同，在地形图上表示时用注记的方法加以区分。除一级公路外，在像片上区分二级公路与三级公路，三级公路与四级公路是困难的。一方面由于像片比例尺的限制，不可能精确测定出路基和车行道宽；另一方面，我国 1981 年以前修建公路的技术标准与现行标准并不完全一致，有些公路的实际技术指标并不与现行标准的同一级公路相对应。因此，在像片判绘中确定公路技术等级比较困难，通常采用实地调查或参阅相关公路资料确定。

2) 公路注记。普通公路注记包含路面宽度、铺面宽度和铺面材料性质注记三项。

路面宽就是路基宽，即路面两侧路肩外缘的间距。对于某些在路肩上栽有行树，影响汽车通行的旧公路，路面宽注记时应以行树之间的距离为准。

铺面宽是铺筑路面材料部分的宽度，即车辆行驶部分的宽度。

地形图上路面材料采用简注的形式。凡是有沥青的，无论是沥青混凝土、搅拌沥青碎石，还是沥青贯入式碎石、沥青表面处理等，都注记“沥”字；水泥混凝土路面注记“水泥”；石块、条石路面注记“石”字；碎石、砾石路面分别注记“碎”和“砾”字。粒料加固土路面是用砾石、料礓石、碎石、碎砖瓦或炉渣等材料与黏土掺和铺成的路面。这种路面材料根据粒料的性质相应注记“砾”、“碎”、“渣”字等。当地材料加固或改善的土路面一般为当地砂土和黏土按一定比例掺和筑成，其路面注记则根据具体情况注记路面宽，不注铺面材料和铺面宽度。凡是路面未经粒料加固或当地材料改善的，雨天不能通行载重汽车的道路，都不能用公路符号表示。

公路注记资料，在像片上不易正确判读出，一般都应现地调查量注，或参考公路部门的近期普查资料和公路竣工图进行注记，其注记格式为：

3）路堤、路堑及防护设施。

①路堤。铁路、公路通过低洼地段，为保持线路平直，用土或其他材料填筑的高于地面的路基称为路堤。公路路堤比较复杂，除填筑形式外，还有半填半挖式、台口式等。

废弃公路上的路堤，根据其实际情况用堤或岸垄符号表示。

②路堑。路堑是铁路和公路通过高地，为保持线路平直，向下挖掘形成路基，两侧或一侧低于地面的地段。路堑的上沿棱线和坡壁比较整齐。黄土地区，沿自然冲沟的沟壁简单修整形成的路堑也用路堑符号表示，当上沿棱线或坡壁不齐时，用陡崖符号表示。

路堤和路堑的表示，对于反映道路的通行情况很有意义，在地物稀少地区对于判定方位也有作用。因此，在像片判绘时要注间表示。有明显方位作用的路堤和路堑，其长度虽没有达到相关规定要求表示的长度，在不影响其他地物表示的情况下，也可以适当放长表示。

③路标。公路标志也是公路沿线设施之一。主要包括交通标志和指路标志。交通标志又分为指示标志（如弯道标志、陡坡标志），警告标志（如危险路段标志、急弯鸣号标志），禁令标志（如限速标志、限通行车类别标志）。指路标志有指向牌、指路牌和里程碑。指向牌一般在岔路口前100~200m处；指路牌设置在岔路口处。

指向牌和指路牌在地形图上用路标符号表示。交通标志一般不表示。里程碑是夜间沿道路行进的方位物，一般情况下每隔一段距离准确表示一个，并注记公里数。有的里程碑两面有不同的里程数字，注记时只取较小的里程数注记。

④行树。行树是指沿道路一侧或两侧栽植成行的乔木。公路部门要求凡宜林路段都应绿化，以稳定路基、美化路容和增加行车安全，但路肩上不得植树。在地形图上，行树用相应符号表示。

当道路一侧或两侧栽植灌木时，则图上以狭长灌木符号表示。

（3）其他道路。这里主要介绍内部道路、机耕路、乡村路、小路、时令路和无定路，如图5-7所示。

①内部道路。公园、工矿、机关、学校、居民小区等内部有铺装材料的道路。宽度在图上大于1mm的依比例尺表示，小于1mm的择要表示。

②机耕路（大路）。机耕路是指经过简易修筑，但没有路基，一般能通行拖拉机、大车等的道路，某些地区也可以通行汽车。

③乡村路。用乡村路符号表示的农村主要道路有下面三种情况。

农村、林区、矿区不能通行载重汽车而只能通行小型拖拉机、轻型汽车和马车的道路。

农村大居民地之间或大居民地通往城市、乡镇、集市，而不通行载重汽车的道路，用乡村路符号表示。这些道路路面宽度不一定很大，一般不进村，不绕行，行人较多，有的路面还铺有石条或石块，沿路设施较好，有的还有路亭、茶亭，桥梁、渡口比较完整。这种乡村路多分布于南方农村。

我国西南山区农村，公路不发达，大居民地之间的连接主要是驮运路。驮运路虽然路

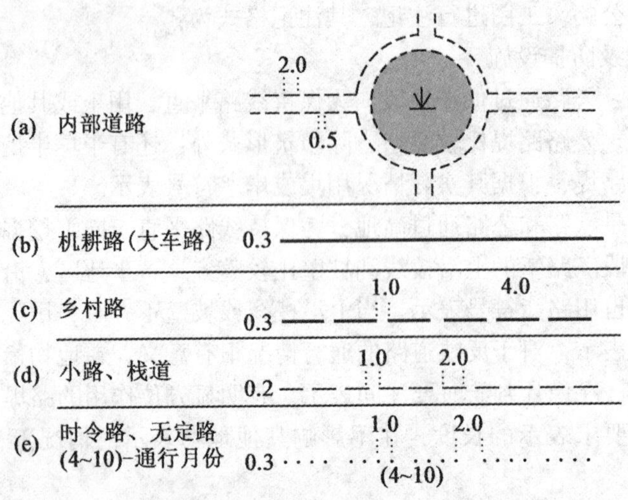

图 5-7 内部道路与单线路的表示

面较窄，但运输能力较强，比较重要，也应用乡村路符号表示。

④小路、栈道。在农村比乡村路次要的道路，或通行困难地区只能供单人单骑行走的路为小路。一般丘陵地小路较密，判绘应注意取舍，否则容易造成主次不分，图面不清晰。取舍的一般原则是，当小路密集时，两村庄之间只取捷径路，舍去绕行小路。多条小路与乡村路以上等级的道路并列，舍去与高级道路相近的小路。仅通向田间的小路一般不表示，但出入山地、森林，沼泽地区和在缺水地区通往水源的小路必须着重表示。通行困难地区和地物稀少地区，小路有着重要的意义，因此，上山的“之”字形小路，为了保持其“之”字形特征，可以适当放大表示。通过悬崖、绝壁，路面用支柱支撑，或铁索吊拉的栈道，也用小路符号表示，并在栈道地段注记“栈道”二字。

⑤时令路、无定路。时令路是指只有在一定季节能通行的道路。时令路多分布于沼泽或高原、雪山地区。前者一般是在枯水和冰冻季节能通行，而后一种情况则是在夏季能通行。无定路是只有走向而没有固定路线或路迹时隐时现的道路。无定路多分布于沙漠、戈壁、海边等地区。

现行图式对时令路和无定路采用同一符号表示，但时令路还要加注通行月份。

有的干河床，谷地和戈壁滩，地面平坦，土质较硬，适于通行载重汽车，对于越野机动车很有意义。对此，应根据实际情况在判绘像片的相应位置上用红色加以注记。例如，“能通行汽车，时速××公里”。

大路，乡村路、小路在一般地区的像片上根据浅色调自然弯曲的线状影像容易识别。这类道路之间的区分可以根据路面宽度和连接居民地的情况而定。当道路影像不清，等级不明，除可以参考较大比例尺现势性较好的地形图外，应实地调查处理。

(4)桥涵、渡口、徒涉场。桥涵、渡口、徒涉场是跨越河渠等障碍物的设施和场地，对交通运输具有重要影响。判绘时必须正确区分桥梁与涵洞，车行桥与人行桥，车渡与人渡，准确注记各种数据和性质，以正确反映这些地区的通行情况和运输能力。

1）桥梁与涵洞的区分。桥梁与涵洞是道路跨越水流、山谷、线路等障碍的建筑物。但它们的方位作用、建筑规模和对通行的影响程度各不相同，所以在地形图上桥梁与涵洞分别用不同符号表示。

桥梁与涵洞一般易于区分，但在实际工作中，一些小桥与涵洞的界限却难以掌握。

铁路部门认为：凡结构上没有梁，填料（土、石）厚度（铁轨底至泄水建筑物顶）1m以上为涵，其他为桥。公路部门规定：孔形泄水建筑，当单孔跨径5m以下，多孔跨径8m以下者为涵洞；圆管形及箱形泄水建筑，无论管径、跨径大小及数量多少，均为涵洞。显然铁路部门与公路部门区分桥、涵的标准不尽一致。为便于地形图的使用，像片判绘时对桥、涵的区分主要从建筑形式和跨径两个方面判定，即跨径5m以下，路面无桥栏或者填土厚1m以上者用涵洞符号表示；跨径5m以上，或者跨径虽小于5m，但填土厚度在1m以下，且有梁、有栏杆者为桥梁。

2）车行桥。凡是能通行火车或载重汽车的桥称为车行桥。凡是能通行载重汽车的桥梁，无论其建筑材料，长度，承重形式如何，在地形图上均用车行桥符号表示。建筑特点和通行能力，以加注桥长、桥宽、载重量和上部承重结构建筑材料性质的方式表示。

①桥长量注。桥长是指桥梁主体的总长。有桥台的桥梁为两岸桥台的侧墙或八字墙尾间的距离；无桥台的桥梁为行车道长度。

值得注意的是，桥梁的悬空部分长度并不一定等于桥梁总长，所以不能把悬空部分长作为桥长注记。另外，桥头的引桥、引道不能作为正桥表示和注记。弯曲桥的桥长以桥面中心线长为准量注。斜面桥以水平距离长为准注记。

②桥宽量注。桥宽就是桥面的净宽，即行车道宽度。按公路工程技术标准的规定，桥宽应与公路的技术等级相适应，并对各级公路的桥面净宽有明确要求。另外，有些旧公路的线路经改造提高了等级，但桥梁并未加宽，与公路线路等级不相适应。在利用参考资料注记时应予以注意。

在量注公路桥面宽时，当人行道、自行车道与车行道不在一个平面上时，仅量注车行道宽，而不应包含人行道宽和自行车道宽；当人行道、自行车道与行车道在一个平面上，无论有无分开标志，则以桥面两侧的缘石内侧的垂直距离作为桥面宽量注。

桥面长、宽只注记到整米。当桥梁实际宽不为整米数时，则不作凑整处理，而舍去小数部分，如4.6m注记为4m，以确保车辆有效通过，而不给用图者造成错误判断。

③桥梁载重量调查注记。重型汽车沿公路行进时，必须了解桥梁的载重量，以判断能否安全通过。因此，地形图上要注记桥梁载重量。桥梁的荷载在实地测量判定是比较麻烦的，精度也不高，一般是根据公路部门提供的资料或桥头载重限制标志所示的吨数注记。

④桥梁性质注记。桥梁性质是指桥梁的主要承重结构建筑材料的性质。不同类型的桥梁承受结构不同。梁式桥、拱桥和桁桥的主要承重结构分别为主梁、拱圈和主桁架，所以桥梁的性质由主梁、拱圈和主桁架的材料而定。如承重结构为木、砖、石块、钢材、水泥混凝土或钢筋混凝土，则桥梁性质分别简注为“木”、“砖”、“石”、“钢”、“水泥”。

桥梁的长、宽、载重量和建筑材料的注记对于反映通行情况是重要的，但所占面积较大，影响图面清晰。因此，铁路上的桥梁，简易公路、乡村路和小路上能通行载重汽车的桥梁，以及废弃铁路和公路上仍能通行载重汽车的桥梁，均用车行桥符号表示，但不加注记。

3)人行桥。不能通行载重汽车的桥统称为人行桥。人行桥包括能通行轻型汽车、拖拉机和马车的桥梁，以及供单人单骑通行的小桥。这些桥在地形图上都用人行桥符号表示。

因为人行桥包括的范围很广，所以人行桥的建筑形式很多。特殊形式的人行桥，如铁索桥、溜索桥、竹索桥，藤桥、级面桥和亭桥等，除用人行桥符号表示外，还应按建筑形式的不同，分别加注“铁索”、“溜索”、“竹索”、“藤”、“级”、“亭”等。

铁索桥无桥墩，主要由固定在河流两岸的数条悬空铁索组成。铁索上铺木板供人、马通行。溜索桥是用铁索(或绳索)倾斜固定在河流两岸，供人在铁索上滑溜通过的桥梁。藤桥、竹索桥主要以藤、竹编制的藤索、竹索固定在河流两岸而构成的桥梁。级面桥多为高于地面的拱桥，为了方便行人，桥面修有多级台阶。亭桥是在桥面上修造亭式建筑物，供行人休息或游客观光的桥梁。时令桥是枯水季节架设，洪水季节拆除的简易桥梁。也用人行桥符号表示，并注明通行月份。当桥梁拆除后有人渡，而且人渡时间比架桥时间长时，则不表示桥，而表示人渡。

在河渠和道路密集的地区，人行小桥较多，若全表示影响图面清晰时，可以选取有方位意义或结构较好的小桥表示，舍去可徒涉河渠上结构简单的小桥。但当河渠不能徒涉时，无论桥梁结构是否简单，均应表示。

4)涵洞。涵洞按结构分为箱涵(盖板涵)、拱涵和圆涵。在地形图上，这类涵洞都用涵洞符号表示，描绘时应注意，涵洞符号为两个人字分别相交于道路符号的两边，而不应绘制成交叉。

乡村路和小路上的涵洞一般不表示；公路、铁路上既无方位作用又没河、渠，或路从洞下通过的涵洞也可以不表示，但当洞下有河渠或道路通过时应准确表示。

5)渡口、徒涉场和跳墩。渡口是用船或筏将人、畜、车辆和物资运送过水域的场所。渡口分车渡和人渡两种。车渡是指渡船能运载汽车或列车渡过水域的场所；人渡是指不能运载载重汽车的渡口。车渡和人渡表示的符号相同，但前者需要加注“车渡”和渡船最大载重吨数；而后者仅注记“人渡”两字。

徒涉场是人、畜、车辆涉水过河的场所。在地形图上，当徒涉场位于单线表示的河渠上时，道路符号压盖河渠符号绘制；当位于用双线表示的河流上时，用渡口符号表示。为反映徒涉场情况，凡水深在0.5m以上，无论是用单线表示，还是用双线表示的河流，均以黑色加注徒涉场的河宽、水深及河底性质，而与河流的绿色注记相区别。徒涉场注记要准确，因为人、畜、车辆的徒涉能力与流速、水深及河底性质有关。

跳墩是在浅水河中供人跨跳过河的一列固定石墩或大石块，又称为墩桥。石墩、石块由人工按能够跨越的距离整齐排列安置，高于常水位水面。非人工设置的跨步过河的石块不表示。

(5)道路与其他地物关系的处理。

①道路与独立地物。由于独立地物大多有方位意义，因此判绘中，当道路遇独立地物而不能分别表示时，一般是独立地物按其真实位置准确表示，道路符号断开或部分断开表示。但铁路旁和公路旁的房屋可按相关位置移位表示，而不间断铁路和公路符号。

②道路与水系。铁路、公路与河渠平行，不能同时准确绘制出各自符号时，在不使水系与地貌关系发生重大矛盾的情况下，一般以铁路、公路为主，按真实位置表示，河渠移位表示。但是，当简易公路、乡村路和小路的表示与河渠的表示发生矛盾时，以河渠为主，道路移位表示。

当铁路和公路在堤上通过时，以铁路、公路为主，堤以路堤符号表示。当铁路和公路在堤脚通过时，堤移位表示。当简易公路、乡村路和小路在堤上或堤脚通过时，省略道路符号或道路符号移位表示。但当道路断续与堤岸相接时，其与堤岸重合路段可以省略道路符号；非重合路段，则必须绘制出，不能省略道路符号，以保证道路有明确走向。

③道路与地貌符号。道路与地貌符号发生矛盾时，以表示道路为主，即准确表示道路，地貌符号移位表示或舍去不表示。例如，道路与用双线表示的冲沟重合时，道路按真实位置描绘，冲沟可以适当放宽以陡崖符号表示；道路与单线表示的冲沟重合时，道路按真实位置描绘，若单线冲沟明显，则放大为双线表示，否则舍去不绘制。又如道路与干河床重合，不能同时依比例尺表示时，准确表示道路，省去干河床符号，当干河床两岸有陡崖，视情况移位表示或舍去。

乡村路、小路通过陡崖，如果陡崖不高，道路符号可以直接压盖陡崖符号表示；如果道路从陡崖的断开处通过时，则陡崖符号应断开。

描绘山区小路，一般应在立体观察下进行，注意道路与山形的关系，合理地表示道路通过山谷和鞍部的情况，防止小路“飞越山涧”，使道路架空移位。

4. 管线、垣栅及境界的调绘

(1)管道。

运输管道主要用于输送水、石油、天然气和煤气等液态和气态物资，有重要的经济意义和军事价值。管道有的露在地面，有的埋在地下，还有的架空跨越河渠。

地面上有方位作用的管道一般均应表示，地下管道一般不表示。管道架空跨越河流、道路、冲沟等，符号不中断，压盖这些地物绘制。若从这些地物下面通过，则管道符号绘制至这些地物符号两侧断开。当输水管道与水渠相互接替时，各自按相应符号表示。比较短的管道可以不表示。长的管道还应注记其运输物质的性质。

管道的调绘应注意以下两点：

①管道的转折点应准确判出，架空的和地表的管道以实线表示，地下管道以虚线表示，图下长度不足1cm的不表示，居民地内的管道不表示。管道应加注输送物名称。

②管道通过河流、冲沟、土堤及架空通过双线路时，管道符号均不中断。

(2)电力线和通信线的调绘。

电力线的调绘应注意以下问题：

①要准确判读出转折点，以确定出其位置，以相应符号表示。对具有方位意义的杆架一定要判好、刺准。电力线、通信线遇居民地应中断。

②电力线与通信线共杆，电力线与通信线平行，电力线与电力线平行，图上间距在2mm以内时，则只择其高一级按真实位置绘制一条，到转折分岔处再分别表示。电力线、通信线平行公路、铁路，且距路中心距离在5mm以内时不必绘制，到转折分岔处再分别表示。

③电力线要以“kV”为单位注记电压高低。

④接边准确。判绘高压线，一般只判读出拐折点，而连以直线。但是，由于投影误差的影响，在丘陵地和山地，两拐折点的连线并不一定通过直线上的所有电线杆、塔。也就是说，实地在一直线上的电线杆、塔，由于所处高度不同，在像片上的影像不一定在一条直线上。因此，在判绘面积的边缘处无论有无拐折点，均应在判绘工作边内、外各刺出一个电线杆、塔的位置；若线路上相邻两个拐折点在相邻两张判绘像片上都能刺出时，则在两张像片上全部绘制出，以便于邻片接边和避免内业造成人为转折。

⑤高压线与其他地物的关系。高压线通过独立地物和居民地上空时，高压线符号断开，与独立地物符号空 0.2mm，与街区边缘不空。高压线通过其他大面积地物(植被、水域)和线状地物(道路、河渠、管道、垣栅)均不断开，压盖绘制。

有线通信线由通信线杆和导线(架空明线、电缆)组成。有线通信线路是利用电信号在导线上的传输以传送声音、文字、数据和图像，以达到有线通信的目的。

有线通信线在地形图上用通信线符号表示。表示的方法与电力线基本相同。但是，有线通信线只在地物稀少地区才表示，一般地区不表示。在地形图上表示的有线通信线中途与地下通信电缆相接时，地下电缆不表示，只在交接处绘制一弧线，以示意转为地下。

(3)垣栅的调绘。

垣泛指墙。这里主要是指园场周围的障壁；栅即栅栏。垣栅是各种障壁与栅栏的合称。在地形图上表示的垣栅主要有长城、城墙、土围、累石围、围墙、铁丝网、篱笆及其他栅栏等。

长城用砖石城墙符号表示，并注记名称和比高。损坏的部分用相应符号表示。长城上的城门、城楼古关塞等用相应符号表示，并注意符号的方向及符号之间的配合表示。

城墙是旧时在都邑四周用做防御的墙垣。因此，凡是能依比例尺表示其长度的城墙均应表示。城墙的建筑材料有砖石和土质两种。砖石城墙用砖石城墙符号表示，并注记比高；土质城墙用围墙符号表示。

高 1.5m 以上，或高虽不足 1.5m，但有方位作用的土围、垒石围也用围墙符号表示。旧时遗留的山寨垒石围和村堡土围也用围墙符号表示，有名称的还应注明名称。

栅栏主要有木栅、铁栅、铁丝网和篱笆等。栅栏在地形图上用同一符号表示。一般只表示高 1.5m 以上有障碍作用的栅栏。地物稀少的荒漠地区的铁丝网，有的高不足 1.5m，但有方位意义，也应表示。

用高梁秆、树枝、枣刺等修筑的临时性的篱笆一般不表示。

(4)境界的调绘。境界又称为边界或疆界。在地形图上表示的有：与邻国的境界——国界；国内行政区管辖的界线——国内境界。

判绘国界是关系到国家主权和国际关系的重大问题，必须认真对待。通常根据国家正式签订的边界条约或边界议定书及附图，并会同边防人员实地踏勘，按图式和相关规范中的要求精确绘制。

地形图上表示的国内境界有：省、自治区、直辖市界；自治州、盟、省辖市界；县、自治县、旗界；特种地区界等。

判绘国内境界虽然没有国界那样严格，但仍有很强的政治意义和行政管理意义。如果处理有错，会给用图者造成错觉和引起行政管理上的麻烦，甚至引起不必要的纠纷。因此，也要认真对待，并应注意以下几点。

①应以国务院最新公布的行政区划为准，参考旧地形图、行政区划图和询问当地政府机关、群众确定境界线。

②国内境界上的界碑、界桩或其他界标，要用相应符号准确绘制。当境界通过山顶、山脊时，要立体描绘。

③走向明确的境界一般应准确绘制。当境界与较大的用双线表示的河流重合时，境界符号在主航道位置或河流中心线位置上间断地绘制，并清楚地表示岛屿、沙洲的隶属关系。当境界与其他线状地物重合时，可以沿该地物符号的两侧每隔3~5cm交错绘制3~4节符号，但转折、交接点、判绘工作边和图廓线处必须绘制符号，以反映真实走向和便于接边；当暗界与地类界、高压电力线和通信线等符号重合时，境界符号移位表示，不得省略；当境界不与线状地物重合时，符号应不间断地绘制。

④无明显界线的境界，可以根据当地政府和群众所指的走向，依地形特征线(山脊、山谷、干河床、道路、河流)绘制，但必须正确表示居民地的隶属关系，且不得将明显属于一个行政区辖的一片果园、一个湖泊分割开。

⑤飞地界线以相应行政区划境界符号绘制。所谓飞地是指属于某一行政区管辖，但不与本区毗连的土地。图上面积小于$10cm^2$，其内不能注记出行政区划名称的飞地可以不单独表示。

⑥在调绘像片的边缘、图廓线外的境界线两侧，应注明所属市、县、旗的名称。当两级以上行政区划境界重合时，只绘制出高一级境界符号，但在判绘像片上应同时注明两级行政区名称。

5.3.4 地貌的调绘

1. 水系的调绘

水系在地理学中也称为“河系”，是指流域内各种水体构成脉络相通系统的总称。而测绘部门所指的水系实际上是指在地图上表示的海洋、江河、湖泊、水库、池塘、水渠、井、泉、盐田等各种自然和人工形成的水体的总称。

水系对于农田灌溉、水力资源利用、航运和矿产开发均具有重要意义。

水系判绘的内容很多，主要是河流、湖泊、水渠的位置及形状、大小和分布；河流的宽度、深度、流向、流速和底质；水库的容量和拦水坝的性质；海岸线和潮浸地带的性质；井、泉、沼泽和盐田；水上运输设施等。

(1)河流、湖泊、水库的表示。

1)常年有水的河、湖和池塘。

①河流分级表示。一般来说，河流的长和宽能反映其经济价值和对军事行动影响的程度。因此，正确确定和准确表示岸线是判绘河流的基本要求。但是，由于测图比例尺的限制，地形图上不可能依比例尺表示所有的河流宽度，必须根据实际宽度进行分级，分别用依比例尺双线或用由细渐变为粗的单实线符号表示。

河流分级的原则是：凡在图上宽度等于或大于0.4mm的河流，依比例用双线符号表示；在图上宽度小于0.4mm的河流，用0.1～0.4mm的渐变单实线符号表示。河流在不同比例尺地形图上的划分标准如表5-1所示。

同一条河流根据实际情况可以用单实线和双线符号表示。一般情况下是上游宽度小，下游宽度大，而且是逐渐变化的。

表5-1　　河流的分级标准

图上宽度	比例尺		
	1∶25000	1∶50000	1∶100000
	实地宽度		
0.1～0.4mm	<10m	<20m	<40m
双线	≥10m	≥20m	≥40m

②河流注记。仅表示了河流的岸线并不能完全反映河流的性质和特点，还必须沿流向按一定间隔注记河宽、水深、河底性质、流速和流向。这些注记数据一般通过实地量测取得，或参考水文资料注记。必须注意的是：判绘像片上单、双线符号变换处的注记数字与河流分级符号和实际宽度应协调一致。有的河流水深大于3m，深度测量不方便，又没有可靠资料利用时，可以只注记河宽，不注记水深。

流速大于0.3m/s时，对徒涉有影响。因此，凡流速大于0.3m/s的河流都要注记流速。有固定流向的水渠也要表示流向。

河流的宽和深应注记在量测标志位置附近。在双线河符号内能清晰注明时，就注在河内，否则与单线河符号一样，绘注在河流符号的一侧。

③湖泊、池塘。湖泊和池塘常以水位岸线表示其范围，一般不表示高水位岸线。但对于水位随季节变化很大的湖泊，如海河下游的七星海、白洋淀、文安洼等，高水位岸线明显时，也应表示。非淡水湖泊还要加注水质，如"咸"、"苦"等。例如青藏高原上的100多个大盐湖，含有40多种盐类矿物，最高矿化度达526g/L，均为非淡水湖泊。

池塘大多有挡水堤坝。这些堤坝一般不表示，只有当坝长大于图上5mm和坝高大于2m时，才按实地情况用堤岸或堤的符号表示，并量注比高。有的地区池塘很多，可以进行适当的取舍。

2)时令河、湖。时令河、湖除用时令水位岸线符号表示其范围外，还应注记有水月份。时令河的分级标准与常年有水河相同。

判绘时令河要注意摄影影像的季节，并与常年有水河、干河床区分。值得注意的是，有的河床上游修建了大型水库，人工控制水流。水库放水时，河床有水；不放水时，为干河床。这种河流可以按时令河表示，但不注记流水月份。

3)消失河段、地下河段。

消失河段是河流流经沼泽、沙砾地、沙地时，河床不明显或表面水流消失的地段。消失河段用点线符号表示。点的大小与岸线符号或单线河符号线画一致，颜色一致。

地下河段是河流流经地下或穿过山洞的地段。也称为"暗河"或"伏流"。地下河流是在进水口和出水口位置用圆弧线符号表示，并在进口处绘制一水流方向符号。地下水渠的表示与地下河段相同。以“U”形断面通过道路、河流、谷地、居民地的地下渠道称为倒虹吸管，也以地下河段符号表示，但不绘制流水方向符号。水渠以地上管道通过谷地，当管道较短，不能用管道符号表示时，也用地下河段符号表示。

4)水库。凡能拦蓄一定水量，起径流调节作用的蓄水区域，统称为“水库”。一般是指在河流上用人工建筑拦河坝(闸)后造成的水库而言。水库主要由库区、拦水坝、闸和溢洪道等组成。

①水库岸线与库容量。水库岸线。水库的水位除受降水影响外，还受人工控制。在地形图上只表示常水位岸线，不表示高水界。一般根据摄影时的水涯线影像描绘。当摄影时水涯线比常水位低很多时，通常是在水涯线附近刺出一些常水位通过的明显地物点，并量取至水涯线的比高，作为内业立体测绘常水位岸线的依据。因为大型水库的上游水位与拦水坝附近水位并不一定等高，有的相差数米。所以，在立体镜下根据明显地物点描绘大型、巨型水库岸线时，必须注意水库水位并不是一水平面，而是上游高、下游低的倾斜面。摄影后蓄水的水库，像片上没有水库岸线影像，可以在水库周围精确刺出三个以上常水位点，在文体镜下根据这些点的高度描绘常水位岸线。

库容量。水库的大小一般是根据蓄水容量分级。库容在 $1\times10^7m^3$ 以下为小型水库，库容在 $1\times10^7\sim1\times10^8m^3$ 为中型水库，库容在 $1\times10^8\sim1\times10^9m^3$ 为大型水库，库容在 $1\times10^9m^3$ 以上为巨型水库。重要的小型水库和中型以上水库都要注记常年容量和水库名称。

②拦水坝和滚水坝。拦水坝。拦水坝是横断江河和山谷的建筑物。按建筑材料区分有水泥混凝土坝、石坝、橡胶坝和土坝。拦水坝无论建筑材料和建筑形式如何均用拦河坝符号表示，并区分坝顶能否通行载重汽车。比较大的坝，当坝长大于 100m 或坝高高于 30m 时，应加注坝长、坝高。如建筑材料为水泥混凝土、石块或橡胶时，还应加注“水泥”、“石”或“橡胶”。简易修筑的挡水坝，一般不用拦水坝符号表示，根据坝体至水涯线的距离大小用堤或堤岸符号表示。简易修筑的挡水坝与拦水坝从性质上看没有什么差异，主要是建筑规模、建筑材料、溢洪和护坡工程等条件不同。前者所形成水库蓄水量在 $1\times10^7m^3$ 以下，建筑材料一般为土质，溢洪道、水渠、闸门等配套设施不完全，没有很好的护坡设施。

滚水坝。滚水坝亦称为溢流坝，是坝顶允许过水的坝。提高的水位通过渠道供灌溉、水磨、水车使用。滚水坝的建筑规模一般比拦水坝小，上游水面比下游宽，有的没有形成明显的库区。当水流从坝面溢过时在下游激起浪花，旱季坝顶露出水面，影像明显，易于判读。

③水闸。水闸是设在河流、渠道中用闸门启闭调节水位、控制流量以及分配用水的人工建筑物。各种水闸根据其能否通行载重汽车用相应符号表示。符号的尖端朝向上游描绘。拦水坝和滚水坝上有水闸时，一般只表示坝而不表示闸，只有当依比例尺表示坝后同时也能绘制出水闸符号时，才分别表示。

(2)运河、沟渠。

①运河、沟渠的分级和分类。运河与沟渠都是人工开挖的水道。对于运输、灌溉、排涝、泄洪、发电等方面具有重要意义。运河与沟渠在性质上没有不同，只是在规模大小上

有差别。另外，运河的主要作用是沟通不同河流、水系和海洋，连接重要城镇和工矿区，发展水上运输。沟渠规模较小，主要用于灌溉和排涝。

运河、沟渠用相同的符号表示。凡宽度大于图上 0. 4mm 的用双线符号表示；小于 0. 4mm 的以 0. 1mm 或 0. 3mm 单线符号表示。具体分线标准如表 5-2 所示。

表 5-2　　沟渠的分级标准

图上宽度	比例尺		
	1：25000	1：50000	1：100000
	实地宽度		
0. 1mm 单线	<5m	<10m	<20m
0. 3mm 单线	5~10m	10~20m	20~40m
0. 4mm 以上双线	≥10m	≥20m	≥40m

沟渠根据其底部平面与地表面的高度关系分为一般沟渠和高于地面的水渠两种。一般沟渠是指沟底低于地面，或与地表在同一高度的水渠。高于地面的水渠是指沟底高于地面的水渠，两种水渠各自用不同的符号表示。

②水渠注记。运河、水渠与河流一样，除用符号表示岸线外，还应测注宽和深。水渠的大小不同，障碍作用不同，对注记要求也不一样。用双线和用 0. 3mm 单线表示的沟渠都应注明沟宽、沟深。用 0. 1mm 单线表示的沟渠只在沟渠稀少地区才注记。常年流水，水深在 1m 以上的运河、沟渠应测注沟宽、水深。当沟渠有堤，堤脚与沟沿之间无台阶或台阶极小时，沟宽、沟深以堤面为准；若堤脚与沟沿之间一侧或两侧有较宽台阶，则沟宽、沟深以沟渠上沿为准，而不以堤面为准量注，以正确反映其障碍作用。

2. 植被与土质的调绘

植被是覆盖在地面上天然生长的和人工栽培的各种植物的总称，包括天然生长和人工栽培的木本植物和草本植物及水生植物和藤条植物。陆地生长的植被情况和所在地的土质情况又有直接的关系，所以土质的调绘常常和植被一起考虑。

(1)植被地类界的表示。

不同种类的植被分布范围和轮廓特征，以地类界符号及注记表示。地类界必须封闭，如果不封闭，也就无法确定植被的分布范围。

有的植被要求绘制地类界，而有的植被不需要绘制地类界。要求绘制地类界的植被主要是指具有明显轮廓线的植被，即各种成片分布的植被和耕地，如树林、竹林、幼林、经济林、稻田、菜地、经济作物地等。不需要绘制地类界的植被是指分布轮廓线不明显或不能表示分布范围的植被，以及水上分布的植被，如疏林、稀疏灌木林、迹地、高草地、半荒草地、荒草地、小面积树林、独立树丛、独立灌木丛、狭长灌木林、狭长竹林等。

当地类界与道路、河流、沟渠、陡坎、垣栅等地面有实物的线状地物符号重合时，可以省略不绘制；但与境界、电力线、通信线等地面无实物的地物符号重合时，地类界应移位绘制。

(2)各种植被的表示。

①稻田。稻田是指种植水稻的耕地。水旱轮作地也按稻田符号表示。大面积的稻田应整列式配置符号；由道路、河流、沟渠等分割成的小片稻区，符号配置间隔可以缩小为3mm表示；沿沟谷分布的狭长稻田，图上宽度小于3mm时，可以不表示地类界。

②旱地。旱地是指稻田以外的农作物耕种地，包括撂荒未满三年的轮歇地，符号按整列式表示。大面积的旱地可以不用符号表示，在其范围内加注“旱地”注记。

③菜地。菜地是指以种植蔬菜为主的耕地，符号按整列式配置，图上面积小于$25mm^2$和居民地内的零星菜地均不表示。粮菜轮种的耕地按旱地表示。

④水生作物地。水生作物地是指比较固定的以种植水生作物为主的用地，如菱角、莲藕、茭白地等。符号按整列式表示，非常年积水的水生作物地(如藕田)，在图上用不固定水涯线加符号表示。图上面积大于$2cm^2$的除表示符号外，应加注品种名称；小于$25mm^2$的不表示。

⑤条田、台田。条田、台田是指土壤含盐、碱成分较重地区(非盐碱地)，为改造土壤、挖有排盐、排碱沟渠的地面抬高的农田。其范围用地类界表示，并加注“台田”注记。平原地区由各级灌排渠道和道路合理布局形成便于机械化作业和灌溉排水的条状农田也用此符号表示，并加注“条田”注记。

⑥园地。园地包括经济林和经济作物地，是以种植经济作物为主，集约经营的多年生木本和草本作物，覆盖率大于50%或每亩株数大于合理株数70%的土地。经济林是指以生产果品、食用油料、饮料、调料、工业原料和药材为主要目的的树木，如苹果园、茶园、橡胶园等。经济作物地是指由人工栽培、种植比较固定的多年生长植物，如甘蔗、麻类、香蕉、药材、香茅草、啤酒花等。经济作物与其他作物轮种的，不按经济作物地表示。

图上面积大于$25mm^2$的，符号按整列式配置；面积大于$50mm^2$时应加注相应产品名称，如“橡胶”、“苹”、“桑”、“茶”、“油茶”、“蔗”、“麻”、“药”等字；图上面积小于$25mm^2$的一般不表示。

⑦成林。成林是指林木进入成熟期、郁闭度(树冠覆盖地面程度)在0.3(不含0.3)以上，林龄在20年以上的、已构成稳定的林分(树木的内部结构特征)能影响周围环境的生物群落。成林分针叶林、阔叶林和针阔混交林。

图上面积大于$25mm^2$的成林应表示，在其范围内每隔5~9mm散列配置针叶、阔叶或针阔混交林符号。图上面积小于$25mm^2$的成林用小面积树林符号。图上宽度小于2mm、长度大于5mm的成林符号，其长度依比例尺表示，图上长度大于10mm的田间密集整齐的单行树，也用狭长林带符号表示。沿双线路的狭长地带，也可以用狭长林带表示。

⑧幼林、苗圃。幼林是指林木处于生长发育阶段，通常树龄在20年以下，尚未达到成熟的林分。苗圃是指固定的林木育苗地。幼林、苗圃在图上面积大于$25mm^2$时才表示，在其范围内整列式配置符号，大于$50mm^2$时要加注“幼”、“苗”字。

⑨灌木林。灌木林是指成片生长、无明显主干、树杈丛生的木本植物地，覆盖度在40%以上。图上面积大于$25mm^2$的用密集灌木林符号散列配置；覆盖度在40%以下的灌木林地，图上面积大于$25mm^2$的用稀疏灌木林符号按实地灌木分布情况散列配置。图上面积

小于 $25mm^2$ 的灌木林和有方位意义的灌木丛用相应符号表示。

⑩疏林。疏林是指树木比较稀疏的林地，郁闭度为 0.1～0.3 的林地。调绘疏林时不区分树的高度和种类，也不要求注记树种名称和平均树高；均按实际分布的疏密情况配置符号表示。但应注意疏林一般应与其底层的土质、其他植被配合表示。

⑪防火带。防火带是指林区、草原中为防止火情蔓延而开辟的空道。宽度依比例尺表示，加注“防火”两字。若防火带较长，每隔 5～8cm 注记一次。防火带在图上宽度大于 3mm 时，还应表示等高线。

⑫行树。行树是指沿道路、沟渠和其他线状地物一侧或两侧成行种植的树木或灌木。符号间距可视具体情况略为放大或缩小。凡线状地物两侧的行树，描绘时应鳞错排列。双线表示的道路，其路边的狭长林带，也用行树符号表示。

⑬草类植被。草类植被是指高草地、草地、半荒植物地、荒草地等。

高草地是指芦苇地、席草地、芒草地、芨芨草地和其他高秆草本植物地，在图上按其分布范围整列配置符号，当图上面积大于 $2cm^2$ 时，应加注植物名称，如“芦苇”、“席草”、“芒草”、“芨芨草”等。

草地是指草本植物生长旺盛、覆盖率在 50%以上的地区。草地符号按整列式绘制。人工种植的绿地也用草地符号表示。

半荒植物地是指草类植物生长比较稀疏，覆盖度在 20%～50%的草地，一般分布在山地、高山地等地区，符号按整列式配置绘制。

荒草地是指植物特别稀少，其覆盖度在 5%～20%的土地，不包括盐碱地、沼泽地和裸土地，一般只表示位于气候特别干旱和土壤贫瘠地区，符号按整列式配置。

上述草类植被表示时均不绘制地类界，而是用符号的分布概略地反映其分布范围；过渡地区两种符号也可以互相穿插使用。

⑭花圃、花坛。花圃、花坛是指用来美化庭院、种植花卉的土台、花园、街道、道路旁规划的绿化岛、花坛及工厂、机关、学校内的正规花坛均用同一符号表示，图上面积小于 $25mm^2$ 的不表示。

(3)土质的表示。土质是指覆盖在地壳表层的土壤性质，如沙地、石块地、露岩地、盐碱地等，土壤性质与地面上物质分布状态、地理位置、气候条件、地下水的分布及其性质有关。

沙砾地是指基岩经长期风化和流水作用而形成的沙和砾石混合分布的地段，主要分布在离石山较近的干河床、河漫滩、河流上游沿岸、海边干出滩等地段。戈壁滩是指地表几乎全为砾石覆盖，只生长少量的稀疏耐碱草类及灌木的地段。沙砾地和戈壁滩难以严格区分，因此均用同一符号表示。

石块地是指岩石受风化作用破裂，经雨水搬移或在重力作用下自然散落而形成的碎石块堆积地段。在像片上可以见到像黑芝麻点似的细小点状影像。要注意露岩地与石块地的本质区别：露岩地是地下的基岩露出地面，是有“根基”的岩石；而石块地的石块是“外来”的、无根基的岩石，描绘时用两个棕色三角块符号为一组按实地分布范围散列配置。

(4)植被及土质符号的配合表示。同一地段生长有多种植被时，符号的配置应与实地植物的主次和疏密情况相一致，即某种植被较多的地方或较多的植被，可以多绘制符号；

反之，则少绘制符号，以显示其分布特征。

同一地类界内所表示的植被连同土质符号不得超过三种；此时可以舍去经济价值不大或数量较小的植被，以突出主要的植被。

密集成林的植被(树林、竹林、灌木林等)，在其范围内不再表示草地、耕地等底层植被；有方位作用的草地、耕地应单独表示，不能与上述植被配合表示。

树林中杂有竹林、灌木林；竹林、灌木林中杂有树林等情况，可以用小面积符号按实际分布情况配置表示。稀疏植被、底层植被、沼泽、土质符号均可以互相配合表示。

描绘植被符号时，不得截断或接触地类界和其他地物符号。当图上植被面积较大时，符号间隔可以放大1~3倍。

3. 特征地貌元素的调绘

地貌是地球表面起伏变化的自然形态。地表形态是多种多样的，有大陆、山峰、平地、冲沟、河谷、溶洞、沙丘等。地貌形态在地形图上用等高线配合特征地貌符号、高程注记、比高注记表示。

用特征地貌符号表示的地貌是指岩峰、残丘地、陡崖、岩墙、崩崖、滑坡、冲沟、干河床、石灰岩溶斗、山洞、陡石山、梯地坎、石块地、泥石流、火山口、雪原、冰川和各种沙地等。

(1)岩峰、黄土柱的表示。岩峰是指由于水流的长期溶蚀，一部分岩体或土层被夷为洼地或平地，另一部分未溶的岩体便突出于洼地或平地形成高耸的塔柱状岩石或柱状黄土。孤立的为孤峰，联座成群的称为峰丛(群)，由多个相距较近的孤峰构成的景观称为峰林。

分布范围较大和密集时的峰林，可以适当取舍，分别用孤峰或峰丛符号表示，比高择要标注，但经取舍后应能反映实地的分布特征。较大的岩峰可以用等高线配合符号表示，比高测注从最高等高线起算。黄土柱用孤峰符号表示，加注“土”字。

(2)土堆、贝壳堆、矿渣堆的表示。土堆、贝壳堆、矿渣堆是由泥土、贝壳、矿渣等堆积而成的堆积物，比高大于1m的要表示，大于2m的要标注比高。图上面积大于4mm^{2}的土堆依比例表示(沿其顶部概略轮廓表示为实线，斜坡用短线或长短线表示至坡脚)；小于4mm^{2}的用不依比例符号表示。海边的贝壳堆、固定的矿渣堆分别加注“贝壳”、“渣”字。

对于较大的没有明显顶部棱线和坡底轮廓且独立的堆积体，可以用地类界表示其范围，内部以等高线表示，并加注名称。

地面上长期存在的具有方位意义的较大的独立石块，应表示并标注比高。

(3)坑穴的表示。坑穴是指地表突然凹下的部分，坑壁较陡，坑口有明显的边缘。坑深大于1m的应表示，大于2m的应标注深度。图上面积大于4mm^{2}的土坑用依比例尺符号表示，小于4mm^{2}的用不依比例尺符号表示。

(4)溶洞、山洞的表示。溶洞是指地下水沿岩石裂隙溶蚀破坏或岩层塌陷所形成的地下洞穴。除去溶洞和隧道和以外的其他地下洞穴称为山洞。实际上溶洞也是山洞，只不过是一种特殊类型的山洞。山洞、溶洞采用同一符号绘制。在图上只用符号表示洞口，符号的中心点代表实地的洞口位置；山洞、溶洞在像片上的影像不易识别，因此在调绘时必须向当地群众询问，再到实地判绘。山洞、溶洞的符号应在洞口位置上按真方向描绘，有名称的应加注名称。

(5)火山口的表示。火山口是指火山爆发后在喷口处形成的洼地。活火山或死火山均用同一符号表示。依比例尺表示的火山口可以用等高线或陡崖符号表示，并在其中心位置配置火山口符号。

(6)冲沟的表示。冲沟是指地面上长期被雨水急流冲蚀而形成的大小沟壑，沟壁较陡，攀登困难。冲沟的两侧有明显的陡壁和坡折线，难以攀登。黄土高原地区，由于土质适合于冲沟发育，因此冲沟甚多；有的地方，大冲沟两侧又生成许多小冲沟，形成所谓冲沟系统。这些冲沟长度由数米到数万米，深度由数米到数百米。冲沟阻碍交通，影响工业建设，对农业生产也十分不利，因此在地形图上必须注意表示。

冲沟在图上宽度在0.5mm以内时，用单线表示；宽度为0.5~1.5mm时，用双线冲沟表示；宽度在1.5mm以上时，沟壁用陡崖符号表示；沟度在图上大于3mm时，应表示沟内等高线。冲沟宽度大于2m时需测注比高。

调绘冲沟时应在立体观察下描绘，以保证冲沟边缘线、沟头、沟口及拐弯处位置准确。

冲沟密集时可以适当取舍，舍去较短或坡度较缓的单线冲沟；但冲沟不能综合，取舍程度应以保持该地区的冲沟地貌特征为原则。

沟坡较缓的宽大冲沟可以用等高线表示或用符号与等高线配合表示。

(7)陡坎、陡崖的表示。陡坎、陡崖是指形态壁立、难以攀登的陡峭崖壁或各种天然形成的坎(坡度在70度以上)，分为土质和石质两种。图上长度大于5mm、比高1m以上的一般均应表示，凡比高大于2m的应标注比高。陡崖符号的实线为崖壁上缘位置。土质陡崖图上水平投影宽度小于0.5mm时，以0.5mm短线表示；大于0.5mm时，依比例尺用长线表示。石质陡崖图上水平投影宽度小于2mm时，以2mm表示；大于2mm时，依比例尺表示。

(8)露岩地、陡石山的表示。露岩地是指基岩露出地面且分布较集中的地段。图上用等高线配合散列的石块符号表示，在其边缘处适当多配置些石块符号以示其概略范围。

陡石山是指全部或大部分岩石裸露且坡度大于70°的陡峭山岭。当陡石山坡度小于70°时，用等高线配合露岩地符号表示，即外业只绘制露岩地符号。陡石山应加注高程。较大范围的陡石山，外业可以不绘制符号，仅将其范围用红色实线标出，在标定的范围内加注“陡石山”说明，以后由内业在测图时根据立体模型判绘为相应符号。

(9)沙地地貌的表示。沙地包括沙漠或海滨及大河、大湖岸边的各种沙质地。沙漠地貌类型很多，除按地貌形态的相对稳定性区分为固定的和不固定的沙地外，根据沙漠起伏形态和走向特征又分为平沙地、灌丛沙堆、星月形沙丘与沙丘链、垄状沙丘、窝状沙丘五种。

固定的沙地是指其地貌形态在一段时间内能保持相对稳定不变的沙地地貌。不固定的沙地是指其地貌形态不能保持稳定，经常改变的沙地。无论是固定的沙地或不固定的沙地一般均由内业测绘等高线和测注比高；外业调绘确定沙地类型并调绘其他地物。图上面积大于50cm^2的各类沙地(除平沙地外)应加注沙地类型名称。

沙漠地区气候干燥，水源缺乏，植物稀少、交通困难。因此，应十分注意水源、植被、道路，以及其他地物的调绘。

(10)梯田坎(人工陡坎)的表示。梯田坎是指依山坡或谷地由人工修成的坡度在70°以上阶梯式农田的陡坎。梯田坎是山区农田的重要特征。坎高1m以上的才表示，2m以上的应加注比高。梯田坎密集时，最高、最低一层陡坎按实地位置表示，中间各层可以适当取舍。坎高不足1m的大面积梯田坎为了显示其特征，可以择要表示。人工陡坎也用同一符号表示。

调绘梯田坎时应注意和陡崖相区分，梯田坎是人工地貌，陡崖是天然地貌。

5.3.5　地理名称的调查和注记

地理名称简称地名。地名是人们赋予某一地理料体的语言文字代号，或者说地名是区别不同地理实体所代表的特定方位、范围的一种语言文字标志。在地形图上地名一项重要元素，对用图关系极大。

1. 地理名称的分类

(1)居民地名称：包括城市、集镇、街道、村庄、农场、林场、茶场、牧场、工厂、矿区、企事业单位、车站、码头等。

(2)山地名称：主要包括山脉、山峰、山隘、山口、山谷、山洞、山坡、台地、高地等名称。

(3)水系名称：主要包括海洋、湖泊、江河、运河、渠道、渡槽、水库、河口、海湾、海峡、江峡、港湾、沙洲、岸滩、井、泉、冰川等名称。

(4)其他地理名称：主要包括独立地物、工程设施、交通路线、名胜古迹、行政区划、土壤植被、数字代号等名称。

2. 地理名称调查的一般方法

在进行判读之前，首先进行地名资料的搜集工作。搜集的内容包括各种比例尺的地形图、行政区划图、规划图、水系图、交通图、旅游图以及行政区划等相关资料。上代地形图和地名普查资料及各省出版的行政区划简册是像片判绘取得地名的基本资料。

根据所搜集的资料进行综合分析，对注记清楚、位置准确无异意的地名可以先确定下来。对有疑问的可以到实地调查确定。

地理名称的调查要到实地进行，要多问，要向不同的对象问，要做到“音”、“文”、“字”三者统一，防止音同字异及错字现象。对调查的资料要注意与省、地、县行政区划图相核对，经分析调查所得名称是自然名还是行政名，是总名还是分名；要首先选取国务院公布的正式名称，以及取闻名的、舍一般的，取较大的、舍较小的，取较固定的、舍易改变的；不得选用群众按照相关位置称呼的前街、后街、南山、北山、东头、西头为地理名称，也不得选用带有侮辱性的地理名称。记录用字要以国务院颁布的简化字为准，不得自造字。

3. 地理名称的注记

地理名称的注记，要做到字体工整，疏密得当，主次分明，位置合适，指向明确，颜色正确。

地理名称注记，不得压盖重要地物，在不压盖重要地物和图面清晰的前提下，应尽量注记详细。当地理名称过密时，可以按照取总名、舍分名，取著名的、舍一般的，取大的、舍小的原则进行取舍。注记字体的排列如图 5-8 所示，有水平字列、垂直字列、雁行字列、屈曲字列 4 种，按照地物自然延伸的方向灵活选用。居民地一般采用水平字列，水系多采用雁行字列或屈曲字列。

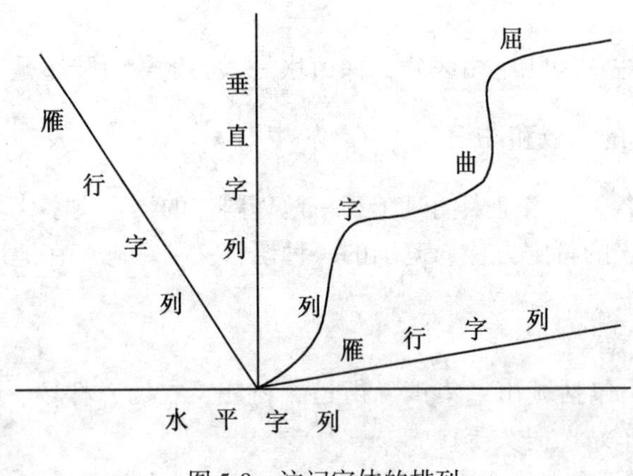

图 5-8　注记字体的排列

地理名称注记的位置，应指向明确，注意反映地物的分布特点，便于阅读。地理名称注记位置次序选择，按图 5-9 所示，当前一位置注记压盖其他地物时，可以依次选用下一位置进行注记。

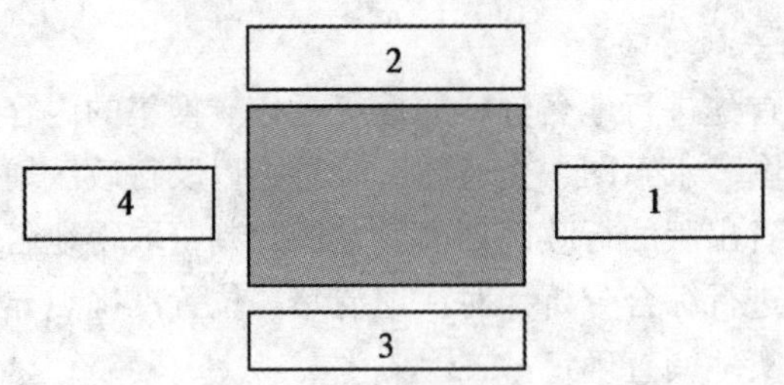

图 5-9　地理名称注记位置

4. 注记资料的量测和注记

(1)注记资料的分类。

①文字注记：用以说明性质和功能，例如树林品种、路面材料、水坝性质、特殊建筑用途以及沼泽地通行情况等。

②数字注记：用以说明某些地形元素的高低、宽深、大小、月份等。例如冲沟、陡岸、田坎、路堤、路堑、堤防、城墙、土堆、坑穴等需量注比高；河流、沟渠、桥梁、路面等需量注宽度；水井、徒涉场、河流等需量注深度；桥梁需注记载重量；电力线需注记电压；山隘、时令路需注记通行月份。

(2)注记资料的量测。注记资料要到实地进行调查和量测，不得凭印象估计。量测位置要选取在具有代表性和具有明显特征的地方，例如河宽、水深的量测，要选在便于车马行人通过的河段上及桥梁、渡口附近；路堤、路堑的比高要选在最高处；陡岸的比高要选在转弯处；冲沟的比高要选在汇合处。各种数字注记的量测精度、成图比例尺不同，要求也不同。量测精度要与成图比例尺的要求相一致。

(3)注记资料的标注。文字注记用字要统一，一般按图式执行，例如打谷场注“谷”字，抽水机房注“抽”字等。数字注记，调绘片上标注的测定点要与实地量测位置一致，不得移位，数字写在测定点的近旁。

5.3.6 新增地物的补测

在摄影时间距调绘时间较长地区的调绘中常常会出现许多新增地物，对于这些新增地物必须在调绘时加以补测。此外，对被云影、阴影所遮盖的地物，也必须在调绘时加以补测。新增地物补测是像片调绘中常遇到的问题。

1. *新增地物补测的一般方法*

(1)交会法示意图。先在实地对照像片找出两个明显的地物点，量取该两明显地物点到新增地物的距离，而后依比例尺换算出像片上的相应长度，分别用圆规截取两段长度划弧，相交点即为新增地物的位置，如图 5-10 所示。

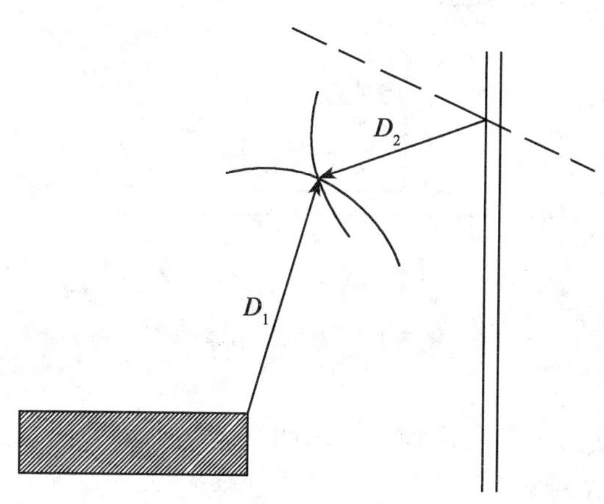

图 5-10　交会法示意图

(2)截距法。当新增地物在线状地物旁边时，可以自线状地物上一明显地物点量至新增地物之间的距离，然后依摄影比例尺换算出像片上的长度截取定位，如图 5-11(a)所示。

又如补测通信线转角杆位置 P，从明显地物点道路交叉处起沿大车路取 A 点，使 A、P、B(独立房角)三点同一直线，在实地量测 D_1，在像片上定出 A 点，在实地量测 D_2，在像片上从 A 点起沿 AB 的连线定出 P；在实地上量测 D_3，检查像片上 P 点的正确性，于是在通信线转角杆补测出，如图 5-11(b)所示。

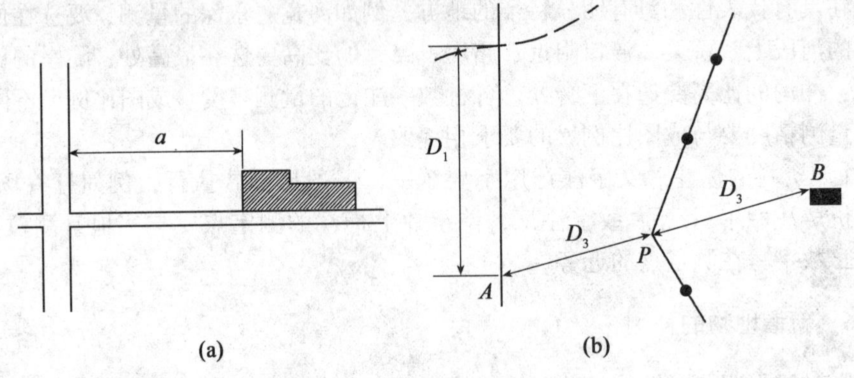

图 5-11　截距法示意图

(3)坐标法。当新增地物距线状地物有一段距离时，可以从新增地物作线状地物的垂线，其垂足即为辅助点；量测垂线长，量测线状地物上一明显点到辅助点的距离，而后在像片上由明显点求出辅助点，再由辅助点沿垂线求出新增地物点位，如图 5-12 所示。

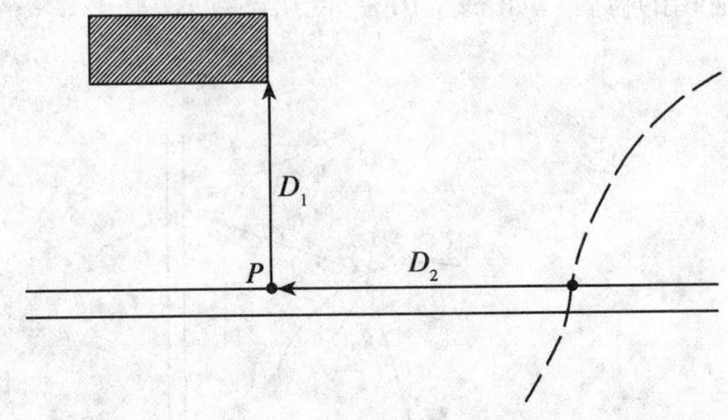

图 5-12　坐标法示意图

(4)比较法。根据实地上新增地物与周围明显地物的相关位置，采用目视内插直接判定新增地物在像片上的位置。

2. 补测中应注意的问题

由于补测的地物在像片上没有影像，补测时若不注意就会产生较大的位移、变形或失真，直接影响成图精度。所以在补测时除选用较正确的补测方法外，还应注意以下几个问题。

(1)注意地物的中心位置。绘制不依比例尺表示的独立地物都是以中心点为准，线状地物都是以中心线为准，所以在补测新增地物量距时必须注意要量测到中心点或中心线的位置，因为地物的边缘到中心点或中心线都有一定距离。如砖瓦窑，窑中心点到窑边缘是有一定距离的，量测距离必须量测到窑中心。如果把地物的边缘误认为中心点或中心线，补绘的地物必然要移位，影响成图精度。

补绘的地物准确与否也与量测距离的准确性及换算到像片上的距离有直接关系。每一项工作都必须准确无误，才能测绘出高精度的成果。

(2)注意地物的方向。除图式规定垂直于南图廓描绘的独立地物外，在补测其他地物时应特别注意地物的方向，补绘时方向容易绘错，而内业又难以发现和改正。因此，最好是描绘好后，用周围相关地物检查一下，看补测的地物是否与周围相关地物的方向一致。

(3)注意地物的形状和大小。对于依比例尺或半依比例尺描绘的地物，补绘时应特别注意其形状大小，否则会失真变形，补绘时不能把长方形绘制成正方形，宽的绘制成窄的，短的绘制成长的，使地物失真，影响地形图精度。因此，在补绘时，首先应准确判定或测定地物轮廓的转折点，然后判定或测定其他地物点。如补测一新增工厂，应先准确判定或测定工厂的轮廓，即围墙、铁丝网或外围建筑物的转折点，以准确判定工厂的范围、内部厂房及其他建筑物。可以根据这些地物之间的相互关系用前述的几种补测方法来确定其位置，然后检查这些地物之间的位置关系是否正确，若有误差可以平差一下，再精确确定各地物点的位置。

补测线状地物，应注意各转折点的位置准确；补测盘山渠道时首先补测渠道绕过山谷和山脊的准确位置，然后在立体模型下根据渠道走向进行描绘。若渠道位置判断不准，应概略绘制出渠道位置，在渠道主要转弯点测注渠底高程，内业成图时精确绘制出。新增水库水涯线的补绘，若位置不易判准，可以测定水库常水位高程，由内业绘制，如是大型水库，可分别在上游、中游、下游同时测定常水位高程，由内业绘制。

(4)注意表示补测地物的附属建筑物。在补测地物时，有些地物不但要精确地补测出地物本身，而且要注意补测出附属建筑物和附属设施，如道路、水系，若只注意补测了道路、水系，而漏了附属建筑物及附属设施，一则造成漏绘，二则会造成地物之间的不协调或矛盾，如道路通过水系没有桥梁或涵洞，通过谷地没有路堤或桥涵，这些都会造成图面不合理，而内业又无法处理。因此，在补测地物时一定注意同时补测附属建筑物及附属设施。

一般情况下可以采用上述方法进行补测地物，但若补测的地物周围像片上无明显地物影像、根据周围明显地物补测地物已失去了依据、大面积需补测地物，用上述补测方法已无法准确补绘，这时应按平板仪测图或单张像片测图的方法进行补测。

5.3.7 调绘像片的整饰与接边

1. 整饰

调绘像片的着墨整饰称为清绘。

外业调绘的地物、地貌、名称注记和数字注记，要在像片上着墨清绘，这一工序的好坏将直接影响成图质量。如果以上各工序成果质量很好，但在清绘时绘错了位置，漏绘了符号，各地物符号之间相互关系位置处理不当，数字注记有错，与实地外业测错、算错，其后果是一样的，这些错误会直接影响成图质量，一笔之差造成质量不合要求。因此，对清绘工作必须认真对待，做到认真、细致、准确，确保各地物符号正确无误，符号标准，不遗漏，清晰易读，整洁美观。

(1)像片清绘的一般要求。

①调绘的内容及时清绘。当天调绘的内容最好是当天清绘，在地物比较多而且复杂的情况下，最好是上午调绘，下午清绘，若夏季作业天气炎热，下午不易清绘时，也可以采用下午调绘，第二天上午清绘，若调绘的地点与驻地距离较远且地物不太复杂时，亦可以采用头一天调绘第二天清绘的方法。及时清绘可以避免因对某些地物因记忆不清而造成的漏绘、错绘，即便在地物稀少情况下，遇有特殊困难，调绘时间距清绘时间最多也不得超过 3 天。

②准确绘制地物。清绘时各种地物的中心位置要准确，中心点、中心线应按图式规定绘制。

③正确运用图式符号。描绘时基本按图式规定的符号绘制，对于某些地物符号，清绘时可以比图式规定略稀一些，如植被符号、电力线、通信线符号可以比图式稀一些；陡岸的短线符号间隔可以放大一些，但一幅图应保持一致，不能一部分密，一部分稀，使图面杂乱无章，使内业难以辨认或产生误解。各种地物符号应按图式正规绘制，不能将符号绘制成四不像；如土坑绘制得像水井、围墙绘制得像梯田坎，独立房屋绘制成方形、圆形，半依比例尺的房屋绘制得过大、过长等。线状地物符号，线画粗细、长短应严格区分，基本上按图式规定绘制。如清绘道路，线画粗细、长短掌握不好，很容易造成一幅图道路等级不分，给内业带来困难。

④注意各地物符号的关系。各地物符号之间的关系要交代清楚，合理反映地物之间的相互关系，地物符号之间保持 0.2mm 的间隔。各种地物符号并列平行不易绘制时，应严格遵照相关规范中的有关地物移位规定绘制，像片比例尺一般情况下都小于成图比例尺，若处理不当，清绘出来的地物符号会移位很大，给内业造成较大困难，这时最好是把地物符号缩小绘制，使移位尽可能小一些。各种说明注记必须清楚、明确。整个图面必须清晰易读。

⑤清绘中要做到不遗漏。尤其是被线状地物包围的地区，注意不要遗漏植被符号。如面积较小时至少也得绘制一个符号，不移位、变形。山区、丘陵地清绘时应参照立体模型，否则易出现陡坎方向绘制反、河沟爬坡等严重影响成果质量的事故。清绘要想做到不遗漏、不移位变形，就应做到随时检查、随时修正。

(2)清绘的方法。

①清绘前的准备工作。

工具准备：没有良好的清绘工具是很难清绘出高质量成果的，常言说“磨刀不误砍柴工”，首先要修磨好各种粗细的笔尖、小圆规、曲线笔，若能自制一些地物符号更好；准备好各色养料、清绘常用到的洗笔水、脱脂棉、立体镜等。

作好清绘前的思想准备：清绘前首先应回顾一下调绘的内容，参照透明纸上的记录应全部清楚地记得调绘过的情况；然后再参照立体进行准确的判定。若有些地物记不大清楚、地物之间的关系记不准，最好是弄清楚后(也就是再去调绘)再清绘，或者是把这个地方先留下来等以后统一出去补调，切不可采用自欺欺人的办法，这是测绘人员职业道德所不允许的。总之，清绘工作前应做到心中有数。具体清绘可以根据各人作业习惯和地物的难易程度来确定清绘计划。

②清绘程序。清绘方法因各人的习惯不一样，亦各有差异，现介绍以下几种供参考。

按调绘路线清绘：边回忆边参照透明纸记录的先后顺序着墨清绘。这种方法的优点是记忆清楚，不易漏绘地物，地物关系处理得当；但不足的是换笔频繁，系统性较差。具体清绘时还应按以下顺序进行：独立地物、居民地、道路、水系、管线、垣栅、地貌、地类界、各种注记、植被，最后普染水域。

按地物分类清绘：清绘时按各种地物一样一样地清，清绘完一种地物再清绘另一种地物。其具体清绘顺序与第一种方法介绍的一样。这种方法的优点是换笔次数少，可以提高工作效率，尤其是在地物稀少的地区优点更为突出，但其最大的缺点是容易漏绘地物，尤其是地物较复杂的地区更容易漏绘。

上述两种方法结合起来，具体做法是独立地物、居民地、地貌、地类界、各种注记、植被、水域普染按第一种方法；一些通向很长又有一定系统性的地物，如道路、水系、管线、垣栅、境界按第二种方法清绘。这种方法具有上述两种方法的优点，克服了一些缺点，如第一种方法清绘道路、水系、管线不易进行，因为我们调绘路线不可能与这几种地物完全重合，而道路、水系、管线的系统性、完整性又很强，不易分段清绘，分类清绘是比较有利的。

③检查。清绘时各人可以根据地物复杂程度，选用自己习惯的清绘方法，但无论采用哪一种清绘方法，都应做到边清绘边检查。清绘完一块后检查一下，看是否有遗漏地物，移位现象；无误后再进行下一块清绘。一片清绘完后统一检查一次，看清绘得是否符合要求，具体方法是，按调绘路线，回忆各种地物并结合透明纸上的记录对照检查，参照立体模型看各种地物绘制得是否有移位变形，若发现不妥之处及时修正，若发现一些地方有疑问，记录下来，待一幅清绘完后统一补调，同时把清绘好的成果自我再实地对照检查一次，以保证调绘质量。

2. 接边

接边就是图幅与图幅之间或调绘片与调绘片之间拼接时各种地物要素应严密衔接、协调一致，与实地情况吻合。

实际作业时由于作业方法不同，比例尺不同，作业时间不同，不同作业人员，往往会造成接边矛盾；就是同一作业人员调绘的成果中，幅与幅之间，片与片之间因为工作疏忽造成接不起边的现象时有发生，接边问题外业不处理好，内业无法处理，这项工作必须引起各级检查人员及作业人员的高度重视。

接边按范围可以分为图幅内部接边、幅与幅之间接边。按作业时间可以分为同期作业接边、不同期作业的接边(一般是与已成图之间的接边)。

(1)同期作业片与片、幅与幅之间的接边。本幅内自己所调绘的各片，应自我检查确保各调绘片之间无误。幅与幅之间，各自应调绘到所绘的图边调绘面积线(经过接边的调绘面积线)。约定好由一方带自己的调绘片到另一方去接边，发现问题，立即野外核实解决。

接边时应注意的问题有以下几点：

①地物应严密相接，即地物位置按影像应严密相接，不能错开，形状与宽度应完全一致，不能出现一宽一窄，更不能出现你有我无，你是这种地物，我是那种地物。

②道路等级应一致，作业时由于作业人员理解的原因，等级差可以允许差一级，但接

边时应根据两边的实际情况统一起来，如一条道路在一幅图中较宽可以按大车路表示，而在另一幅图中逐渐变窄达不到大车路等级。此时两幅图接边时，表示大车路的一幅图只能降级表示，改绘乡村路。公路接边时应注意路面铺设材料及宽度注记应一致。

③境界接边，注意等级及权属注记应完全一致。

④地理名称注记及数字注记应完全一致。如一个村庄两幅图上所注村庄名称应完全一致，不能出现音同字不同，或者名称不一致。数字注记应一致，同片树林不能注记平均树高为15m，而另一片注记平均树高为5m，这实际上是不可能的，若遇到这种情况，接边双方都到实地量测，统一后再修改。

⑤地类界应严密相接，地界内植被符号应完全一致，这一点比较容易疏忽，接边时应引起注意。

⑥陡坎、冲沟、路堤等应完全相接，最好配合立体模型相接，注意所绘地物符号方向应一致，比高注记不应出现矛盾。

⑦管线、垣栅接边处应保持地物原来的直线性，不能在接边处出现人为的转折，故此接边处的管线应在调绘面积线外刺一个杆位以便于接边。在山区由于像片投影差的影响，接边处是直线的地物可能成为曲线，此时不能强求两片接边处同时通过同一地物点，这时两边可以在接边处同刺一个杆位，各自连成直线，虽不严密相接，但经内业测图消除投影差后，就会相互衔接。

⑧河流、湖泊、水库、沟渠拼接应一致，水涯线描绘一般应一致，若遇不同期航摄资料，较大的湖泊、水库水涯线会相差很大，不易接边。这种情况，外业调绘时应调注常水位高程，由内业测图时根据等高线来确定水涯线接边。

⑨图幅与图幅之间接边完成后应签注接边说明如“已与××图接边”，同时签注接边者、检查者姓名、接边时间。

(2)与已成图幅接边。与已成图幅接边实际是利用已成图上交抄边片资料进行接边，接边方法与同期作业接边方法完全一样。接边时应注意以下问题：

①接边时若同名地物接边差在接边允许范围以内，则只修改新作图幅，使之与已成图完全相接。

②接边时若同名地物接边误差超限或完全不接，此时若是本幅图绘错或移漏，本幅图应当即修改；若系已成图幅问题，可以利用本幅图的调绘像片实地补测一部分，注明补测和改动情况向已成图单位反映，让其组织人员修改。若系新增地物，以本幅为准，不再强接，但应在接边栏内注明情况。

(3)自由图边。

①自由图边。自由图边就是本期作业的外围图边，而以前又没有同等比例尺已成图的图边。调绘自由图边，必须保证满幅且应调出(或测绘出)图边外8mm，以保证下一期测图接边用。自由图边没有接边任务，但需进行抄边，并将抄边片作为正式成果资料上交。

②抄边。抄边就是用余片把图边附近(图边内1cm，图边外4mm)的调绘内容全部抄录下来，具体做法是，首先用红色准确地绘制出图廓线，在图廓线内1cm、外4mm绘制出抄边范围，对照原调绘片把全部地物、地貌、注记等内容抄录下来。控制点亦应抄边，即把图边控制点在抄边片上转刺下来，正、反面进行整饰，在像片背面抄录控制点的平面

坐标及高程，以备邻幅下期作业时利用。抄边片应经严格检查无误后，抄边者、检查者签名，签注日期。

3. 调绘面积线外的整饰

整饰格式如图 5-13 所示。对格式做如下说明。

(1)图幅编号注于像片北部中央；

(2)图幅内航线号由北向南编号，像片号自西向东编号；

(3)调绘面积线本幅内用蓝色，图廓线和自由图边线用红色；

(4)调绘面积线当有投影差影响时，东南边绘制直线，西北边绘制曲线。

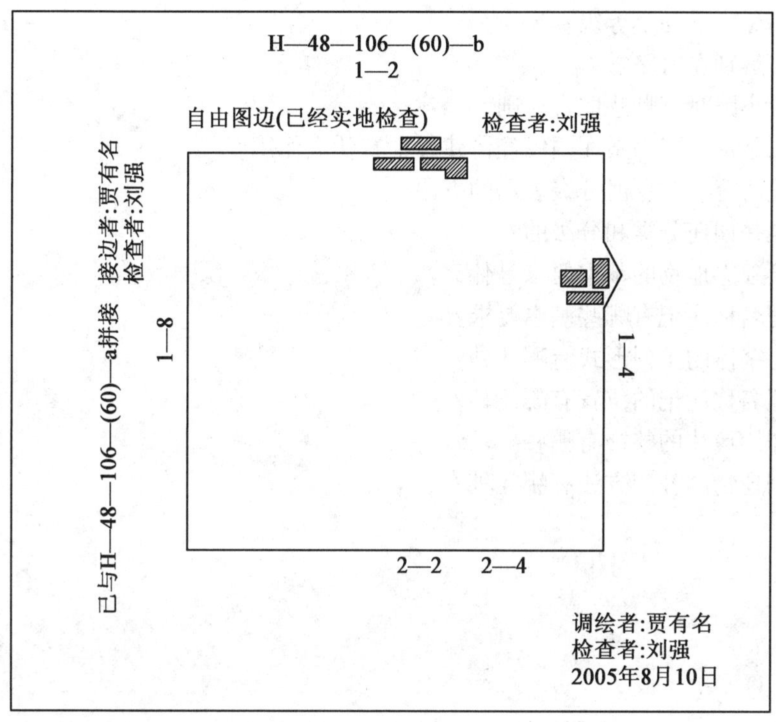

图 5-13　调绘面积线外的整饰

【习题和思考题】

1. 什么是像片判读？

2. 像片判读特征有哪几种？

3. 什么是阴影？阴影在像片上构像有什么规律？阴影在像片判读中有哪些有利和不利的作用？

4. 综合取舍的依据有哪些？

5. 像片调绘前应做哪些准备工作？

6. 调绘面积的划分有哪些要求？
7. 试述像片调绘的基本作业程序。
8. 调绘居民地时应着重表示哪些特征？
9. 调绘独立房屋应注意哪些问题？
10. 房屋位于河、湖内，或部分伸入水面，或紧靠河、湖岸时，应如何表示？
11. 房屋在堤上、堤坡、堤脚时应如何表示？
12. 地面上窑洞和地面下窑洞有何区别？
13. 道路共分哪几种？调绘道路有哪些基本要求？
14. 普通公路注记包含哪些内容？
15. 公路分为哪几个等级？
16. 如何辨别乡村路？
17. 调绘小路时有哪些取舍原则？
18. 什么是水系？水系在国民经济建设中有什么作用？
19. 试述河流、时令河分级表示的方法。
20. 沟渠是如何分类和分级的？
21. 调绘独立地物的基本要求是什么？
22. 地理名称注记有哪些基本要求？
23. 注记字体的排列形式有哪几种？
24. 地理名称注记的位置有哪几种？
25. 对调绘像片的整饰有哪些要求？
26. 新增地物的补测方法有哪几种？

第6章 数字摄影测量

【教学目标】

学习本章，应掌握运用数字摄影测量工作站生成测绘产品的方法，理解解析空中三角测量和数字摄影测量的基本知识，了解数字摄影测量技术的发展现状，熟悉数字摄影测量系统构成。

6.1 概 述

6.1.1 数字摄影测量的定义与发展

摄影测量技术发展到今天，已经进入了这项技术的第三个阶段——数字摄影测量阶段。数字摄影测量的发展起源于摄影测量自动化的实践，主要就是实现利用计算机立体视觉代替人眼的观测，确定相应光线的过程。1950年，美国工程兵研究发展实验室与博士伦光学仪器公司合作研制了第一台自动化摄影测量测图仪AP—1。20世纪60年代初，美国研制成功的DAM(Digital Au—tonlatic Map Compilationsystenl)系统成功地将影像灰度转化成的电信号又转化为数字信号，并在此基础上由计算机来实现摄影测量的自动化过程。这一套系统被认为是世界上第一套数字摄影测量系统。20世纪90年代，随着计算机技术的高速进步，数字摄影测量也进入高速发展阶段。1996年7月，在维也纳第17届国际摄影测量与遥感大会上，展出了十几套数字摄影测量工作站，这表明数字摄影测量工作站已进入了使用阶段。各种各样的数字摄影测量系统相继推向市场。比较著名的有：Zeiss的PHODIS，Leica/Helave的DPWS系列，Intergraph的ImageStation，vision lnternational的SoftPloter等；国内有原武汉测绘科技大学王之卓教授于1978年提出的发展全数字自动化测图系统的设想与方案，并于1985年完成了全数字自动化测图系统WUDAMS(后发展为全数字自动化测图系统VirtuoZo)，以及北京四维远见信息技术有限公司的JX—4C等，也采用数字方式实现摄影测量自动化。

关于数字摄影测量的定义，目前在世界上主要有两种观点：

其一，认为数字摄影测量是基于数字影像与摄影测量的基本原理，应用计算机技术、数字影像处理、影像匹配、模式识别等多种学科的理论与方法，提取所摄对象用数字方式表达的几何与物理信息的摄影测量学的分支学科。这种定义在美国等国家称为软拷贝摄影测量(Softcopy Photogrammetry)。中国著名摄影测量学者王之卓教授称为全数字摄影测量(All Digital Photogrammetry或Full Digital Photogrammetry)。这种定义认为，在数字摄影测量中，不仅其产品是数字的，而且其中间数据的记录以及处理的原始资料均是数字的，所处理的原始资料也是数字影像或数字化的影像。

其二，广泛的数字摄影测量定义只强调其中间数据记录及最终产品是数字形式的，即数字摄影测量是基于摄影测量的基本原理，应用计算机技术，从影像(包括硬拷贝与数字影像或数字化影像)提取所摄对象用数字方式表达的几何与物理信息的摄影测量分支学科。这种定义的数字摄影测量包括计算机辅助测图(常称为数字测图系统，它是摄影测量从解析化向数字化过渡的中间产物)与影像数字化测图。

如上所述，数字摄影测量系统是由计算机视觉(其核心是影像匹配与识别)代替人的立体量测与识别，完成影像几何与物理信息的自动提取。为了让计算机能够完成这一任务，必须使用数字影像。若处理的原始资料是光学影像(即像片)，则需要利用影像数字化器对其数字化。在对摄影测量自动化研究的早期，由于当时计算机的容量所限，有的系统采取对局部影像进行实时数字化的方式。

6.1.2 解析空中三角测量

20世纪40年代，随着电子计算机的发明和应用，解析空中三角测量首先在英国的军事测量局投入应用。20世纪60年代以来，由于电子计算机技术和计算数学的发展，解析空中三角测量取得了长足的进步，形成了一套比较完善的测算方法。由于其精度高，效果好，解析空中三角测量被认为是测地定位的一种精密方法。

1. 解析空中三角测量的目的和意义

解析空中三角测量是摄影测量中，根据少量的野外控制点，在室内进行控制点加密，求得加密点的高程和平面位置的测量方法。其主要目的是为缺少野外控制点的地区测图提供绝对定向的控制点。解析空中三角测量即俗称的电算加密。其基本过程是利用连续摄取的具有一定重叠的像片，按照摄影测量学的理论和方法，建立同实地相应的航带模型或区域模型(包括模拟的或数字的)，从而获取待测点(俗称加密点)的平面坐标和高程。

解析空中三角测量已经成为一种十分重要的点位测定方法，主要应用于以下几个方面：

(1)为立体测绘地形图、制作影像平面图和正射影像图提供定向控制点(图上精度要求在0.1mm以内)和内、外方位元素；

(2)取代大地测量方法，进行三、四等或等外三角测量的点位测定(要求精度为厘米级)；

(3)单元模型中解析计算大量点的地面坐标，用于诸如数字高程模型采样或桩点法测图；

(4)用于地籍测量以测定大范围内界址点的国家统一坐标，称为地籍摄影测量，以建立坐标地籍(要求精度为厘米级)；

(5)解析法地面摄影测量，例如各类建筑物变形测量、工业测量以及用影像重建物方目标等。这时，要求的精度往往较高。

概括地说，解析空中三角测量的应用可以分为两个方面：第一是用于地形测图的摄影测量加密；第二是高精度摄影测量加密，用于各种不同的应用目的。

解析空中三角测量的意义在于：

(1)不需接触被量测的目标或物体，不受地面通视条件限制，均可以测定影像上物体的位置和几何形状；

(2)像片控制点加密计算时，加密区域内部精度均匀，且很少受区域大小的影响；

(3)可以快速地在大范围内同时进行点位测定，从而可以节省大量的野外测量工作。

2. 解析空中三角测量的分类

由于电子计算机技术的进步，20 世纪 60 年代以来，解析空中三角测量经历了非常活跃的发展时期，经历了 30 多年的发展，这项技术的理论、方法、硬件设备和实际应用都已十分实用和成熟。其主要特点表现在：

(1)精度高；

(2)非常经济；

(3)操作系统的结构合理、使用简便；

(4)可以预测成果的精度、工时和成本；

(5)性能好，效率高。

利用电子计算机进行解析空中三角测量可以采用各种不同的方法。从传统方法上讲，根据平差中采用的数学模型可以分为航带法、独立模型法和光束法。航带法是通过相对定向和模型连接先建立自由航带，以点在该航带中的摄影测量坐标为观测值，通过非线性多项式中变换参数的确定，使自由网纳入所要求的地面坐标系，并使公共点上不符值的平方和为最小；独立模型法是先通过相对定向建立起单元模型，以模型点坐标为观测值，通过单元模型在空间的相似变换，使之纳入到规定的地面坐标系，并使模型连接点上残差的平方和为最小；而光束法则直接由每幅影像的光线束出发，以像点坐标为观测值，通过每个光束在三维空间的平移和旋转，使同名光线在物方最佳地交会在一起，并使之纳入规定的坐标系，从而加密出待求点的物方坐标和影像的方位元素。

根据平差范围的大小，解析空中三角测量可以分为单模型法、单航带法和区域网法。单模型法是在单个立体像对中加密大量的点或用解析法高精度地测定目标点的坐标；单航带法是对一条航带进行处理，在平差中无法顾及相邻航带之间公共点条件；而区域网法则是对由若干条航带(每条航带有若干个像对或模型)组成的区域进行整体平差，平差过程中能充分利用各种几何约束条件，并尽量减少对地面控制点数量的要求。

3. 自动空中三角测量

如图 6-1 所示，所谓自动空中三角测量就是利用模式识别技术和多像影像匹配等方法代替人工在影像上自动选点与转点，同时自动获取像点坐标，提供给区域网平差程序解算，以确定加密点在选定坐标系中的空间位置和影像的定向参数。主要作业过程如下：

(1)构建区域网。一般来说，首先需将整个测区的光学影像逐一扫描成数字影像，然后输入航摄仪检定数据建立摄影机信息文件、输入地面控制点信息等建立原始观测值文件，最后在相邻航带的重叠区域内量测一对以上同名连接点。

(2)自动内定向。通过对影像中框标点的自动识别与定位来建立数字影像中的各像元行、列数与其像平面坐标之间的对应关系。首先，根据各种框标均具有对称性及任意倍数的 90°旋转不变性这一特点，对每一种航摄仪自动建立标准框标模板；然后，利用模板匹配算法自动快速识别与定位各框标点；最后，以航摄仪检定的理论框标坐标值为依据，通过二维仿射变换或相似变换解算出像元坐标与像点坐标之间的各变换参数。

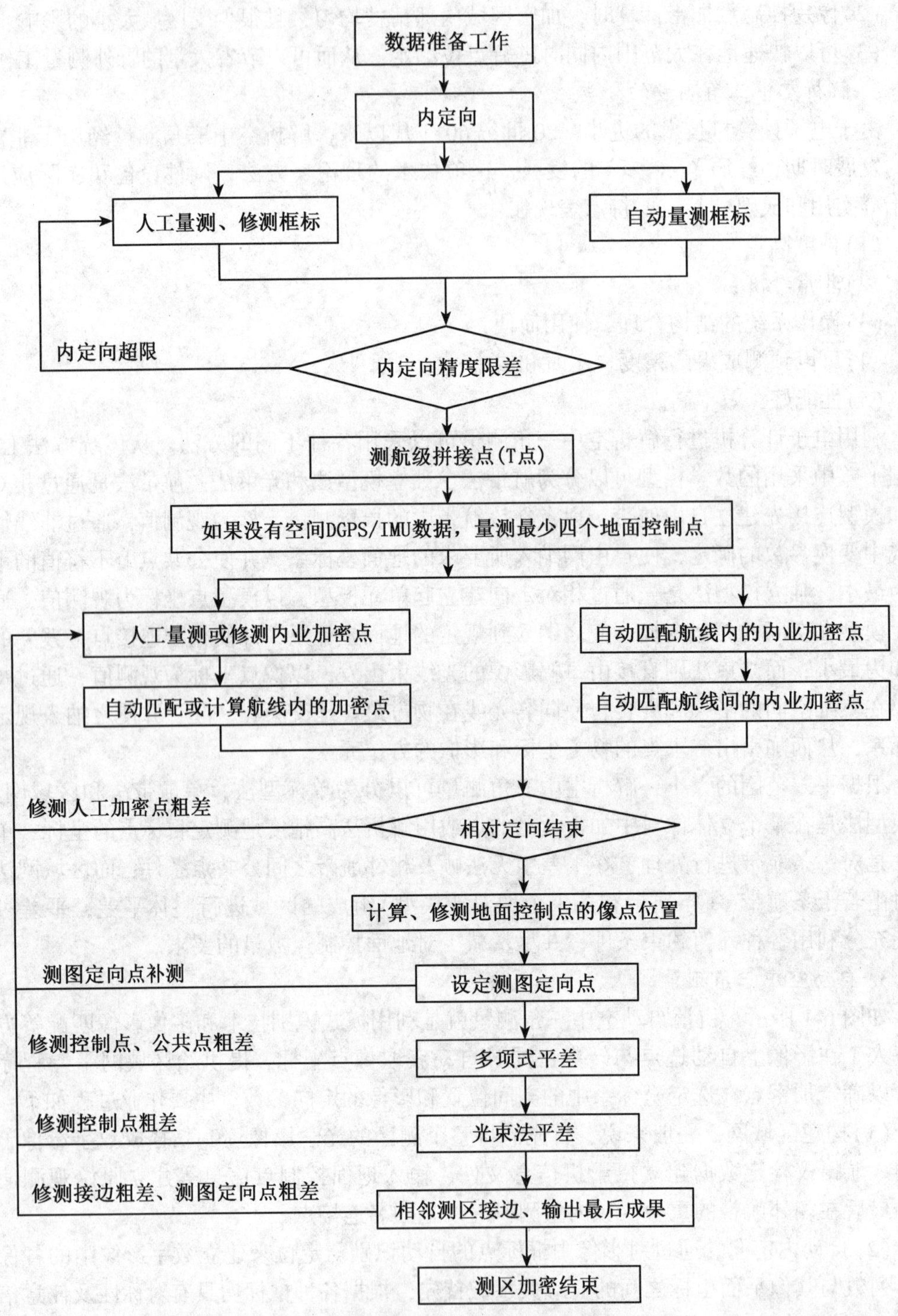

图 6-1　自动数字空中三角测量系统作业流程图

(3)自动选点与自动相对定向。首先，用特征点提取算子从相邻两幅影像的重叠范围内选取均匀分布的明显特征点，并对每一特征点进行局部多点松弛法影像匹配，得到其在另一幅影像中的同名点。为了保证影像匹配的高可靠性，所选的点应充分地多。然后，进行相对定向解算，并根据相对定向结果剔除粗差后重新计算，直至不含粗差为止。必要时，要进行人工干预。

(4)多影像匹配自动转点。对每幅影像中所选取的明显特征点，在所有与其重叠的影像中，利用核线(共面)条件约束的局部多点松弛法影像匹配算法进行自动转点，并对每一对点进行反向匹配，以检查并排除其匹配出的同名点中可能存在的粗差。

(5)控制点的半自动量测。摄影测量区域网平差时，要求在测区的固定位置上设立足够的地面控制点。相关研究表明，即使是对地面布设的人工标志化点，目前也无法采用影像匹配和模式识别方法完全准确地量测它们的影像坐标。当今，几乎所有的数字摄影测量系统都只能由作业员直接在计算机屏幕上对地面控制点影像进行判识并精确手工定位，然后通过多影像匹配进行自动转点，得到其在相邻影像上同名点的坐标。

(6)摄影测量区域网平差。利用多影像匹配自动转点技术得到的影像连接点坐标可以用做原始观测值提供给摄影测量平差软件，进行区域网平差解算。

6.2 数字摄影测量系统

现在，数字摄影测量技术得到了迅速的发展，数字摄影测量工作站得到了愈来愈广泛的应用，数字摄影测量的品种也越来越多，Heipke 教授为数字摄影测量工作站的现状作了一个很好的回顾与分析。根据系统的功能、自动化的程度与价格，目前国际市场上的 DPW 可以分为四类：第一类是自动化功能较强的多用途数字摄影测量工作站，由 Autometric、LH System、Z/I Imaging、Erdas、Indho 与 Supresoft 等公司提供的产品即属于这类产品；第二类是较少自动化的数字摄影测量工作站，包括 DVP Geomatics、ISM、KLT Associates、R-Wel 及 3D Mapper、Espa Systems、Topol Software/Atlas 与 Racures 等公司提供的产品；第三类是遥感系统，由 ER Mapper、Matra、MicroImages、PCI Geomatics 与 Research System 等公司提供，大部分没有立体观测能力，主要用于产生正射影像；第四类是用于自动矢量数据获取的专用系统，包括 ETH、DEEiNiENS 与 Inpho 等公司提供的产品。

6.2.1 数字摄影测量系统的构成

1. 硬件组成

数字摄影测量工作站的硬件由计算机及其外部设备组成。

1)计算机：目前可以是个人计算机(PC)或工作站，如图 6-2 所示。

2)外部设备：其外部设备分为立体观测及操作控制设备与输入、输出设备。

(1)立体观测及操作控制设备。

立体观测设备：计算机显示屏可以配备为单屏幕或双屏幕。立体观测装置可以是以下四种之一：

图 6-2　数字摄影测量工作站

①红绿眼镜；

②立体反光镜；

③闪闭式液晶眼镜；

④偏振光眼镜。

操作控制设备：操作控制设备可以是以下三种之一：

①手轮、脚盘与普通鼠标；

②三维鼠标与普通鼠标；

③普通鼠标。

(2)输入、输出设备。

输入设备：影像数字化仪(扫描仪)。

输出设备：

①矢量绘图仪；

②栅格绘图仪。

2. 软件组成

1)自动空中三角测量软件系统。

影像处理功能：制作压缩影像功能；彩色影像转换灰度影像功能；影像几何变换功能；制作影像金字塔功能。

框标量测、内定向：人工量测框标功能；自动匹配框标功能；框标内定向功能。

加密点像点坐标采集功能：航线拼接点、标准点位点、地面控制点人工采集功能；标准点位点、航线间公共点自动匹配功能。

构建航线自由网：相对定向功能；模型连接功能。

坐标修测：相对定向粗差点修测；航线之间公共点粗差修测；地面控制点粗差修测；保密点修测；自动标准点位点修测；测区接边点修测。

像点坐标反算：地面控制点反算功能；三角点反算功能；航线之间公共点反算功能；相邻测区接边点反算功能；

整体平差：多项式整体平差功能；光束法整体平差功能；GPS 数据联合平差功能；POS 数据联合平差功能；构架航带联合平差功能。

各种检查功能：检测影像文件功能；影像检查及处理功能；检查内定向成果功能；检查航线拼接点功能；检查标准点位人工点功能；检查地面控制点功能；检查保密点功能；显示最终点位图功能。

各种辅助功能：测区接边功能；输出小影像功能；输出最后成果功能。

2)数字摄影测量软件系统。

数字摄影测量工作站的软件由数字影像处理软件、模式识别软件、解析摄影测量软件及辅助功能软件组成。

(1)数字影像处理软件主要包括：

①影像旋转；

②影像滤波；

③影像增强；

④特征提取。

(2)模式识别软件主要包括：

①特征识别与定位，包括框标的识别与定位；

②影像匹配(同名点、线与面的识别)；

③目标识别。

(3)解析摄影测量软件主要包括：

①空中参数计算；

②核线关系解算；

③坐标计算与变换；

④数值内插；

⑤数字微分纠正；

⑥投影变换。

(4)辅助功能软件主要包括：

①数据输入、输出；

②数据格式转换；

③注记；

④质量报告；

⑤图廓整饰；

⑥人机交互。

6.2.2 数字摄影测量工作站的作业与产品

1. 影像数字化

利用高精度影像数字化仪(扫描仪)将相片(负片或正片)转化为数字影像。

2. 影像处理

使影像的亮度与反差合适、色彩适度、方位正确。

3. 量测

单像量测：特征提取与定位(自动单像量测)及交互量测。

双像量测：影像匹配(自动双像量测)及交互立体量测。

多像量测：多影像间的匹配(自动多像量测)及交互多影像量测。

4. 影像定向

(1)内定向。

在框标的半自动与自动识别与定位的基础上，利用框标的检校坐标与定位坐标，计算扫描坐标系与相片坐标系间的变换参数。

(2)相对定向。

提取影像中的特征点，利用二维相关寻找同名点，计算相对定向参数。对非量测相机的影像，不需进行内定向而直接进行相对定向时，需利用相对定向的直接解。金字塔影像数据结构与最小二乘影像匹配方法一般都需要用于相对定向的过程，人工辅助量测有时也是需要的。传统的摄影测量一般只在所谓的标准点位量测六对同名点，数字摄影测量及与自动化与可靠性的考虑，通常要匹配数十至数百对同名点。

(3)绝对定向。

现阶段主要由人工在左(右)影像定位控制点，由影像匹配确定同名点，然后计算绝对定向参数。今后有可能利用影像匹配技术对新、老影像进行匹配，实现自动绝对定向。

5. 自动空中三角测量

自动空中三角测量包括自动内定向、连续相对的自动相对定向、自动选点、模型连接、航带构成、构建自由网、自由网平差、粗差剔除、控制点半自动量侧与区域平差结算等。由于数字摄影测量利用影像匹配代替人工转刺等自动化处理，可以极大地提高空中三角测量的效率。

传统的空中三角测量一般只在标准点位选点，数字摄影测量的自动空中三角测量在选点时，不仅要选较多地连接点，以利于粗差剔除、提高可靠性，还要保证每一模型的周边有较多的点，以利于后续处理中相邻模型的 DEM 接边及矢量数据的接边。

6. 构成核线影像

按照核线关系，将影像的灰度沿核线方向予以重新排列，构成核线影像对，以便立体观测及将二维影像匹配转化为一维影像匹配。

7. 影像匹配

进行密集点的影像匹配，以便建立数字地面模型。

8. 建立数字地面模型及其编辑

由密集点影像匹配的结果与定向元素计算同名点的地面坐标(若利用地面元匹配方法，则无须这一步)，然后内插格网点高程建立举行格网 DEM 或直接构建 TIN。

9. 自动绘制等高线

基于矩形格网 DEM 或 TIN 跟踪等高线。

10. 制作正射影像

基于矩形格网 DEM 与数字微分纠正原理，制作正射影像。包括两种途径：第一是由立体像对建立 DEM 后制作正射影像；第二是由单幅影像与已有的 DEM 制作正射影像，这需要输入该影像的参数或量测若干控制点后用单片后交法结算该影像的参数。

11. 正射影像的镶嵌与修补

根据相邻正射影像重叠部分的差异，对相邻正射影像进行几何与色彩或灰度的调整，以达到无缝镶嵌。对正射影像上遮挡或异常的部分，用邻近的影像块或适当的纹理代替。

12. 数字测图

基于数字影像的机助量测、适量编辑、符号化表达与注记。

13. 制作影像地图

矢量数据、等高线与正射影像叠加，制作影像图地图。

14. 制作透视图、景观图

根据透视变换原理与 DEM 制作透视图，将正射影像叠加到 DEM 透视图上制作真实三维景观图。

15. 制作立体匹配片

根据 DEM 引入视差，由正射影像制作立体匹配片，或者由原始影像制作立体匹配片。由 DEM 与正射影像制作的立体匹配片不能反映地面物体的高度，由 DEM 与原始影像制作的立体匹配片能反映地面物体的高度。

6.2.3 数字摄影测量工作站简介

1. VirtuoZo 数字摄影测量工作站简介

武汉大学于 20 世纪 70 年代中期在仅有 256K 内存的 NOVA 计算机上开展了全数字化自动测图系统的研究。在长达 30 年的研究中，经历了 TQ16、NOVA、微机、SGI 工作站几代计算机的发展，在影像数据的组织、提高影像匹配的速度、可靠性、精度等方面取得了一系列重大突破，开发了影像框标的自动识别与自动内定向，目标点的自动定位、传递与自动空中三角测量，快速核线影像生成，可靠的快速影像匹配，数字地面模型的自动建立，等高线的自动绘制，数字微分纠正自动制作正射影像等模块，完成了实用化的 VirtuoZo 数字摄影测量工作站的研制。如图 6-3 所示。

数字摄影测量的核心技术之一是影像匹配算法，基于观测值独立性准则，提出了独立性与约束条件对立统一的原则，研究了全新的影像匹配算法。在从粗到精、独立性、条件约束(包括地形连续光滑约束、几何约束等)等准则的基础上，结合独立性与约束条件对立统一的原则，实现了遥感影像的高可靠性自动化匹配。

图 6-3　VirtuoZo 数字摄影测量工作站示意图

与之配套的空中三角测量系统是 VirtuozoAAT-Patb，利用了 VirtuoZo 数字摄影测量系统的核心技术——影像匹配算法，形成了一个功能强大、高效、快速、自动化程度高的自动空中三角测量系统。该系统具有全自动内定向，自动识别和转刺连接点，半自动量测控制点，自动构建区域网，可以与多种区域网平差软件建立接口，以及加密成果自动整理等先进功能。

PATB 是世界上著名且应用广泛的光束法区域网平差软件包。该软件将 AATM 和 PATB 有机地融合为一个整体，形成了世界上技术先进，功能完善，精度、效率、可靠性及自动化程度高的自动空中三角测量系统 VirtuozoAAT-Patb。该系统极大地提高了整个数字测绘生产体系的效率和自动化程度，并为测绘生产体系的自动化管理奠定了强有力的基础。

2. JX-4C DPW 简介

北京四维远见信息技术有限公司面向生产高精度、高密度 DEM 和高质量 DOM、DLG，结合生产单位的作业经验，开发出了一套半自动化、实用性强、人机交互功能好、有很强的产品质量控制工艺的微机数字摄影测量工作站——JX-4C DPW，如图 6-4 所示。其显著特点是：有一个极好的立体交互手段使其立体观测效果不亚于进口解析、加上手轮、脚盘、脚踏开关后成为一台彻头彻尾的解析测图仪。JX-4C 同时不仅是一台解析测图仪，面向影像的各种算法被加进去后使其可以实现半自动或手动定向，有效监督下的相关算法计算出成千上万的 DEM，测图方式下的实时相关，实时边界提取，使 DEM、DLG 生产过程中，劳动强度下降。并且由于立体的图形可以叠加至影像立体上去，可以硬件放大、缩小、漫游，为 DEM 的立体编辑，DLG 的立体套合查漏创造了有利条件。JX-4C 一个最显著的特点是：具有强大的立体编辑功能和产品质量的可视化检查。

与之配套的空中三角测量系统是自动空中三角测量软件 Geolord-AT(程序原名为PBBA，即 Program of Block Bundle Adjustment 的缩写)，其由数字影像处理、框标量测内定向、加密点自动匹配、加密点人工修测、相对定向模型连接、旁向连接点自动转点、旁向连接点人工修测、多项式区域网整体平差、光束法区域网整体平差、测区接边、加密成果最终检定等十几个模块组成。该软件采用数字影像相关技术，自动化程度高、观测精度高、作业效率高。该软件采用全片密集布点、点位均匀分布方式，因而连接点多，构网力度强，有效地降低了构网的系统误差，提高了加密精度和可靠性。该软件还具有很强的粗差检测功能，能对各种类型的粗差进行实时检测、定位、实时修测。该软件一环扣一环，构成一个完整的数字自动空中三角测量体系，是目前世界上少数几套集自动采集数据、整体平差一体化的自动空中三角测量软件之一。

图 6-4　JX-4C DPW 工作站示意图

3. 数字摄影测量网格 DPGIRD

针对防洪减灾、快速响应等诸多领域对遥感影像快速处理的迫切需要，由中国工程院院士、武汉大学教授张祖勋提出并研制，将计算机网络技术、并行处理技术、高性能计算技术与数字摄影测量技术相结合，开发了一套数字摄影测量网格(digital photogrammetry grid，DPGrid)。DPGrid 数字摄影测量网格系统打破了传统的摄影测量流程，集生产、质量检测、管理为一体，合理地安排人、机的工作，充分应用当前先进的数字影像匹配、高性能并行计算、海量存储与网络通信等技术，实现航空航天遥感数据的自动快速处理和空间信息的快速获取，其性能远远高于当前的数字摄影测量工作站，能够满足三维空间信息快速采集与更新的需要，实现为国民经济各部门与社会各方面提供具有很强现势性的三维空间信息。

(1) DPGrid 系统由两大部分组成，如图 6-5 所示。

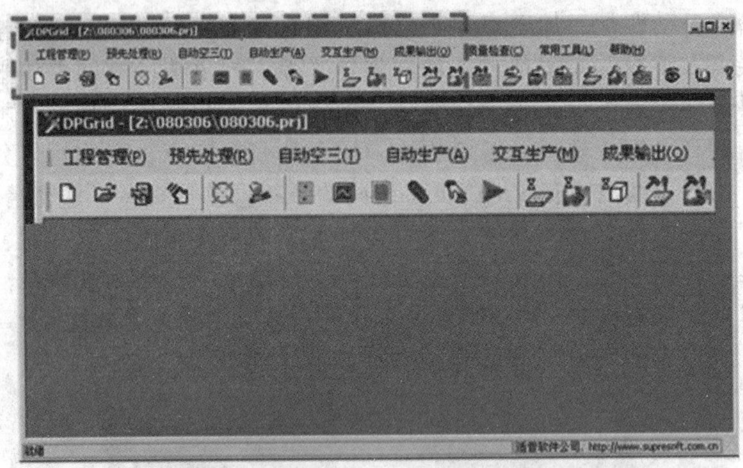

图 6-5 软件界面

①自动空中三角测量 DPGrid. AT/光束法平差 DPGrid. BA/正射影像 DPGrid. OP 模块，如图 6-6 所示。

②基于网络的无缝测图系统：DPGrid. SLM(Seamless Mapping)。

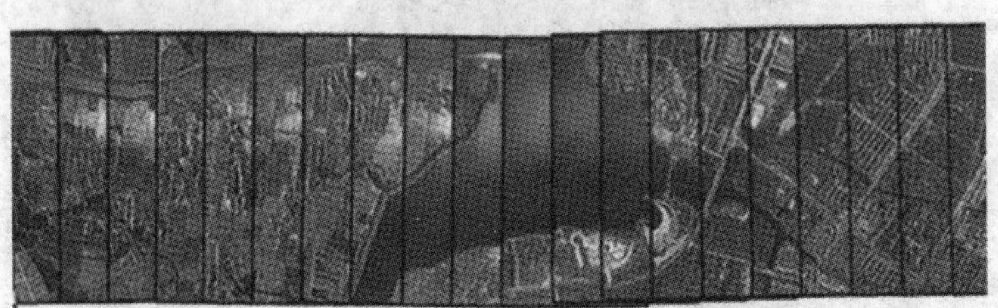

图 6-6 跨水域的空中三角测量加密

(2) DPGrid 系统具有以下特点：

①DPGrid 是完整的摄影测量系统，而以往的数字摄影测量工作站(DPW)仅仅是一个作业员作业的平台。

②应用先进高性能并行计算、海量存储与网络通信等技术，系统效率大大提高。

③采用改进的影像匹配算法，实现了自动空中三角测量、自动 DEM 与正射影像生成，自动化程度大大提高。

④采用基于图幅的无缝测图系统，使得多人合作协同工作，避免了图幅接边等过程，生产流程大大简化，从而大大提高作业效率。

⑤系统为地图自动修测与更新、城市三维建模等留有接口，具有一定的前瞻性。

⑥系统结构清晰——自动化、人机交互彻底分割。

⑦系统的透明性：相邻接边的作业员之间，作业员对检查员，相互协调，在一个环境下完成。

（3）DPGrid 系统的分类：

①Blade based DPGrid——刀片机（集群计算机）+磁盘阵列，如图 6-7 所示。

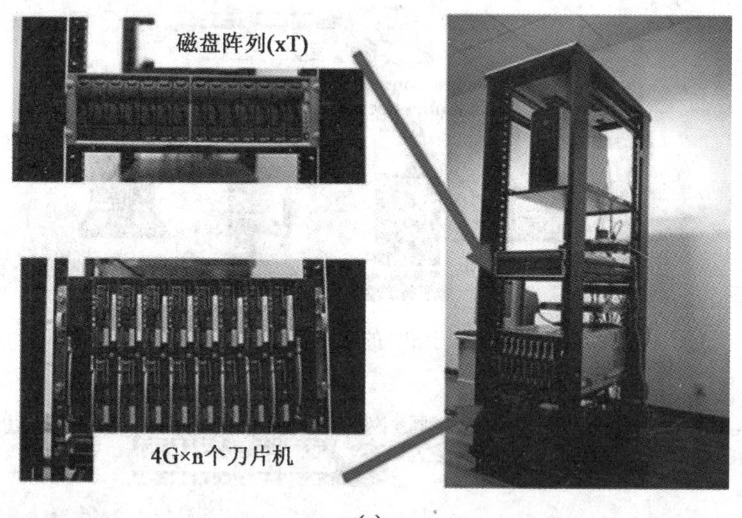

(a)

(b)

图 6-7　刀片机（集群计算机）+磁盘阵列

②PC based DPGrid——基于 PC 的数字摄影测量网格，如图 6-8 所示。

基于 PC 摄影测量网格系统，硬件成本低，运算速度快。设备维护方便，能够发挥局域网中闲置的计算机的作用。

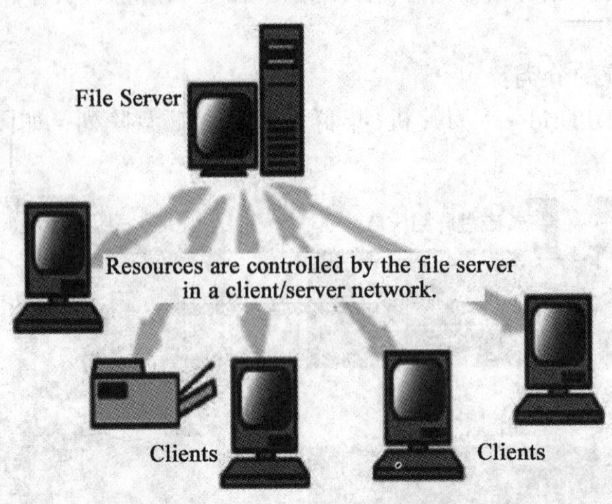

图 6-8 基于 PC 的数字摄影测量网格

③M-DPGrid——移动式数字摄影测量网格，如图 6-9 所示。在影像更新项目中表现出其极高的效率与机动性。

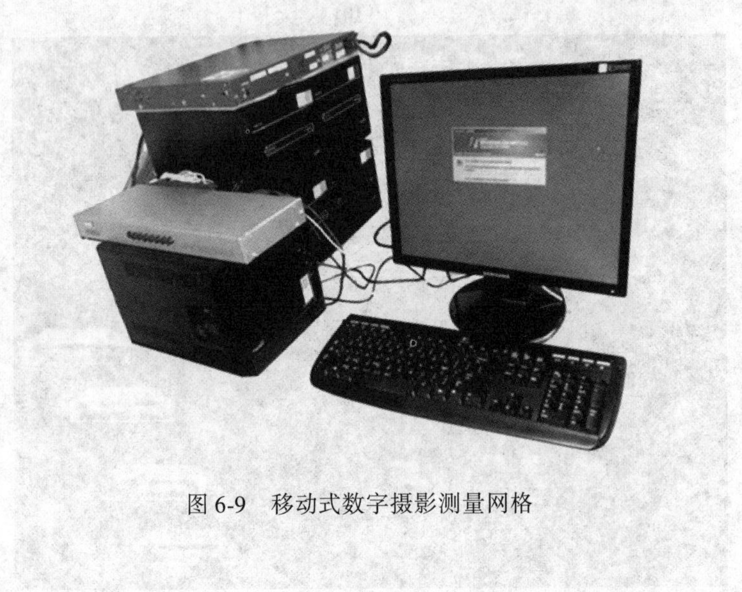

图 6-9 移动式数字摄影测量网格

6.3 数字高程模型

进入 20 世纪中叶后，伴随着计算机科学、现代数学和计算机图形学等学科的进步，各种数字的地形表达方式也得到了迅猛的发展。电子计算机为自然科学的发展提供了能够进行严密计算和快速演绎的工具。使用计算机和计算技术是当今信息时代的一个重要标志，其在测绘方面的应用使得测绘学科逐步向数字化与自动化、实时处理与多用途的方向发展。计算机技术在很大程度上改变了地图制图的生产方式，同时也改变着地图产品的样式和用图概念。借助于数字地形表达，现实世界的三维特征能够得到充分而真实的再现。

6.3.1 数字高程模型的基本概念

20 世纪 50 年代摄影测量学被广泛应用于高速公路设计中以收集数据。Roberts (1957) 第一次提出了将数字计算机应用于摄影测量中，以获取高速公路规划和设计的数据。1955—1960 年，美国麻省理工学院摄影测量实验室主任 ChairesL. Miller 教授最先将计算机与摄影测量技术结合在一起，比较成功地解决了道路工程中的计算机辅助设计问题。他在用立体测图仪建立的光学立体模型上，量取沿待选公路两侧规则分布的大量样点的三维空间直角坐标，输入到计算机中，由计算机取代人工执行土方估算、分析比较和选线等繁重的手工作业，大量缩减了工时和费用，取得了明显的经济效益。由于计算机只认识数字，唯有将直观描述地表形态的光学立体模型或地形图数字化，才能借助计算机解决道路工程中的设计问题。

Miller 和 LaFlamme(1958) 在解决道路计算机辅助设计这一特殊工程课题的同时，提出了一个一般性的概念和理论：数字地面模型(Digital Terrain Model，DTM)，亦即，使用采样数据来表达地形表面。他们的原始定义如下：

数字地面模型是利用一个任意坐标场中大量选择的已知 X、Y、Z 的坐标点对连续地面的一个简单的统计表示，或者说，DTM 就是地形表面简单的数字表示。

数字地面模型 DTM 的理论与实践由数据采集、数据处理与应用三部分组成。对这一理论的研究经历了四个时期。20 世纪 50 年代末是其概念形成时期；60 年代至 70 年代对 DTM 内插问题进行了大量的研究，如 Schut 提出的移动曲面拟合法等；70 年代中、后期对采样方法进行了研究，其代表为 Mikarovic 提出的渐近采样及混合采样。80 年代以来，对 DTM 的研究已涉及 DTM 的各个环节，其中包括 DTM 表示地形的精度、地形分类、数据采集、DTM 的粗差探测、质量控制、DTM 数据压缩、DTM 应用以及不规则三角网的建立与应用等。

测绘学从地形测绘的角度来研究数字地面模型，一般仅把基本地形图中的地理要素，特别是高程信息作为数字地面模型的内容。测绘学家心目中的数字地面模型是新一代的地形图，地貌和地物不再用直观的等高线和图例符号在纸上表达，而是通过储存在磁性介质中的大量密集的(一般是规则的)地面点的空间坐标和地形属性编码，以数字的形式描述。正因为如此，许多测绘学家把“terrain”一词理解为地形，称 DTM 为数字地形模型。

数字地形建模也是一个数学模拟的过程，在这一过程中形成地形表面的大量采样点将按一定精度进行观测，这时地形表面被一组数字数据所表达。如果需要该数字表面上其他位置处的属性，则应用一种内插方法来处理该组观测数据。在内插过程中，数学模型被用来建立基于数字观测数据的地形表面模型即数字地面模型——DTM，从 DTM 便可以得到任何位置处的属性值。

1. 数字高程模型的含义

数字高程模型是在高斯投影平面上，规则或不规则格网点的平面坐标(X、Y)及其高程(Z)的数据集。为控制地表形态，可以采集离散高程点数据。该产品可以派生出等高线、坡度图等信息，可以与其他专题信息数据叠加，用于与地形相关的分析应用，同时数字高程模型还是生产数字正射影像图的基础数据，如图6-10所示。

数字高程模型DEM是表示区域D上的三维向量有限序列，用函数的形式描述为

$$V_i=(X_i,\ Y_i,\ Z_i) \quad i=1,\ 2,\ \cdots,\ n \tag{6-1}$$

式(6-1)中，X_i，Y_i是平面坐标，Z_i是(X_i，Y_i)对应的高程。当该序列中各平面向量的平面位置呈规则格网排列时，其平面坐标可以省略，此时DEM就简化为一维向量序列$\{Z_i,\ i=1,\ 2,\ \cdots,\ n\}$。

图6-10　数字高程模型

2. 数字高程模型的数据结构

数字高程模型DEM有多种表示形式，主要包括规则矩形格网与不规则三角网等。为了减少数据的存储量及便于使用管理，可以利用一系列在X，Y方向上都是等间隔排列的地形点的高程Z表示地形，形成一个矩形格网DEM。其任意一个点$P_{i,j}$的平面坐标可以根据该点在DEM中的行列号j，i及存放在该文件头部的基本信息推算出来。这些基本信息应包括DEM起始点(一般为左下角)坐标X_0，Y_0。DEM格网在X方向与Y方向的间隔D_X，D_Y及DEM的行列数N_Y，N_X等。如图6-11所示，点$P_{i,j}$的平面坐标(X_i，Y_j)为

$$\begin{cases}X_i=X_0+i\cdot D_X(i=0,\ 1,\ 2,\ \cdots,\ N_X-1)\\ Y_j=Y_0+j\cdot D_Y(j=0,\ 1,\ 2,\ \cdots,\ N_Y-1)\end{cases} \tag{6-2}$$

在这种情况下，除了基本信息外，DEM 就变成了一组规则存放的高程值，在计算机高级语言中，DEM 就是一个二维数组或数学上的一个二维矩阵。

由于矩形格网 DEM 存储量最小(还可以进行压缩存储)，非常便于使用且容易管理，因而是目前运用最广泛的一种形式。但其缺点是有时不能准确表示地形的结构与细部，因此基于 DEM 描绘的等高线不能准确表示地貌。为克服其缺点，可以采用附加地形特征数据，如地形特征点、山脊线、山谷线、断裂线等，从而构成完整的 DEM。若将按地形特征采集的点按一定规则连接成覆盖整个区域且互不重叠的许多三角形，可以构成一个不规则三角网 TIN(Triangulated Irreguar Network)表示的 DEM，通常称为三角网 DEM 或 TIN。TIN 能较好的顾及地貌特征点、线，表示复杂地形表面比矩形格网(Grid)精确。其缺点是数据量较大，数据结构较复杂，因而使用于管理比较复杂。近年来许多学者对 TIN 的快速构成、压缩存储及应用作了许多有益的工作。为了充分利用上述两种形式 DEM 的优点，德国 Ebner 教授等提出了 Grid-TIN 混合形式的 DEM，如图 6-12 所示，即一般地区使用矩形网数据结构(还可以根据地形采用不同密度的格网)，沿地形特征则附加三角网数据结构。

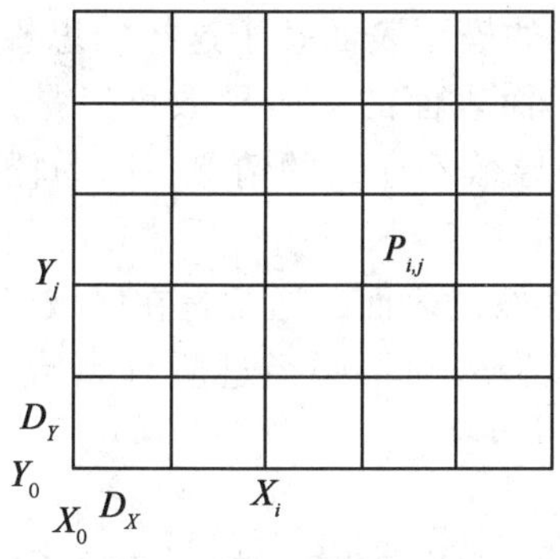

图 6-11 矩形格网 DEM

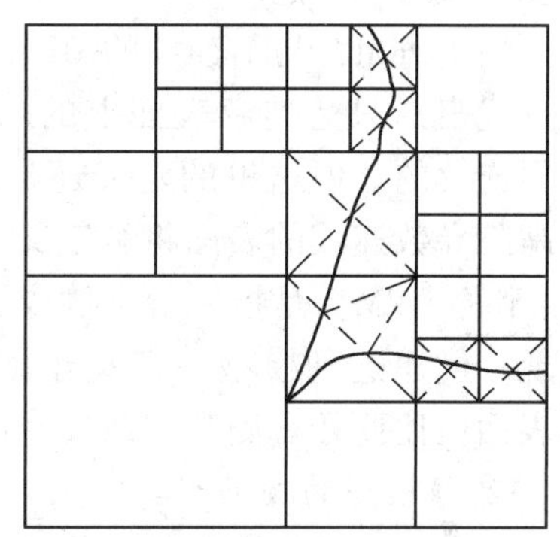
图 6-12 矩形格网三角网混合形式 DEM

3. 数字高程模型的特点

与传统地形图相比较，DEM 作为地形表面的一种数字表达形式有以下特点：

(1)易以多种形式显示地形信息。地形数据经过计算机软件处理后，产生多种比例尺的地形图、纵断面图、横断面图和立体图；而常规地形图一经制作完成后，比例尺不容易改变，若需改变或者要绘制其他形式的地形图，则需要人工处理。

(2)精度不会损失。常规地图随着时间的推移，图纸将会变形，失掉原有的精度，DEM 因采用数字媒介而能保持地图精度不变。另外，由常规的地图用人工的方法制作其他种类的图，精度会受到损失。而由 DEM 直接输出，精度可以得到控制。

(3)容易实现自动化、实时化。常规地图信息的增加和修改都必须重复相同的工序，劳动强度大而且周期长，不利于地图的实时更新；而 DEM 由于是数字形式的，所以增加或改变地形信息只需将修改信息直接输入计算机，经软件处理后即可产生实时化的各种地形图。

(4)具有多比例尺特性。如 1m 分辨率的 DEM 自动涵盖了更小分辨率如 10m 和

100m 的 DEM 内容。

4. 数字高程模型的分类

数字高程模型可以根据不同的标准进行分类，如根据大小和覆盖范围可以将其简单地分为三种：

(1)局部的 DEM：建立局部的模型往往源于这样的前提，即待建模的区域非常复杂，只能对一个个局部的范围进行处理。

(2)全局的 DEM：全局性的模型一般包含大量的数据且覆盖一个很大的区域，并且该区域通常具有简单、规则的地形特征。或为了一些特殊的目的如侦察，只需要使用地形表面最一般的信息。

(3)地区的 DEM：介于局部和全局两种模型之间的情况。

还有一个十分有用的分类标准就是模型的连续性。据此，数字高程模型又可以分为以下三类：

(1)不连续的 DEM：一个不连续的模型表面源于这样的考虑，即每一个观测点的高程都代表了其邻域范围内的值。基于这样的观点，任何待内插的点的高程都可以利用最邻近的参考点近似。这时，一系列局部的表面被用来表示整个地形。

(2)连续的 DEM：与不连续的 DEM 相反，连续的模型表面基于这样的思想，即每一个数据点代表的只是连续表面上的一个采样值，而表面的一阶导数可以是连续的，也可以是不连续的。但这里的定义还是限定于一阶导数不连续的情况，因为任何一阶导数或更高阶导数连续的表面将被定义为光滑表面。

(3)光滑的 DEM：是指一阶导数或更高阶导数连续的表面，通常是在区域或全局的尺度上实现。创建这种模型一般基于以下假设：模型表面不必经过所有原始观测点，待构建的表面应比原始观测数据所反映的变化要平滑得多。

5. 数字高程模型的数据获取

为了建立 DEM，必须量测一些点的三维坐标，这就是 DEM 数据采集或 DEM 数据获取。被量测三维坐标的这些点称为数据点或参考点。

DEM 数据点的采集方式有许多种，如地面测量，现有地图数字化(首付跟踪数字化仪和扫描数字化仪)，空间传感器，数字摄影测量的方法。

数字摄影测量是空间数据采集最有效的手段，该方法具有效率高、劳动强度低等优点。利用计算机辅助测图系统可以进行人工控制采样，即 X，Y，Z 三个坐标的控制全部由人工操作；利用解析测图仪或机控方式的机助测图系统可以进行人工或半自动控制的采样，其半自动的控制一般由人工控制高程 Z，而由计算机控制平面坐标 X，Y 的驱动；自动化测图系统则是利用计算机立体视觉代替人眼的立体观测。

在人工方式或半自动方式的数据采集中，数据的记录可以分为“点模式”与“流模式”。前者是根据控制信号记录静态量测数据；后者是按一定规律连续性的记录动态的量测数据。

(1)沿等高线采样。

在地形复杂及陡峭地区，可以采用沿等高线跟踪的方式进行数据采集，而在平坦地区，则不易采用沿等高线的采样。沿等高线采样可以按等距离间隔记录数据或按等时间间隔记录数据的方式进行。当采用后者时，由于在等高线曲率大的地方跟踪速度较慢，因而采集的点较密集，而在等高线较平直的地方跟踪速度较快，采集的点较稀疏，故只要选择恰当的时间间隔，所记录的数据就能很好地描述地形，且不会有太多的数据。

(2)规则格网采样。

利用解析测图仪在立体模型中按矩形格网采样，直接构成规则格网 DEM，当系统驱动测标到格网点时，会按预先选定的参数停留以短暂的时间(如 0.2s)，供作业人员精确量测。该方法的优点是方法简单、精度较高、作业效率也较高；其缺点是特征点可能丢失，基于这种矩形格网 DEM 绘制的等高线有时不能很好地表示地形特征。

(3)沿断面扫描

利用解析测图仪或附有自动记录装置的立体量测仪对立体模型进行断面扫描，按等距离方式或等时间方式记录断面上点的坐标。由于量测是动态进行的，因而这种方法获取数据的精度比其他方法要差，特别是在地形变化趋势改变处，常常存在系统误差。

(4)渐进采样。

为了使采样点分布合理，即平坦地区样点较少，地形复杂地区的样点较多，可以采用渐进采样的方法。先按预定的比较稀疏的间隔进行采样，获取一个较稀疏的格网，然后分析是否需要对格网加密。判断方法可以利用高程的二阶差分是否超过给定的阈值，或利用相邻三点拟合一条二次曲线，计算两点之间中点的二次内插值与线性内插值之差，判断该值是否超过给定的阈值。当超过阈值时，则对格网进行加密采样，然后对较密的格网进行同样的判断处理，直至不再超限或达到预先给定的加密次数(或最小格网间隔)，然后再对其他格网进行同样的处理。

如图 6-13 所示，已经记录了间距为 Δ 的 P_1，P_2，P_3点；三点高程为 h_1，h_3，h_5。P_2点二次内插高程 h_2''与线性内插高程 h_2'为

$$h_2''=\frac{1}{8}(6h_3+3h_1-h_5)$$

$$h_2'=\frac{1}{2}(h_3+h_1)$$

两者之差 δh_2为

$$\delta h_2=\frac{1}{8}(2h_3-h_1-h_5)$$

若 T 为一给定阈值，当 $\delta h_2>T$ 时，应在中间补测 P_2与 P_4两点。由 h_1，h_3，h_5计算的二阶差分

$$\Delta^2 h=\frac{1}{\Delta^2}(h_1+h_5-h_3)$$

也是地面是否平坦的一个测度，同样可以作为是否加密采样的判断依据。

(5)选择采样。

为了准确地反映地形，可以根据地形特征进行选择采样，例如，沿山脊线、山谷线、断裂线进行采集以及离散碎部点(如山顶)的采样。这种方法获取的数据尤其适合于不规则三角网 DEM 的建立，但显然其数据的存储管理与应用均较复杂。

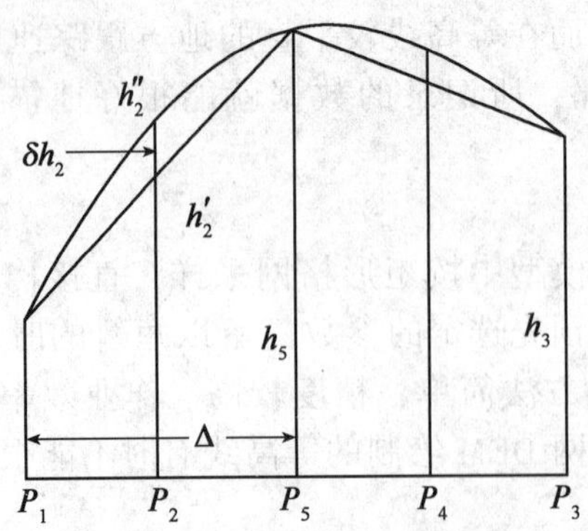

图 6-13　二次内插与一次内插之差

(6)混合采样。

为了同时考虑采样的效率与合理性，可以将规则采样(包括渐进采样)与选择采样结合起来进行，即在规则采样的基础上再进行沿特征线、特征点的采样。为了区别一般的数据点与特征点，应当给不同的点以不同的特征码，以便处理时可以按不同的合适的方式进行。利用混合采样可以既建立附加地形特征的规则矩形格网 DEM，也可以建立沿特征附加三角网的 Grid-TIN 混合形式的 DEM。

(7)自动化 DEM 数据采集。

上述方法均是基于解析测图仪或机助测图系统利用半自动化的方法进行 DEM 数据采样的。现在主要利用数字摄影测量工作站进行自动化的 DEM 数据采集。此时可以按影像上的规则格网利用数字影像匹配进行数据采集。若利用高程直接解求的影像匹配方法，也可以按模型上的规则格网进行数据采集。

数据采集是 DEM 的关键问题，研究结果表明，任何一种 DEM 内插方法，均不能弥补由于取样不当所造成的信息丢失。数据点太稀会降低 DEM 的精度；数据点过密，又会增大数据获取和处理的工作量，增加不必要的存储量。这需要在 DEM 数据采集之前，按照所需的精度要求确定合理的取样密度，或者在 DTM 数据采集过程中根据地形的复杂程度动态地调整取样密度。对 DEM 的质量控制有许多方法，这里主要介绍插值分析方法。

插值分析方法是以线性内插的误差满足精度要求为基础的数据采集质量控制方法，渐进采样就是应用这一方法的典型例子。线性内插的精度估计可以相对于实际量测值(看做真值)，也可以相对于局部拟合的二次曲线(或曲面)，因为在小范围内，一般地面总可以用一个二次曲面逼近，而将该二次曲面近似作为真实地面。地面弯曲的度量——曲率可以近似用二阶差分代替，而二阶差分只与“二次内插与线性内插之差”相差一个常数因子，因此也可以利用二阶差分对 DEM 数据采集进行控制。插值分析方法是一种简单易行的方法，但要处理好其采样可能疏密不均的数据存储问题。此外，还有由采样定理确定采样间隔，由地形剖面恢复误差确定采样间隔及考虑内插误差的采样间隔等方法，这类方法均需做地形功率谱估计，因此较为复杂。

6.3.2 数字高程模型的建立

数字地面模型的应用是很广泛的。在测绘工程中可以用于绘制等高线、坡度、坡向图、立体透视图，制作正射影像图、立体景观图、立体匹配片、立体地形模型及地图的修测等。在各种工程中可以用于体积、面积的计算，各种剖面图的绘制及线路的设计。军事上可以用于导航(包括导弹与飞机的导航)、通信、作战任务的计划等。

1. DEM 生成方式

有两种处理方式生成 DEM：

(1)在单个模型 DEM 的基础上进行拼接。

①分别建立每个模型的 DEM。在 VirtuoZo 主界面上单击产品→生成 DEM 菜单项，或利用批处理功能即可建立每个模型的 DEM。

②拼接各个模型的 DEM，建立整个图幅或区域的 DEM，如图 6-14 所示。

注意：此时用户不能在设置 DEM 对话框(单击设置→DEM 参数菜单项，可以弹出该对话框)中手动修改 DEM 参数。若已经修改了，请将其恢复为默认状态或直接将模型的“ *.dtp”文件删掉。

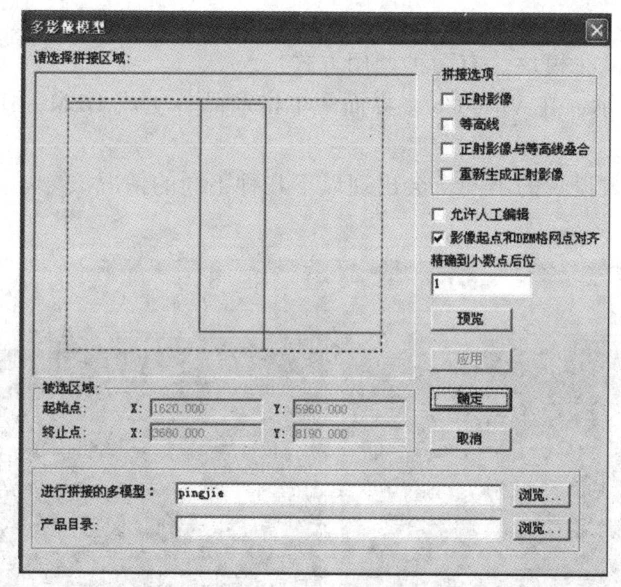

图 6-14 DEM 拼接

(2)直接自动生成大范围(含多个立体模型)的 DEM。

①设置 DEM 参数。在 VirtuoZo 主界面上单击设置→DEM 参数菜单项，在系统弹出的对话框中输入 DEM 的坐标范围(通常是图廓范围)和生成该 DEM 所需的所有立体模型范围(应已做过匹配处理和必要的编辑)。

②在 VirtuoZo 主界面上单击产品→生成 DEM 菜单项，系统将自动建立各模型对应的 DEM，并将其自动拼接成用户所需的 DEM。

说明：这种方式将各个模型 DEM 的自动建立、批处理功能和 DEM 的自动拼接合为一步进行，可以直接建立起覆盖整个图幅范围或更大范围的 DEM，其自动化程度和作业效率将大为提高。

2. DEM 编辑

(1) DEMMaker 功能。

DEMMaker 模块用于 DEM 的交互式编辑并结合矢量特征生成 DEM。有以下四种典型的工作方式：

①装载立体模型，在立体模型上对特征地物进行数据采集和编辑，获得具有一定密集度的地面特征，然后构建三角网，最后生成 DEM。

②引入利用自动匹配的结果所生成 DEM，利用区域特征匹配和各种区域算法进行 DEM 区域编辑。

③全手工单点编辑或自动走点编辑。

④引入该地区已有的矢量文件“ * . xyz”，指定地物层，自动构建三角网，生成 DEM。

用户可以根据以上四种方式灵活地组合使用，以达到精确生成 DEM 的目的。

(2) 使用 DEMMaker 生成 DEM 的基本作业流程。

1) 数据准备。

2) 调用 DEMMaker 模块。有两种调用方式：

①如图 6-15 所示，在 VirtuoZo 主界面中单击产品→生成 DEM→DEMMaker 菜单项，直接调用。

注意：依据参数设置的不同，会出现以下几种不同的情况。

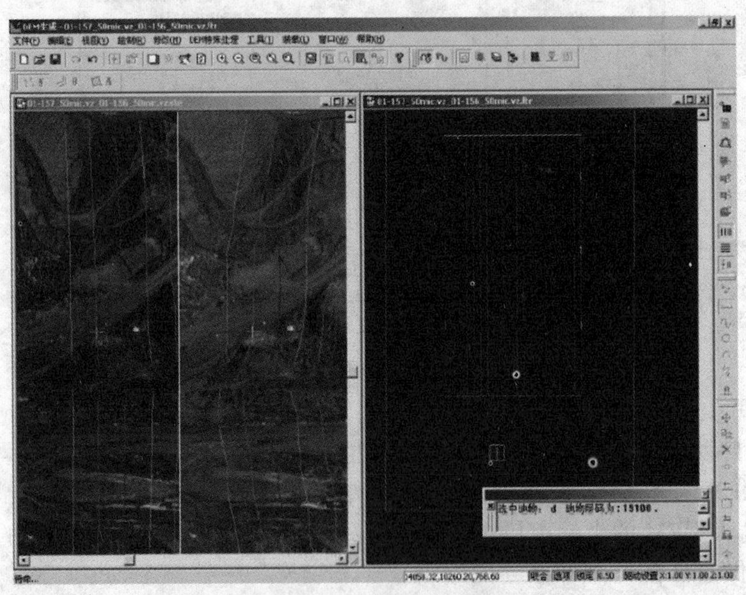

图 6-15　DEM Maker 界面

A. 若已经打开相应的模型，并且该模型产品文件夹中已存在对应的DEM文件，调用DEMMaker模块时，系统会自动完成新建矢量特征文件，设定特征文件的窗口大小，设定DEM的范围大小，引入当前模型已经生成的DEM和显示当前模型的立体影像等操作。

B. 若已经打开相应的模型，但当前模型产品文件夹中还没有生成对应的DEM文件，调用DEMMaker模块时，系统会自动完成新建矢量特征文件，设定特征文件的窗口大小，设定DEM的范围大小和显示当前模型的立体影像等操作。

C. 若已经打开相应的模型，当前模型已经存在了与模型名同名的矢量特征文件，调用DEMMaker模块时，系统会自动完成载入当前模型对应的特征矢量文件和显示当前模型的立体影像的操作。

D. 若没有载入任何立体模型，调用DEMMaker模块时，系统不做任何操作，用户可以手工依次完成新建特征矢量文件、设定文件范围、设定DEM范围和载入立体模型等操作。

②直接双击DEMMaker.exe文件。用该方法调用DEMMaker模块时，系统不做任何操作，用户可以手工依次完成新建特征矢量文件、设定文件范围、设定DEM范围和载入立体模型等操作。

3）装载立体模型。

4）量测地物，编辑特征文件。

5）引入第三方DEM（即由非DEMMaker模块生成的DEM文件）或利用自动匹配的结果所生成的DEM。

6）自动匹配效果不好时，可以加测部分特征地物，进行局部匹配。

7）其他区域可以用三角网直接内插DEM格网。

8）编辑DEM格网点。

9）生成该区域的DEM。

10）退出DEMMaker模块。

（3）数据准备。

调用DEMMaker模块生成DEM之前，应准备以下几种数据：

①必备数据。包括：该模型的定向数据、核线影像对。

②可引入数据。包括：数字高程模型“*.dem”、Lidar数据文件“*.xyz”、测图文件“*.xyz”以及DTM文件“*.dtm”。

6.4 数字正射影像图制作

用线划图表示实际的地物地貌通常并不十分直观，而航空影像或卫星影像才能最真实、最客观地反映地表的一切景物，具有十分丰富的信息。然而航空影像或卫星影像通常并不是与地表面保持相似的、简单的缩小，而是中心投影或其他投影构像。因此，这样的影像存在由于影像倾斜和地形起伏等引起的变形。如果能够将这类现象改化（或纠正）为既有正确平面位置又保持原有丰富信息的正射影像，则对于地球科学研究和人类的利用是十分有价值的。

6.4.1 像片纠正的概念与分类

1. 像片纠正的概念

像片平面图或正射影像图是地图的一种，像片平面图是用相当于正射投影的航摄像片上的影像表示地物的形状和平面位置的地图形式。利用中心投影的航摄像片编制像片平面图或正射影像图，是将中心投影转变为正射投影的问题，如图 6-16、图 6-17 所示。

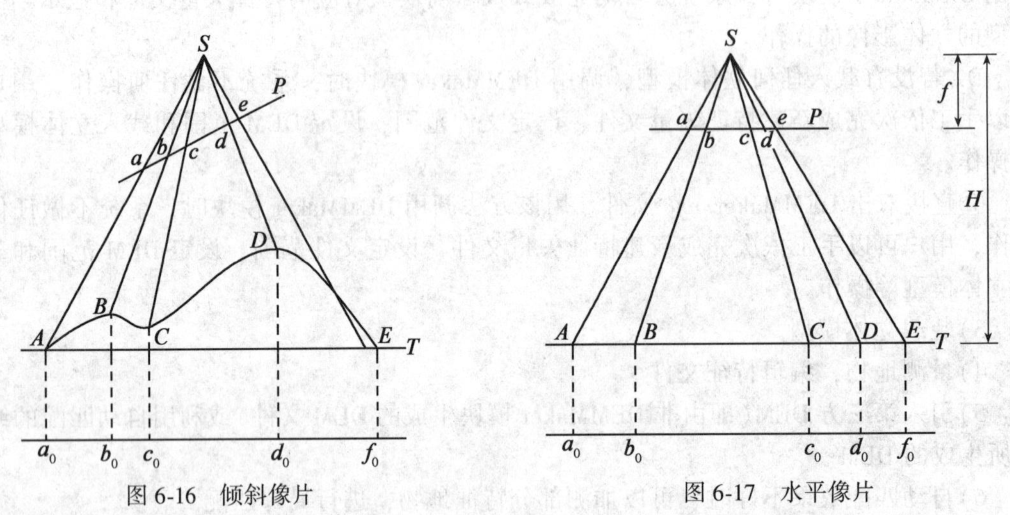

图 6-16　倾斜像片　　　　图 6-17　水平像片

在像片水平且地面为水平的情况下，该航摄像片就相当于该地区比例尺为 $1:M(=\frac{f}{H})$ 的平面图。由于航空摄影时，不能保持像片严格水平，而且地面也不可能是水平面，致使像片上的构像由于像片倾斜或地形起伏产生像点位移、图形变形以及比例尺不一致。所以，不能简单地采用原始航摄像片上的影像来表示地物的形状和平面位置。

将原始的航摄像片通过投影变换，获得相当于航摄像机物镜主光轴在铅垂位置摄影的水平像片，同时改化规定的比例尺；或应用计算机按相应的数学关系式进行解算，从原始非正射的数字影像获取数字正射影像，这些作业过程称为像片纠正。

2. 像片纠正的分类

(1)光学机械纠正。

以单张像片作为纠正单元，根据透视变换原理进行像片纠正。使用的常用仪器为纠正仪，如图 6-18 所示。

这种纠正方法是摄影测量的传统方法，只适用于平坦地区及地形起伏较小的丘陵地区，只能消除因像片倾斜引起的像点位移，不能消除因地形起伏产生的投影差。

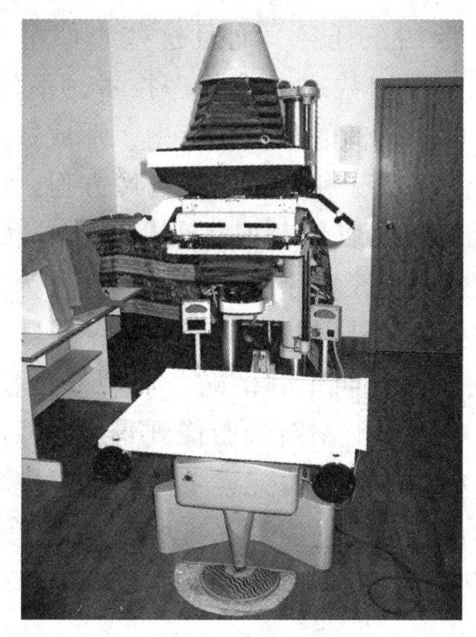

图 6-18　像片纠正仪

(2)光学微分纠正(正射投影技术)。

光学微分纠正是利用光学投影类的正射投影装置对像片影像逐个纠正单元进行扫描晒像的微分纠正。光学微分纠正的纠正单元是呈线状的小块面积，即使用一个一定长度的缝隙，因为缝隙的宽度极小，因此也称为缝隙纠正。可以完成对起伏地区的影像进行纠正。其方法是在正射投影仪上，将影像分解成小面元的集合，以小面元为纠正单元，经投影变换实现纠正的技术。

按像片和纠正基准面的关系可以分为：

①直接投影方式(中心投影关系)：像片平面与纠正基准面是处在满足相似光束像片纠正的几何条件和光学条件的位置上，投影晒像光线是使用恢复了像片的内、外方位元素的中心投影光线。

②间接投影方式：像片平面与纠正承影面的位置是任意的，一般采取两平面相互平行，且垂直于纠正单元基准面的投影晒像光线，图点与像点之间的关系通过函数关系表达。

该方法适用于地形起伏地区与山地制作正射影像图。

(3)数字(微分)纠正。

以像元(像素)为纠正单元。利用计算机对数字影像通过图像变换来完成像片纠正，属于高精度的逐点纠正。该方法不仅适用于航片，还适用于遥感图像的纠正。

6.4.2　数字微分纠正

利用光学方法纠正图像是摄影测量中的传统方法。例如，在模拟摄影测量中应用纠正仪将航摄相片纠正成为像片平面图，在解析摄影测量中利用正射投影仪制作正射影像图。但这些经典的光学纠正仪器在数学关系上受到很大的限制，特别是近代遥感技术中新的传感器的出现，产生了不同于经典的框幅式航摄像片的影像，使得经典的光学纠正仪器难以适应这些影像纠正任务，而且这些影像中有许多本身就是数字影像，不便使用这些光学纠正仪器。使用数字影像处理技术，不仅便于影像增强、反差调整等，而且可以非常灵活地应用到影像的几何变换中，形成数字微分纠正技术。

根据相关参数与数字地面模型，利用相应的构像方程，或按一定的数学模型用控制点解算，从原始非正射投影的数字影像获取正射影像，这种过程是将影像化为许多微小的区域逐一进行纠正，且使用的是数字方式处理，故称为数字微分纠正或数字纠正。

数字纠正的概念在数学上属于映射的范畴，但数字摄影测量与遥感中许多有关影像处理及产品制作并不属于数字微分纠正的范畴，而属于变换或映射。例如影像到其增强影像的变换、影像的彩色变换、航空航天影像到景观影像的映射等。

根据已知影像的内定向参数和外方位元素及数字高程模型，按一定的数学模型用控制点解算，从原始非正射影像获取正射影像，即将影像化为许多微小的区域(一般为一个像元大小的区域)，逐一进行改正。这种直接利用计算机对数字影像进行逐个像元的微分纠正，称为数字微分纠正。

数字微分纠正技术是当前像片纠正和正射影像图制作的主要方法。数字正射影像图(Digital Orthophoto Maps，DOM)就是利用航空像片或遥感影像，经像元纠正，按图幅范围裁切生成的影像数据。DOM 的信息丰富直观，具有良好的可判读性和可量测性，从中可以直接提取自然地理信息和社会经济信息。

6.4.3 数字正射影像图的制作

数字正射影像图是利用数字高程模型，对经扫描处理后的数字化的航空像片，逐像元进行辐射纠正、微分纠正和镶嵌，按图幅范围裁切生成的影像数据，带有公里格网、内/外图廓整饰和注记的平面图。这种平面图同时具有地图的几何精度和影像特征。可以作为背景控制信息、评价其他数据的精度、现势性和完整性，可以从中提取自然信息和人文信息，还可以用于地形图的更新，如图 6-19 所示。

图 6-19 埃菲尔铁塔数字正射影像图

DOM 具有精度高、信息丰富、直观逼真、获取快捷等优点，可以作为地图分析背景控制信息，也可以从中提取自然资源和社会经济发展的历史信息或最新信息，为防治灾害和公共设施建设规划等应用提供可靠依据；还可以从中提取和派生新的信息，实现地图的修测更新，DOM 生成的流程图如图 6-20 所示。

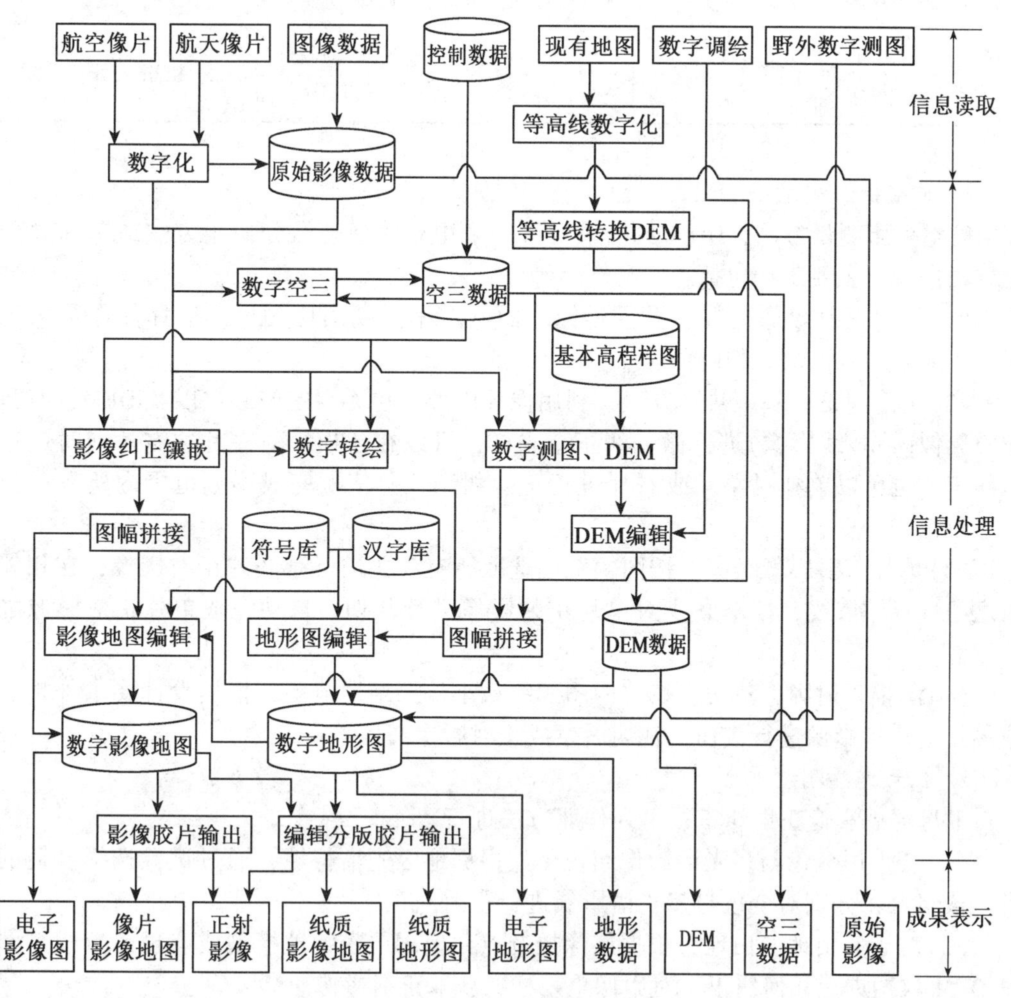

图 6-20　数字正射影像生成流程图

数字正射影像是一种新型数字测绘产品，有着广阔应用前景的基础地理信息数据，数字正射影像不仅可以用于对数字线划地图数据的更新，提高数据的现势性，加快地形图的更新速度，也可以作为背景图直接应用于城市各种地理信息系统；数字正射影像广泛应用于城市规划、土地管理、环境分析、绿地调查、地籍测量等方面，也可以与线划图、文字注记进行叠加形成影像地图，丰富地图的形式，增加地图的信息量；利用数字正射影像与数字地面模型或建筑结构模型可以建立三维立体景观图，丰富城市管理、规划的手段与方法。如表 6-1 所示。

表 6-1　　数字正射影像与一般航空像片的区别

影像类别	投影方式	比例尺	坐标系统	倾斜误差	投影差	色彩	影像拼接	与矢量叠加
数字正射影像	正射投影	固定	存在	无	地面上不存在	经过色差调整、色彩均衡	易、精确	能
一般航空像片	中心投影	不固定	不存在	有	存在	未做色差调整、色彩均衡	难、粗略	不能

1. 航空摄影测量法

航空摄影测量方法，DOM 数据采集可以采用立体建模微分纠正方法或单片微分纠正方法进行。主要工作包括：

(1)设置正射影像参数。设置影像地面分辨率、成图比例尺，选择影像重采样方法，一般采用双三次卷积内插法。

(2)正射纠正。基于共线方程，利用像片内外方位元素定向参数以及 DEM，对数字航空影像(或核线影像)进行微分纠正重采样；可以在建模后对左片、右片同时进行正射纠正，也可以单独对左片或右片进行正射纠正，并依次完成图幅范围内所有像片的正射纠正。

(3)单片正射影像镶嵌。按图幅范围选取所有需要进行镶嵌的正射影像，在相邻影像之间选择镶嵌线，按镶嵌线对单片正射影像进行裁切，自动完成单片正射影像之间的镶嵌。

(4)图幅正射影像裁切。按照内图廓线最小外接矩形范围，根据设计要求外扩一排或多排栅格点影像进行裁切，裁切后生成正射影像文件。

2. 航天遥感测量法

卫星遥感影像正射纠正按下列作业方法进行：

(1)若采用全色与多光谱影像纠正，应根据地区光谱特性，通过试验选择合适的光谱波段组合，分别对全色与多光谱影像进行正射纠正。

(2)对于高山地、山地，根据影像控制点，应用严密物理模型或有理函数模型并通过 DEM 数据进行几何纠正，对影像重采样，获取正射影像。

(3)对于丘陵地，可以根据情况利用低一等级的 DEM 进行正射纠正；对于平地，可以不利用 DEM 直接采用多项式拟合进行纠正。

3. 真正射影像的制作

采用传统方法所制作的正射影像上仍然存在有投影差的现象，如图 6-21 所示，这是因为传统正射影像的制作是以 2.5 维的 DEM 为基础进行数字纠正计算的。而 DEM 是相对于地表面的高程，即 DEM 并没有顾及地面上目标物体的高度情况，因此，微分纠正所得到的影像虽然称为正射影像，但地面上 3 维目标(如建筑物、树木、桥梁等)的顶部并没有被纠正到应有的平面位置(与底部重合)，而是有投影差存在。

图 6-21　传统数字正射影像图

所谓真正射影像，就是在数字微分纠正过程中，要以数字表面模型(DSM)为基础来进行数字微分纠正，如图 6-22 所示。对于空旷地区而言，其 DSM 和 DEM 是一致的，此时只要知道影像的内、外方位元素和所覆盖地区的 DEM，就可以按共线方程进行数字微分纠正了，而且纠正后的影像上不会有投影差。实际上，需要制作真正射影像的情况往往是那些地表有人工建筑或有树木等覆盖的地区，对这样一些地区，其 DSM 和 DEM 的差别就体现在人工建筑或树木等的高度上。

图 6-22　真正数字正射影像图

4. DOM 的质量控制

正射影像图的质量控制主要包括几何精度检查和影像质量检查两个方面。对于几何精度的检查可以采用以下方法进行：

(1)野外检测：用于检查正射影像图的绝对精度。

(2)与等高线图或线划地图套合后进行目视检查。

(3)利用左、右正射影像构成零立体的特性进行检查。即对每个立体像对分别由左影像和由右影像制作同一地区的两幅正射影像，然后量测两幅正射影像上同名点的视差进行检查。若视差超出规定值，则需对数据采集和正射影像制作全过程进行检查，找出问题所在，进行返工。该方法可以用于检查 DEM 的质量。

用正射影像制成影像图时存在着接边问题。如果 DEM 数据事先已接好边，则正射影像接边问题比较简单。由于接边不仅仅涉及几何方面的精度问题，同时还涉及不同影像之间色调的不一致，故对于大比例尺正射影像图的制作，应尽量满足一幅影像制作一幅图的原则。对于小比例尺作业，则应妥善解决接边问题，通常是首先将 DEM 接边，形成整区统一的数字高程模型，保证几何接边的正确性；并要对色调进行调整，做到无缝镶嵌。

正射影像的影像质量主要是指影像的辐射(亮度、色彩)质量。一般采用目视检查方法进行，主要内容包括：整张影像色调是否均匀，反差及亮度是否适中，影像拼接处色调是否一致，影像上是否存在斑点、划痕或其他原因所造成的信息缺失的现象等。

5. DOM 的匀光处理

由于受光学航空遥感影像获取的时间、外部光照条件以及其他内、外部因素的影响，导致获取的影像在色彩上存在不同程度的差异，这种差异会不同程度地影响后续数字正射影像的生产，为了消除影像色彩(色调)上的差异，需要对影像进行色彩平衡处理，即匀光处理。

影像的色彩不平衡可以分为单幅影像内部的色彩不平衡和区域范围内多幅影像之间的色彩不平衡。为了保证产品的影像质量和数据应用的质量，一般需要对这两种情况分别进行处理。

传统解决色彩平衡问题的方法主要是依靠手工的方式，利用图像处理工具软件及其相关功能进行处理，由于色彩处理的主观性比较强，当处理的区域涉及多幅影像时，很难把握整体的处理效果；另外，在色彩调节过程中需要耗费大量的人工工作量。目前，对影像的自动匀光处理方法也已经得到了较好的应用。比较有代表性的处理方法是用数学模型模拟影像亮度变化，然后再对影像不同部分进行不同程度的补偿，从而获得亮度、反差均匀的影像。

6. 数字正射影像图生成

生成 DEM 后即可制作正射影像。生成过程如下：

(1)生成各个模型的 DEM。

(2)制作各个模型的正射影像。有单模型处理和批处理两种处理方式。

(3)生成由多模型拼接的正射影像。

1)在 VirtuoZo 主界面中，单击镶嵌→设置菜单项，系统弹出多影像模型对话框，如图 6-23 所示。

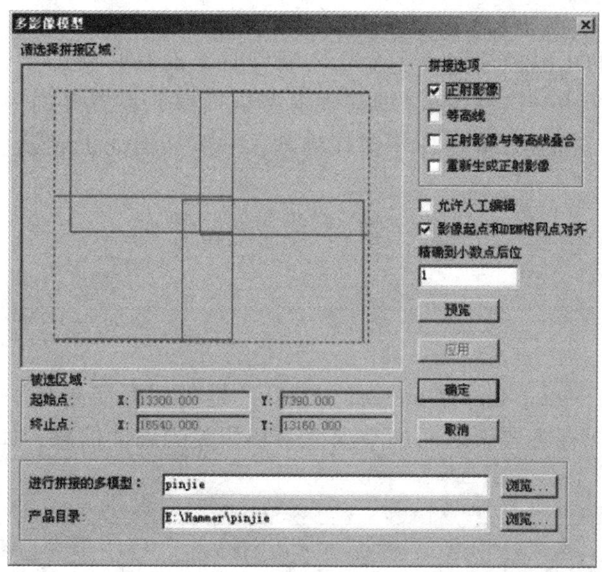

图 6-23　正射影像拼接

①选中右上方拼接选项栏中的正射影像复选框。

②选中重新生成正射影像复选框，系统将使用拼接好的 DEM 并读取测区正射影像的 GSD 和成图比例参数，统一生成各模型的正射影像，而不会使用单模型设置的正射影像参数。

③选中允许人工编辑复选框，则被选区域文本框内的起始点和终止点坐标不再为灰色，用户可以在此输入坐标值修改拼接区域的范围。

④因为影像起点不可能恰好落在 DEM 格网点上，选中影像起点和 DEM 格网点对齐复选框，则系统会从 DEM 格网起点处纠正正射影像。

⑤在精确到小数点后位文本框中设置生成的 DEM 所需保留小数位的位数。

⑥在左上方的可以选择拼接区域中确定进行拼接的范围。在拼接区域栏的模型框内双击鼠标右键，可以使模型框颜色在红色和黄色之间切换。红色表示当前模型参与拼接，黄色表示当前模型不参与拼接。若用户在模型框上单击鼠标右键，则系统弹出提示窗口显示当前模型的状态。

⑦在进行拼接的多模型文本框中输入生成的产品名称，在产品目录后的文本框中，输入或选定用来存放拼接所生成的产品文件的目录。

⑧单击预览按钮，系统弹出 DEM 的拼接精度对话框。在 DEM 的拼接精度对话框中，单击详细内容按钮，系统弹出一个文本窗口，显示重叠区域每个格网点的坐标及其误差，可以据此结果重新编辑 DEM。

⑨单击确定按钮，系统接受用户设置的参数并回到主界面。

2) 在 VirtuoZo 主界面中，单击镶嵌→DEM 拼接菜单项，系统自动进行多模型 DEM 拼接处理。

3) 在 VirtuoZo 主界面中，单击镶嵌→自动镶嵌菜单项，系统自动生成拼接后的正射影像。

说明：当所需的正射影像包含多个立体模型时，没有必要逐个模型生成正射影像，可以在影像镶嵌操作中一次性生成(即在多模型拼接参数设置界面中选中重新生成正射影像选项)。因为此时的 DEM 已作了拼接处理，一般能保证正射影像的正确接边。

6.5 数字线划图制作

6.5.1 概述

数字线划地图(Digital Line Graphic，DLG)：是与现有线划基本一致的各地图要素的矢量数据集，且保存各要素之间的空间关系和相关的属性信息，如图 6-24 所示。

图 6-24 数字线划图

在数字测图中，最为常见的产品就是数字线划图，外业测绘最终成果一般就是DLG。该产品较全面地描述地表现象，目视效果与同比例尺一致但色彩更为丰富。该产品满足各种空间分析要求，可以随机地进行数据选取和显示，与其他信息叠加，可以进行空间分析、决策。其中部分地形核心要素可以作为数字正射影像地形图中的线划地形要素。

数字线划地图(DLG)是一种更为方便的放大、漫游、查询、检查、量测、叠加地图。其数据量小，便于分层，能快速的生成专题地图，所以也称为矢量专题信息DTI (Digital Thematic Information)。该数据能满足地理信息系统进行各种空间分析要求，视为带有智能的数据。可以随机地进行数据选取和显示，与其他几种产品叠加，便于分析、决策。数字线划地图(DLG)的技术特征为：地图地理内容、分幅、投影、精度、坐标系统与同比例尺地形图一致。图形输出为矢量格式，任意缩放均不变形。

数字线划图是地形图上基础要素信息的矢量格式数据集，其中保存着要素的空间关系和相关的属性信息。数字线划图较全面地描述地表目标。为缩短数据采集和产品提供的周期，数字线划图可以满足各种空间分析要求，可以随机地进行数据选取和显示，与其他信息叠加，可以进行空间分析、决策。

数字线划图(DLG)是以点、线、面形式或地图特定图形符号形式，表达地形要素的地理信息矢量数据集。点要素在矢量数据中表示为一组坐标及相应的属性值；线要素表示为一串坐标组及相应的属性值；面要素表示为首尾点重合的一串坐标组及相应的属性值。数字线划图是我国基础地理信息数字成果的主要组成部分。

6.5.2 数字线划图的制作

1. 数字线划图的制作方法

原始资料主要采用：外业数据采集、航片、高分辨率卫片、地形图等。制作方法为：

(1)数字摄影测量、三维跟踪立体测图。目前，国产的数字摄影测量软件VirtuoZo系统和JX-4C DPW系统都具有相应的矢量图系统，而且这类软件的精度指标都较高。

(2)解析或机助数字化测图。这种方法是在解析测图仪或模拟器上对航片和高分辨率卫片进行立体测图，来获得DLG数据。用这种方法还需使用GIS或CAD等图形处理软件，对获得的数据进行编辑，最终产生成果数据。

(3)对现有的地形图扫描，人机交互将其要素矢量化。目前常用的国内外矢量化软件或GIS和CAD软件中利用矢量化功能将扫描影像进行矢量化后转入相应的系统中。

(4)在新制作的数字正射影像图上，人工跟踪框架要素数字化。屏幕上跟踪：可以使用CAD或GIS及VirtuoZo软件将正射影像图按一定的比例插入工作区中，然后在图上进行相应要素采集。

(5)野外实测地图。利用工程测量的方法，用全站仪等测量仪器到实地去采集地形数据点，然后传入计算机中进行内业处理，生成数字线划图，如图6-25所示。

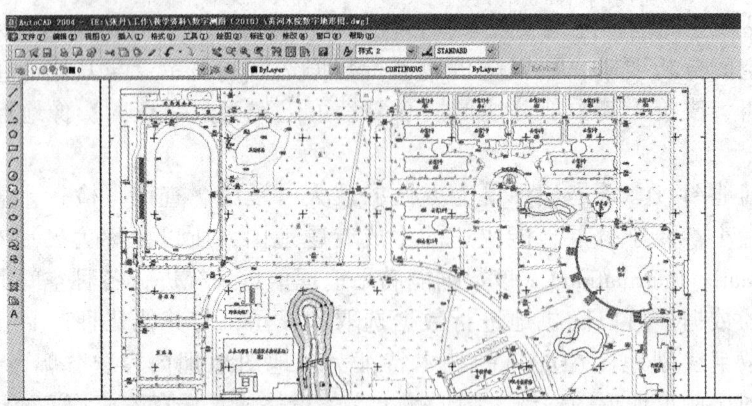

图 6-25　南方 cass 生成数字线划图

2. 数字摄影测量测图的优点

(1)可以将测量的结果叠加在立体影像上，便于检查遗漏的地物，并进行地图修测。

(2)可以提供自动、半自动测图的功能。

(3)可以从影像匹配产生的视差格网中内插出高程，并进行自动调整。

(4)可以统一影像参考系和矢量窗口的显示坐标系，并实现实时漫游。

(5)可以快速显示矢量化地物。

(6)可以在数据采集过程中，实时显示所采集的矢量数据。

(7)可以自由选择测标形状，并保存作业环境设置。

(8)可以提供固定视差的调节功能。

3. 数字摄影测量生成 DLG 的过程

(1)测图数据准备。

1)数据文件。

测图之前应已建立测区及相应的模型。

①需要测图的模型应至少进行了内定向、相对定向以及核线的重采样处理。若此时进入测图模块，则数字化的量测成果将是基于模型坐标的，且不能自动匹配地面高程。

②若模型已进行了绝对定向处理，则从模型量测的数字化成果可以纳入到大地坐标中。

③若模型已进行了绝对定向和自动影像匹配处理，则进入测图模块后可以使用自动拟合地面高程的功能。

2)库文件。

安装 VirtuoZo 系统时，已将其安装在安装目录下的 SymLib 文件夹中，主要包括：

①制图符号库。

②矢量字库。

③数据文件的引入。

可以向测图矢量文件中直接引入以下数据文件：

a. xyz 格式的矢量文件。

b. DXF(AutoCAD 12 版)格式的矢量文件。

c. cvf 格式等高线文件。

d. 文本格式控制点文件。

(2)测图主要作业流程。

1)在 VirtuoZo 主界面中单击测图→IGS 数字化测图菜单项，进入 IGS 模块，如图6-26所示。

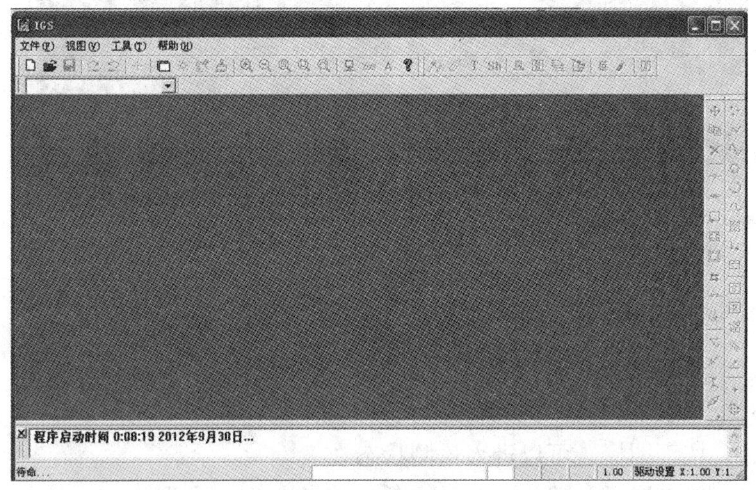

图 6-26　IGS 测图界面

2)新建或打开测图文件(. xyz)，如图 6-27 所示。

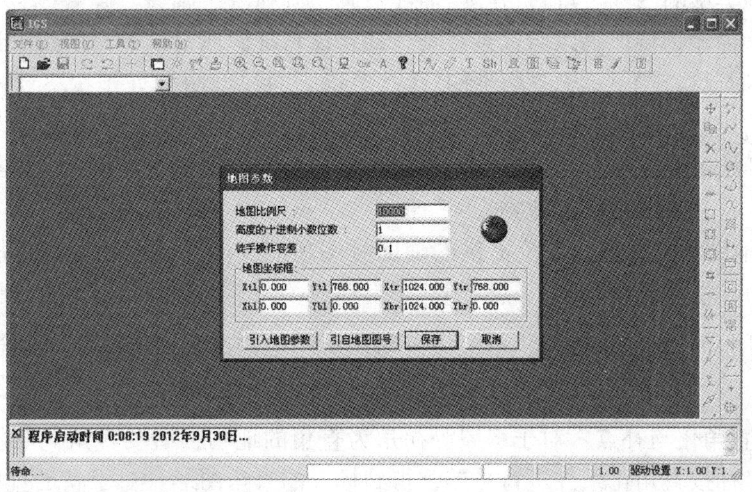

图 6-27　新建 DLG 界面

3)新建或打开了一个矢量窗口后，可以装载相应的立体模型或正射影像。单击装载→立体模型(或正射影像)菜单项，在弹出的对话框中选择需要载入的立体模型或正射影像，确认后，系统即在IGS界面中打开一个窗口显示立体模型或正射影像，如图6-28所示。

图6-28 装载立体模型界面

4)提取矢量信息。

①进入量测状态。有两种方式可以进入量测状态：

A. 方式一：按下图标，可以进入量测状态。

B. 方式二：单击鼠标右键，在编辑状态和量测状态之间切换。

②选择线型和辅助测图功能。地物特征码选定后，可以进行线型选择和辅助测图功能的选择。

A. 选择线型。IGS根据符号的形状，将之分为七种类型(统称为线型)。在绘制工具栏中有这七种类型的图标：点、折线、曲线、圆、圆弧、手画线、隐藏线。

选择了一种地物特征码以后，系统会自动将该特征码所对应符号的线型设置为缺省线型(定义符号时已确定)，表现为绘制工具栏中相应的线型图标处于按下状态，同时该符号可以采用的线型的图标被激活(定义符号时已确定)。在量测前，用户可以选择其中任意一种线型开始量测，在量测过程中用户还可以通过使用快捷键切换来改变线型，以便使用各种线型的符号来表示一个地物。

B. 选择辅助测图功能。系统提供的辅助测图功能，可以使地物量测更加方便。可以通过绘制菜单、快捷键或绘制工具栏图标来启动或关闭辅助测图功能。具体说明如下：

自动闭合：启动该功能，系统将自动在所测地物的起点与终点之间连线，自动闭合该地物。

自动直角化与补点：对于房屋等拐角为直角的地物，启动直角化功能，可以对所测点的平面坐标按直角化条件进行平差，得到标准的直角图形。对于满足直角化条件的地物，启动自动补点功能，可以不量测最后一点，而由系统自动按正交条件进行增补。

自动高程注记：启动该功能，系统将自动注记高程碎部点的高程。

③量测方法。

A. 基本量测方法。

a. 在影像窗口中进行地物量测。

b. 用户通过立体眼镜(或反光立体镜)对需量测的地物进行观测，用鼠标或手轮脚盘移动影像并调整测标。

c. 切准某点后，单击鼠标左键或踩左脚踏开关记录当前点。

d. 单击鼠标右键或踩下右脚踏开关结束量测。

e. 在量测过程中，可以随时选择其他的线型或辅助测图功能。

f. 在量测过程中，可以随时按 Esc 键取消当前的测图命令等。

g. 如果量错了某点，可以按键盘上的 BackSpace 键，删除该点，并将前一点作为当前点。

B. 不同线型的量测。

a. 单点。

单击点图标或踩下左脚踏开关记录单点。如图 6-29 所示，以下符号即采用单点量测方式。

图 6-29　独立地物符号

b. 单线。

(a)折线。单击折线图标或踩下左脚踏开关，可以依次记录每个节点，单击鼠标右键或右脚踏开关，结束当前折线的量测。当折线符号一侧有短齿线等附加线划时，应注意量测方向，一般附加线划沿量测前进方向绘于折线的右侧。如图 6-30 所示，这些符号为使用折线线型进行的量测。

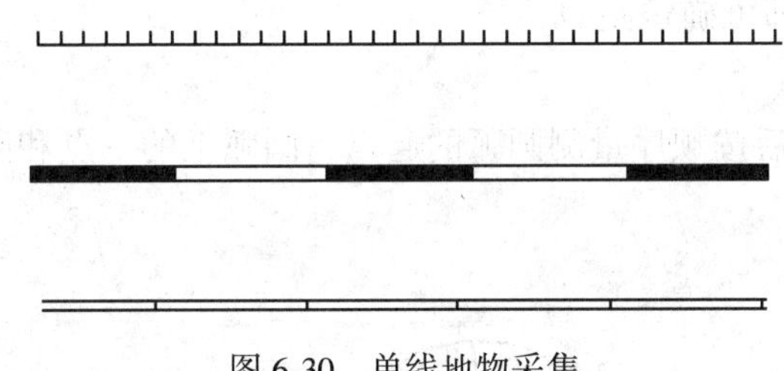

图 6-30　单线地物采集

(b)曲线。单击曲线图标或踩下左脚踏开关，可以依次记录每个曲率变化点，单击鼠标右键或踩下右脚踏开关，结束当前曲线的量测。

(c)手画线。单击手画线图标或踩下左脚踏开关记录起点，用手轮脚盘跟踪地物量测，最后踩下右脚踏开关记录终点。

c. 平行线。

(a)固定宽度。对于具有固定宽度的地物，量测完地物一侧的基线(单线)，然后单击右键，系统根据该符号的固有宽度，自动完成另一侧的量测。如图 6-31 所示。

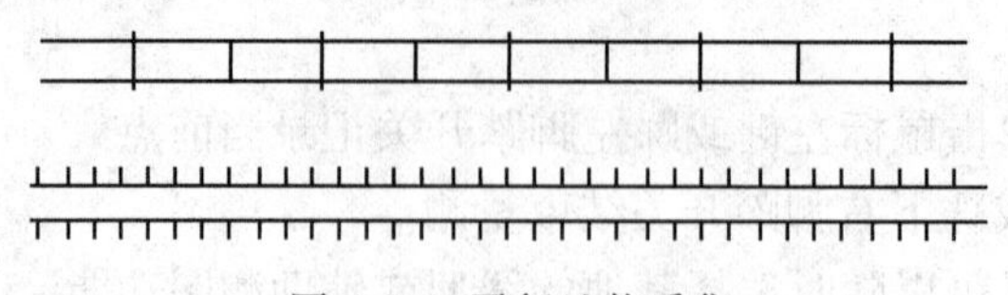

图 6-31　平行地物采集

(b)需定义宽度。有的符号需要人工量测地物的平行宽度，即首先量测地物一侧的基线(单线量测)，然后在地物另一侧上任意量测一点(单点量测)，即可确定平行线宽度，系统根据该宽度自动绘制出平行线。

d. 底线。

对于有底线的地物(如：斜坡)，需要量测底线来确定地物的范围。首先量测基线，然后量测底线(一般绘制于基线量测方向的左侧)。如图 6-32 所示。在量测底线前，可以选隐藏线型量测，底线将不会显示出来。

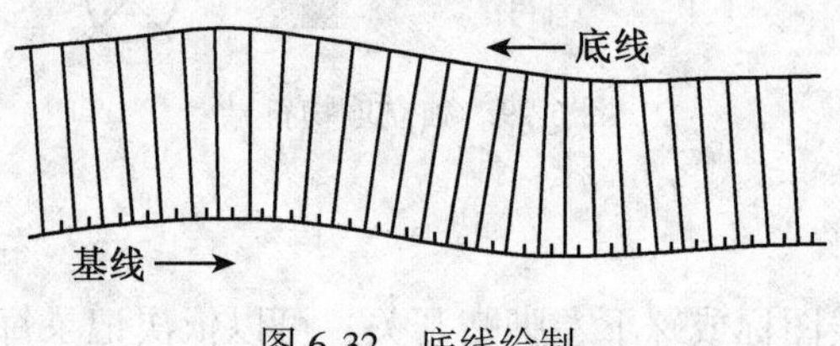

图 6-32　底线绘制

e. 圆。

单击圆图标，然后在圆上量测三个单点，单击鼠标右键结束。如图 6-33 所示，量测 P_0、P_1 和 P_2 三个点，即可确定圆 O。

f. 圆弧。

单击圆弧图标，然后按顺序量测圆弧的起点、圆弧上的一点和圆弧的终点，单击鼠标右键结束。

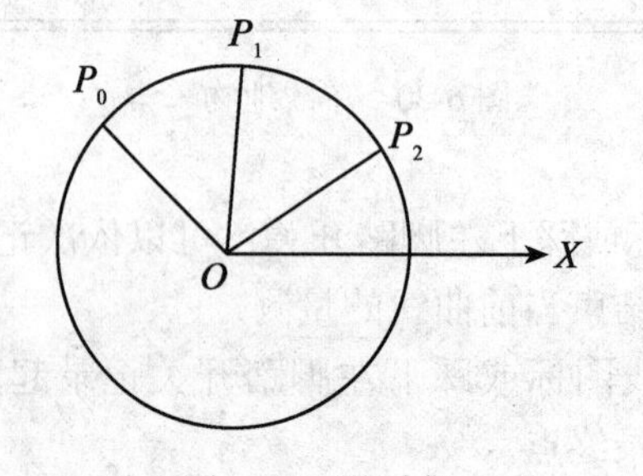

图 6-33　圆采集

C. 多种线型组合量测。

对于多线型组合而成的地物图形，在量测过程中应根据地物形状的变化，分别选择合适的线型进行量测。下面举例说明如何进行多线型组合量测地物，图 6-34 就是一个圆弧与折线组合的例子。

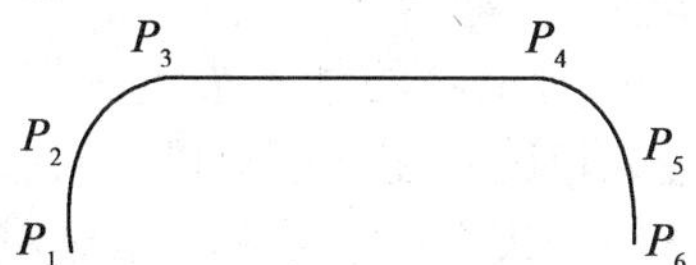

图 6-34　复合线性采集

该图形是由弧线段 P_1P_3、折线段 P_3P_4 和弧线段 P_4P_6 组成的，其中，点 P_1、P_2、P_3、P_4、P_5 和 P_6 需要进行量测。具体量测步骤如下：

a. 首先在工具栏上单击圆弧图标，量测点 P_1、P_2 和 P_3。

b. 再到工具栏上单击折线图标，量测点 P_4。

c. 再到工具栏上单击圆弧图标，量测点 P_5 和 P_6。

d. 最后单击鼠标右键结束，完成整个地物的量测。

说明：在量测过程中，可能会不断需要改变矢量的线型，为了便于使用，IGS 提供了各种线型的快捷键，以方便用户随时调用各种不同的线型。

D. 高程锁定量测。

有些地物的量测，需要在同一高程面上进行(如等高线等)。这时可以用高程锁定的功能，将高程锁定在某一固定 Z 值上，即测标只在同一高程的平面上移动。具体操作如下：

a. 确定某一高程值：单击状态栏上的坐标显示文本框，系统弹出设置曲线坐标对话框，如图 6-35 所示，在 Z 文本框中输入某一高程值，单击确定按钮。

图 6-35　高程锁定

b. 启动高程锁定功能：按下状态栏上锁定按钮。

c. 量测地物。

注意：只有当测标调整模式为高程调整模式(单击模式→人工调整高程菜单项，使之处于选中状态)时，方可启动高程锁定功能。

E. 道路量测。

单击图标Sh，在弹出的对话框中选择道路的特征码。单击图标，进入量测状态，用户可以根据实际情况选择线型，如：样条曲线和手画线等，即可进行道路的量测。

a. 双线道路的半自动量测。沿着道路的某一边量测完后，单击鼠标右键或脚踏右开关结束，系统弹出对话框提示输入道路宽度，用户可以直接在对话框中输入相应的路宽，也可以直接将测标移动到道路的另一边上，然后单击鼠标左键或脚踏左开关，系统会自动计算路宽，并在道路的另一边显示出平行线。

b. 单线道路的量测。沿着道路中线测完后，单击鼠标右键或踩下右脚踏开关结束，即可显示该道路。

F. 等高线采集量测。

大比例尺测图时，一般对采集等高线的精度要求较高，且一个模型范围内的等高线数量，比小比例尺影像数据要少一些。对于大比例尺测图，特别是城区和平坦地区，等高线的测绘可以直接在立体测图中全手工采集。具体采集方法如下：

a. 选择等高线特征码。单击图标Sh，在弹出的对话框中选择等高线符号。

b. 激活立体模型显示窗，单击模式→人工调整菜单项。

c. 设定高程步距。单击修改→高程步距菜单项，在弹出的对话框中输入相应的高程步距(单位：m)，按下键盘的Enter键确认。

d. 输入等高线高程值。单击IGS窗口状态栏中的坐标显示文本框，在弹出的对话框中输入需要编辑的等高线高程值，按Enter键确认。

e. 启动高程锁定功能。按下状态栏中的锁定按钮。

f. 进入量测状态。按下图标(也可以踩下右脚踏开关在编辑状态和量测状态之间切换)。

g. 切准模型点。在立体显示方式下，驱动手轮至某一点处，并使测标切准立体模型表面(即该点高程与设定值相等)，踩下左脚踏开关，沿着该高程值移动手轮，开始人工跟踪描绘等高线，直至将一根连续的等高线采集结束，此时，踩下右脚踏开关结束量测。注意：该过程中应一直保持测标切准立体模型的表面。

h. 如果要量测另一条等高线，可以按下键盘上的Ctrl+↑键或Ctrl+↓键，可以看到状态栏中坐标显示文本框中的高程值，会随之增加或减少一个步距。

i. 重复上述步骤可以依次量测所有的等高线。

G. 房屋量测。

单击图标Sh，在弹出的对话框中选择房屋的特征码，缺省情况下系统会自动激活折线图标、自动直角化图标R及自动闭合图标C。用户可以根据实际情况选择不同的线型来测量不同形状的房屋(可选线型主要有：折线、弧线、样条曲线、手画线、圆和隐藏线)。一次只能选择一种线型(按下其中一种线型图标后，其他的线型图标将自动弹起)。用户也可以根据实际情况选择是否启动自动直角化功能和自动闭合功能(按下图标为启动，否则为关闭)。激活立体影像显示窗口，按下图标，即可开始测量房屋，如图6-36所示。

图 6-36　房屋采集

5)编辑地物。激活立体模型或正射影像窗口，按下工具栏图标，移动测标至需要编辑的矢量地物处，单击(或踏下左脚踏开关)选中该地物，然后再次单击(或踏下左脚踏开关)选择该地物轮廓上的某点，即可对该点进行编辑。

6)编辑完成后，可以将该矢量信息导出为其他格式(如：DXF 格式或 ASCII 码纯文本形式)，如图 6-37 所示。

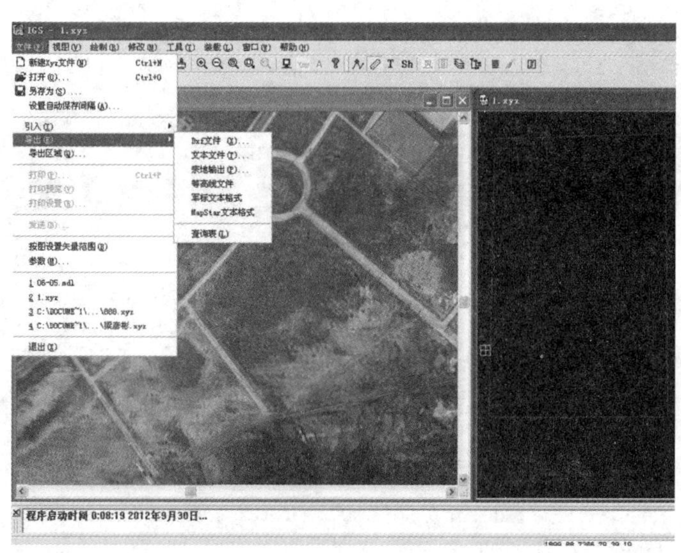

图 6-37　数字线画图输出

7)退出测图模块。

【习题和思考题】

1. 试简述数字摄影测量的发展与特点。
2. 解析空中三角测量的目的和意义是什么？
3. 试简述数字摄影测量工作站的特点。
4. 试简述数字高程模型的概念和用途。
5. 试简述像片纠正的分类和方法。
6. 试简述生成数字正射影像图的流程。
7. 试简述数字线划图的采集方法。

第7章　遥感技术

【教学目标】

学习本章，应掌握遥感的基本概念，理解遥感技术应用等方面的基础知识，了解遥感信息获取、遥感图像处理与解译，为了解遥感技术以及后续学习奠定基础。

7.1　概　　述

20世纪，人类的一大进步是实现了太空对地观测，即可以从空中和太空对人类赖以生存的地球通过非接触传感器的遥感进行观测，并将所得到的数据和信息存储在计算机网络上，为人类社会的可持续发展服务。“遥感”一词首次见于美国地理学会在1962年主办的一次有关环境遥感的学术讨论会上。在此后的多年中，遥感作为一个边缘交叉学科已经发展成为一门集科学与技术为一体的高新科学技术。本章介绍遥感的基本概念、遥感信息获取、遥感图像处理与解译、遥感技术应用等方面的基础知识，为了解遥感技术以及后续学习奠定基础。

7.1.1　遥感的基本概念

遥感一词来源于英语“Remote Sensing”，其直译为“遥远的感知”，时间长了人们将这个词简译为遥感。遥感是20世纪60年代发展起来的一门对地观测综合性技术。自20世纪80年代以来，遥感技术得到了长足的发展，遥感技术的应用也日趋广泛。随着遥感技术的不断进步和遥感技术应用的不断深入，未来的遥感技术将在我国国民经济建设中发挥越来越重要的作用。

关于遥感的科学含义通常有广义和狭义两种解释。广义的解释：一切与目标物不接触的远距离探测。对目标进行采集主要根据物体对电磁波的反射和辐射特性，利用声波、引力波和地震波等，也都包含在广义的遥感之中。狭义的解释：运用现代光学、电子学探测仪器，不与目标物相接触，从远距离把目标物的电磁波特性记录下来，通过分析、解译揭示出目标物本身的特征、性质及其变化规律。

7.1.2　遥感系统

遥感是一门对地观测综合性技术，遥感技术的实现既需要一整套的技术装备，又需要多种学科的参与和配合，因此实施遥感是一项复杂的系统工程。根据遥感的定义，遥感系统主要由以下四大部分组成：

(1)信息源。信息源是遥感需要对其进行探测的目标物。任何目标物都具有反射、吸收、透射及辐射电磁波的特性，当目标物与电磁波发生相互作用时会形成目标物的电磁波特性，这就为遥感探测提供了获取信息的依据。

(2)空间信息采集子系统。空间信息采集子系统主要是指运用遥感技术装备接受、记录目标物电磁波特性的探测过程。信息获取所采用的遥感技术装备主要包括遥感平台和传感器。其中遥感平台是用来搭载传感器的运载工具，常用的有气球、飞机和人造卫星等；传感器是用来探测目标物电磁波特性的仪器设备，常用的有照相机、扫描仪和成像雷达等。

(3)地面接收与预处理子系统。地面接收与预处理子系统是指运用光学仪器和计算机设备对所获取的遥感信息进行校正、分析和解译处理的技术过程。信息处理的作用是通过对遥感信息的校正、分析和解译处理，掌握或清除遥感原始信息的误差，梳理、归纳出被探测目标物的影像特征，然后依据特征从遥感信息中识别并提取所需的有用信息。

(4)信息分析应用。信息分析应用是指专业人员按不同的目的将遥感信息应用于各业务领域的使用过程。信息应用的基本方法是将遥感信息作为地理信息系统的数据源，供人们对其进行查询、统计和分析利用。遥感的应用领域十分广泛，最主要的应用有：军事、地质矿产勘探、自然资源调查、地图测绘、环境监测、防灾减灾以及城市建设和管理等。图 7-1 为遥感系统示意图。

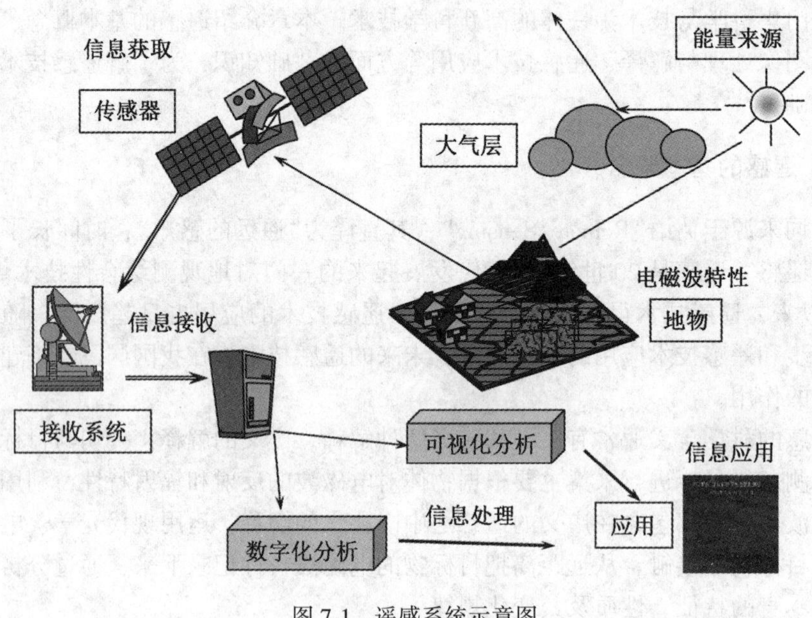

图 7-1　遥感系统示意图

7.1.3　遥感的类型

根据遥感的定义，按不同的分类标准，可以将遥感分成不同类型。

(1)根据工作平台层面区分：地面遥感、航空遥感(气球、飞机)、航天遥感(人造卫星、飞船、空间站、火箭)。工作平台层面可以划分为：地面遥感，即把传感器设置在地面平台上，如车载、船载、手提、固定或活动高架平台等；航空遥感，即把传感器设置在航空器上，如气球、航模、飞机及其他航空器等；航天遥感，即把传感器设置在航天器上，如人造卫星、宇宙飞船、空间实验站等。

(2)根据工作波段层面区分：紫外遥感(其探测波段在0.3~0.38μm之间)、可见光遥感(其探测波段在0.38~0.76μm之间)、红外遥感(其探测波段在0.76~14μm之间)、微波遥感(其探测波段在1mm~1m之间)、多波段遥感。

(3)根据遥感探测的工作方式区分：主动式遥感，即由传感器主动地向被探测的目标物发射一定波长的电磁波，然后接受并记录从目标物反射回来的电磁波，如微波雷达；被动式遥感，即传感器不向被探测的目标物发射电磁波，而是直接接受并记录目标物反射太阳辐射或目标物自身发射的电磁波，如航空航天、卫星。

(4)根据记录方式层面区分：可以分为影像方式和非影像方式的遥感。影像方式的遥感是指能够获得图像资料的遥感，按其成像原理又可以分为摄影方式和非摄影方式的遥感。非影像方式遥感是指只能获得数据或曲线记录而不能最终获得图像资料的遥感，如使用微波辐射计和红外辐射仪进行的遥感。

(5)根据应用领域区分：环境遥感、大气遥感、资源遥感、海洋遥感、地质遥感、农业遥感、林业遥感等。

7.1.4 遥感的特点

遥感作为一门对地观测综合性技术，遥感技术的出现和发展既是人们认识和探索自然界的客观需要，更有其他技术手段与之无法比拟的特点。遥感技术的特点归结起来主要有以下三个方面：

(1)探测范围广，采集数据快。遥感探测能在较短的时间内，从空中乃至宇宙空间对大范围地区进行对地观测，并从中获取有价值的遥感数据。这些数据拓展了人们的视觉空间，为宏观地掌握地面事物的现状情况创造了极为有利的条件，同时也为宏观地研究自然现象和规律提供了宝贵的第一手资料。这种先进的技术手段与传统的手工作业相比较是不可替代的。

(2)能动态反映地面事物的变化。遥感探测能周期性、重复地对同一地区进行对地观测，这有助于人们通过所获取的遥感数据，发现并动态地跟踪地球上许多事物的变化。同时，研究自然界的变化规律。尤其是在监视天气状况、自然灾害、环境污染甚至军事目标等方面，遥感技术的运用就显得格外重要。

(3)获取的数据具有综合性。遥感探测所获取的是同一时段、覆盖大范围地区的遥感数据，这些数据综合地展现了地球上许多自然与人文现象，宏观地反映了地球上各种事物的形态与分布，真实地体现了地质、地貌、土壤、植被、水文、人工构筑物等地物的特征，全面地揭示了地理事物之间的关联性。并且这些数据在时间上具有相同的现势性。

7.1.5 遥感发展简史

最早使用“遥感”一词的是美国海军研究所的艾弗林·普鲁伊特。1961年，在美国国家科学院和国家研究理事会的支持下，在密歇根大学的威罗·兰实验室召开了“环境遥感国际讨论会”。此后，在世界范围内，遥感作为一门新兴学科飞速发展起来。

(1)无记录的地面遥感阶段(1608—1838年)。1608年，汉斯·李波尔赛制造了世界第一架望远镜，1609年伽利略制造了放大倍数3倍的科学望远镜，从而为观测远距离目标开辟了先河。但望远镜观测不能把观测到的事物用图像记录下来。

(2)有记录的地面遥感阶段(1839—1857年)。对探测目标的记录与成像始于摄影技术的发展，并与望远镜相结合发展为远距离摄影。

(3)空中摄影遥感阶段(1858—1956年)。1858年，G F. 陶纳乔用系留气球拍摄了法国巴黎的“鸟瞰”像片。1860年，J. 布莱克乘气球升空至630m，成功地拍摄了美国波士顿的照片。1903年，J. 纽布朗特设计了一种捆绑在飞鸽身上的微型相机。这些试验性的空间摄影，为后来的实用化航空摄影打下了基础。在第一次世界大战期间，航空摄影成了军事侦探的重要手段，并形成了一定规模。与此同时，像片的判读水平也大大提高。第一次世界大战以后，航空摄影人员从军事转向商务和科学研究。美国和加拿大成立了航测公司，并分别出版了《摄影测量工程》及类似性质的刊物，专门介绍相关技术方法。1924年，彩色胶片出现，使得航空摄影记录的地面目标信息更为丰富。第二次世界大战中，微波雷达的出现及红外技术应用于军事侦查，使遥感探测的电磁波谱段得到了扩展。

(4)航空遥感阶段(1957—)。1957年10月4日，苏联第一颗人造地球卫星的发射成功，标志着人的空间观测进入了新纪元。此后，美国发射了“先驱者2号”探测器拍摄了地球云图。真正从航天器上对地球进行长期探测是从1960年美国发射TIROS-1和NOAA-1太阳同步卫星开始。此外，多宗探测技术的集成日趋成熟，如雷达、多光谱成像与激光测高、GPS的集成可以同时取得经纬度坐标和地面高程数据，用于实时测图。

现有的卫星遥感系统(科学实验、海洋遥感卫星、军事卫星除外)大体可以分为气象卫星、资源卫星和测图卫星三种类型。如果从1956年上天的第一代气象观测卫星TIROS和1972年上天的第一代陆地资源卫星Landsat-1算起，卫星遥感系统已经走过了40多个春秋。至今，卫星遥感已经取得了令人瞩目的成绩，从实验到应用、从单学科到多学科、从静态到动态、从区域到全球、从地表到太空，无不表明遥感技术已经发展到相当成熟的阶段。随着遥感技术的发展，遥感应用也向广度和深度发展，遥感探测也更趋于实用化、商业化和国际化。

7.2 遥感信息获取

7.2.1 遥感物理基础

1. 电磁波和电磁波谱

遥感信息的获取是通过收集、探测、记录地物的电磁波特征，即地物的发射辐射电磁波或反射辐射电磁波特征来完成的。自然界中凡是温度高于绝对零度的物体都发射电磁波。电磁波是在真空或物质中通过传播电磁场的振动而传输电磁波能量的横波。在电磁波里，振动的是空间电场矢量和磁场矢量。电场矢量和磁场矢量相互垂直并且垂直于电磁波传播方向。产生电磁波的方式有能级跃迁(即“发光”)、热辐射以及电磁振荡等，所以电磁波的波长范围很大，组成一个电磁波谱，如图 7-2 所示。

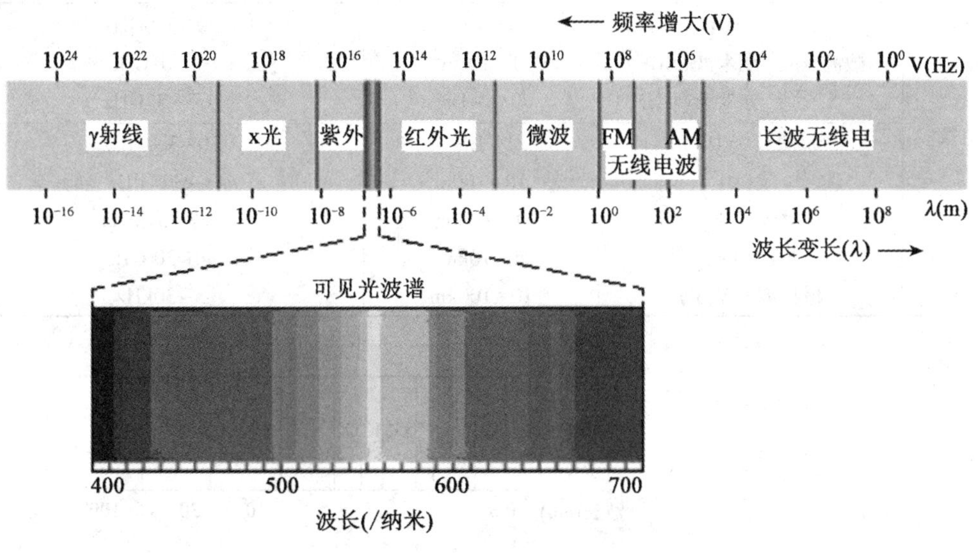

图 7-2　电磁波谱示意图

在遥感技术中，电磁波一般用波长来表示，其单位有 Å 埃、nm(纳米)、μm(微米)和 cm(厘米)等。目前遥感技术所应用的电磁波段仅占整个电磁波谱的一小部分，主要在紫外、可见光、红外、微波波段。表 7-1 为电磁波分类名称和波长范围，图 7-3 为遥感中所使用的电磁波段范围。表 7-1 中虽然给各波长段赋予了不同的名称，但在两个光谱之间是没有明显的界限的。根据所利用的电磁波的光谱段，遥感可以分为可见光/反射红外遥感、热红外遥感、微波遥感 3 种类型。

表 7-1　　电磁波分类名称和波长范围

名称		波长范围	频率范围
紫外线		10nm～0. 4μm	750～3. 000THz
可见光线		0. 4～0. 7μm	430～750THz
红外线	近红外	0. 7～1. 3μm	230～430THz
	短波红外	1. 3～3μm	100～230THz
	中红外	3～8μm	38～100THz
	热红外	8～14μm	22～38THz
	远红外	14μm～1mm	0. 3～22THz

续表

名称			波长范围	频率范围
电波	亚毫米波		0.1~1m	0.3~3 THz
	微波	毫米波(EHF)	1~10m	30~300GHz
		厘米波(SHF)	1~10cm	3~30 GHz
		分米波(UHF)	0.1~1m	0.3~3 GHz
	超短波(VHF)		1~10m	30~300MHz
	短波(HF)		10~100m	3~30 MHz
	中波(MF)		0.1~1km	0.3~3 MHz
	长波(LF)		1~10km	30~300kHz
	超长波 (VLF)		10~100km	3~30kHz

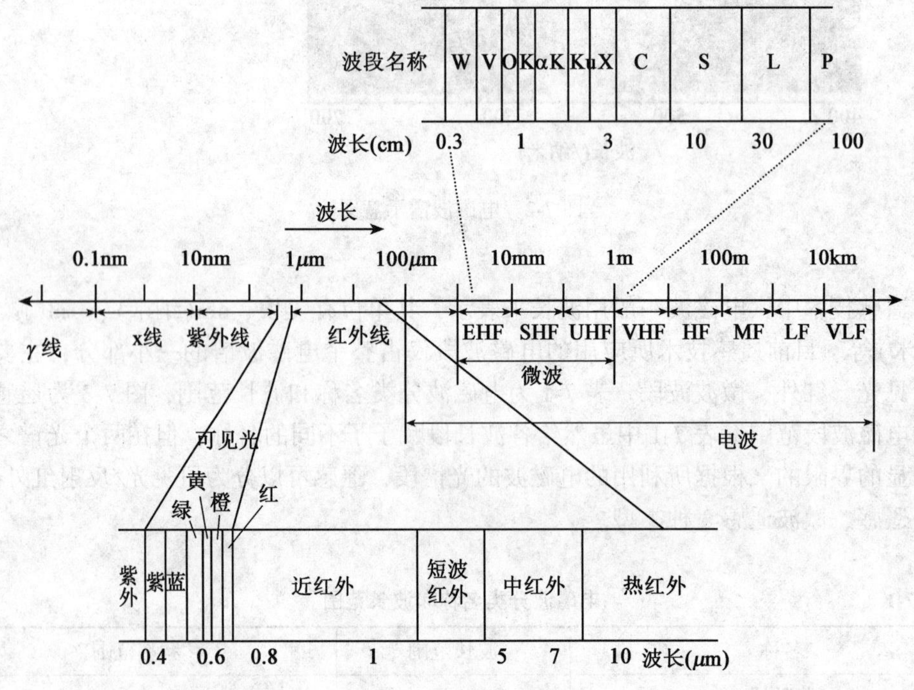

图 7-3　电磁波波段示意图

在可见光/反射红外遥感中，所观测的电磁波的辐射源(radiation source)是太阳。太阳辐射的电磁波的最高值在 0.5μm 左右。可见光/反射红外遥感的数据对地表目标物的反射率有很大的依赖性。也就是说，根据反射率的差异可以获得有关目标物的信息。这里，激光雷达是一个例外，激光雷达的辐射源是其装置本身。在热红外遥感中，所观测的电磁波的辐射源是目标物。在微波遥感中，所观测的电磁波的辐射源有目标物(被动)和雷达(主动)两种。在被动微波遥感中，是观测目标物的微小辐射，在主动微波遥感中，是观测目标对雷达发射的微波信号的散射强度即后向散射系数。

2. 太阳辐射及其影响因素

遥感信息的获取是通过收集、探测、记录地物的电磁波特征，即地物的发射辐射电磁波或反射辐射电磁波特征来完成的。空间信息采集子系统包括辐射源、大气路径、目标和传感器四个基本部分。

对于被动系统来说传感器接受到的电磁波辐射信息取决于下面几个因素：①目标的反射或(和)发射的波谱特性；②外辐射源(对于环境遥感来说，主要是太阳)的波谱特性；③介质(大气)的吸收、透射、反射、散射和发射辐射特性；④外辐射源与目标以及传感器之间的相对位置关系(例如太阳的高度角)；⑤传感器的特性。其中第一个因素是遥感的基础，它是用遥感技术识别目标的根据，而第二到第五个因素，却使遥感信息包含(带有)各种误差和畸变，主要是两方面的畸变：一是辐射畸变，二是几何畸变。在地球环境中，最强大的辐射源便是太阳。太阳是当前航天、航空可见光及近红外遥感仪器的主要辐射源。

3. 大气对太阳辐射的影响

太阳辐射的电磁波进入地面以及地面反射或发射的电磁波都要穿过大气层才能到达传感器，因此，电磁波必然会受到大气层的影响和干扰。主要包括：①大气对电磁波的反射：太阳辐射的电磁波穿过大气层时，有一部分被反射回宇宙空间；②大气对电磁波的吸收：由于电磁辐射与大气的相互作用，其中有部分辐射能被吸收，吸收的大小与气体成分和不同的电磁辐射波段有关；③大气对电磁波的散射：电磁辐射能与大气相互作用的另一个结果是辐射能被散射；④大气窗口。在太阳辐射的传输过程中，由于受到大气的衰减作用，在不同波段的透过率是不同的。典型的大气透射曲线如图 7-4 所示。所谓大气窗口是指可以透过大气层的那些电磁波段。随着遥感技术的发展，对大气窗口的研究越来越细，因为传感器的工作波段必须根据大气窗口来进行选择，否则仪器无法接收到地面物体传来的电磁波信息。

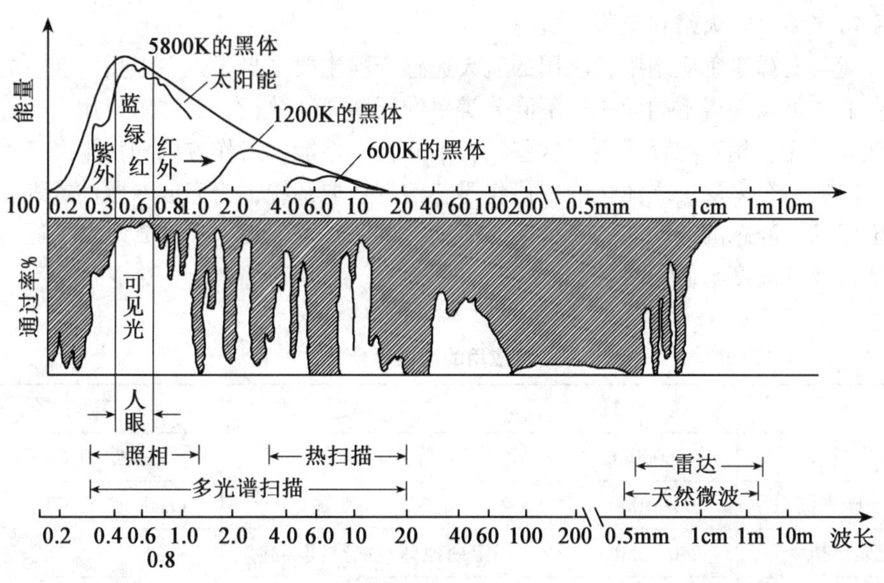

图 7-4　大气窗口

4. 地物的波谱特性

应用遥感技术对地面物体进行探测，是以各种物体对电磁波辐射的反射、吸收和发射为基础的。进行地物波谱辐射特性的研究，可以为多波段遥感最佳波段的选择和遥感图像的解译提供基本依据。

地物的电磁波波谱是地物遥感信息的基本表现形式。物体在同一时间、空间条件下，其辐射、反射、吸收和透射电磁波的特性是波长的函数。当将这种函数关系，即物体或现象的电磁波特性用曲线的形式表现出来时，就形成了地物电磁波波谱，简称地物波谱。不同的物体由于其组成成分、内部结构和表面状态以及时间、空间环境的不同，它们辐射、反射、吸收和透射电磁波的性能也不同，即具有不同的波谱曲线形态。不同的波谱曲线形态就决定了物体的不同的色调、光泽和一些物理性质。因此我们根据由波谱曲线所决定的影像特征来识别物体的性质，并将此作为遥感的理论依据。也是遥感理论的基础研究的一部分。

目前对地物波谱的测定主要分三部分，即反射波谱、发射波谱和微波谱貌。从遥感技术应用的角度和研究深度而言，可见光和近红外区的反射波谱特性应用最广，研究较深。

7.2.2 遥感平台及其运行特点

遥感平台(Remote Sensing Platform)是安装有遥感器的飞行器，是用于安置各种遥感仪器，使其从一定高度或距离对地面目标进行探测，并为其提供技术保障和工作条件的运载工具，即安装有遥感器并能进行遥感作业的载体。

根据遥感的目的、对象和技术特点(如观测的高度或距离、范围、周期，寿命和运行方式等)，遥感平台大体分为：①地面遥感平台，如固定的遥感塔、可移动的遥感车、舰船等；②航空遥感平台(空中平台)，如各种固定翼和旋翼式飞机、系留气球、自由气球、探空火箭等；③航天遥感平台(空间平台)，如各种不同高度的人造地球卫星、载人或不载人的宇宙飞船、航天站和航天飞机等。

在环境与资源遥感应用中，所用的航天遥感资料主要来自于人造卫星。在不同高度的遥感平台上，可以获得不同面积，不同分辨率的遥感图像数据，在遥感应用中，这三类平台可以互为补充、相互配合使用。这些具有不同技术性能、工作方式和技术经济效益的遥感平台，组成一个多层、立体化的现代化遥感信息获取系统，为完成专题的或综合的、区域的或全球的、静态的或动态的各种遥感活动提供了技术保证。表 7-2 列出了遥感中可能用到的平台及其高度与使用目的。

表 7-2　　可应用的遥感平台

遥感平台	高　度	目的·用途	其　他
静止卫星	36000km	定点地球观测	气象卫星(GMS 等)
圆轨道(地球观测卫星)	500~1000km	定期地球观测	Landsat、SPOT、MOS 等
航天飞机	240~350km	不定期地球观测空间实验	
无线探空仪	100m~100km	各种调查(气象等)	

续表

遥感平台	高　度	目的·用途	其　他
超高度喷气机	10000~12000m	侦察、大范围调查	
中低高度喷气机	500~8000m	各种调查航空摄影测量	
飞　艇	500~3000m	空中侦察、各种调查	
直升机	100~2000m	各种调查、摄影测量	
无线遥控飞机	500m 以下	各种调查、摄影测量	飞机、直升机
牵引飞机	50~500m	各种调查、摄影测量	牵引滑翔机
系留气球	800m 以下	各种调查	
索　道	10~40m	遗址调查	
吊　车	5~50m	近距离摄影测量	
地面测量车	0~30m	地面实况调查	车载升降台

卫星是航天遥感的主要平台，人造卫星的轨道由于形状不同可以有各种名称。如运行周期长等于地球的自转周期(即 1 个恒星日 =23 时 56 分 4 秒)的轨道称为地球同步轨道，其轨道高度为 35m，786m，103m，其中当轨道倾角 $i=0$ 时，如果从地球上看卫星，卫星在赤道上的一点好像静止不动，这种轨道称为静止轨道，静止轨道能够长期观测特定的地区，并能将大范围的区域同时收入视野，因此被广泛应用于气象卫星和通信卫星中。太阳同步轨道是指卫星轨道的公转方向及其周期与地球公转方向及其周期相等的转道。采用这种轨道，在圆轨道情况下卫星每天沿同一方向上通过，同一纬度地面点，地方时相同，因此，太阳光的入射角几乎是固定的，这对于利用太阳反射光的被动式遥感器来说就具有了观测条件固定的优点。卫星一天绕地球若干圈，并不回到原来的轨道，每天都有推动，N 天之后又回到原来轨迹的轨道，即称为回归日数为 N 天的“回归轨道”；准回归轨道是指在卫星绕地球 N 圈期间后，与原来的轨迹位置偏差小于成像带宽度。这些轨道的特点是能对地球表面特定地区进行重复观测，是遥感卫星常用的轨道。卫星轨道参数决定了卫星遥感的方式，该参数是描述卫星运行轨道的各种参数。对于地球卫星来说，独立的轨道参数有 6 个，它们是轨道半长轴 A(椭圆轨道的长轴)、偏心率 e(椭圆轨道的偏心率)、轨道倾角 i，升交点赤经 h(轨道上由南向北自春分点到升交点的弧长)、近地点幅角 h(轨道面内近地点与升交点之间的地心角)和过近地点时刻 t 以近地点为基准表示轨道面内卫星位置的量)。但习惯上常用轨道高度、轨道倾角和轨道周期来描述。

目前典型高分辨率遥感卫星系统有 Landsat、MOS、CBERS、EROS-A、EROS-B、SPOT5、IKONOS、印度 IRS-1c、印度 P5、Pleiades、QuickBird、资源一号 02C、资源三号、WorldView-2 等，以及 Radarsat2、ENVISAT、PALSAR、TerraSAR-X、COSMO-SkyMed 等雷达卫星。

目前，商业化的卫星数据较多，卫星数据的空间分辨率和光谱分辨率从米级到厘米级不断提高，可以满足各种遥感应用需要。表 7-3 介绍了部分新型光学传感器及主要性能参数。

表 7-3　　新型光学传感器及主要参数表

传感器名称	国别	发射时间	卫星数目	重访周期	光谱波段	星下点分辨率		幅宽
						全色	多光谱	
WorldView-2	美国	2009. 10. 8	1	地面采样间隔 1m 1.1 天；侧视 20°3. 7 天	全色；多光谱 8 个：海岸、蓝、绿、黄、红、红边、近红外 1、近红外 2	0. 46m	1. 84m	16. 4km
Pleiades	法国	2011-2013	2	1 天	全色；多光谱 4 个：蓝、绿、红、近红外	0. 5m	2m	20km
SPOT 5	法国	2002. 5. 3	1	2~3 天	全色；多光谱 3 个：绿、红、近红外；短波红外 1 个	2. 5m	10m	60km
SPOT 6&7	法国	2012—2014	2	1 天	全色；多光谱 4 个：蓝、绿、红、近红外	1. 5m	6m	60km
天绘一号	中国	2010—2012	2	58 天	全色；多光谱 4 个：蓝、绿、红、近红外	5m	10m	60km
资源一号 02C	中国	2011. 12. 22	1	3~5 天	全色；多光谱 HR 相机(分辨率 2. 36m)	5m	10m	54~60km
资源三号	中国	2012. 1. 9	1	5 天	全色；多光谱 4：蓝、绿、红、近红外	2. 1m、3. 5m	5. 8m	51~52. 3km

7. 2. 3　遥感传感器及其成像原理

遥感传感器是收集、探测、记录地物电磁波辐射信息的工具，传感器的性能决定遥感的能力，即传感器对电磁波段的响应能力、传感器的空间分辨率及图像的几何特征、传感器获取地物信息量的大小和可靠程度。传感器通常由收集器、探测器、信号处理和输出设备四部分组成，如图 7-5 所示。收集器由透射镜、反射镜或天线等构成；探测器是测量电磁波性质和强度的元器件；典型的信号处理器是负荷电阻和放大器；输出包括影像胶片、扫描图、磁带记录和波谱曲线等。根据不同工作的波段，适用的传感器是不一样的。

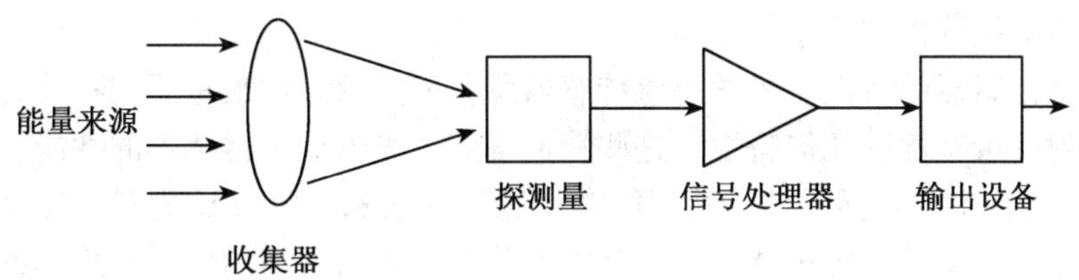

图 7-5　传感器结构框图

遥感传感器根据不同工作的波段，适用的传感器是不一样的。摄影机主要用于可见光波段范围。红外扫描器、多谱段扫描器除了可见光波段外，还可以记录近紫外、红外波段的信息，雷达则用于微波波段。

按遥感传感器本身是否带有电磁波发射源可以分为主动式(有源)遥感传感器和被动式(无源)遥感传感器两类。图 7-6 为按主动、被动方式区分的常见遥感传感器。主动式的遥感传感器向目标物发射电子微波，然后收集目标物反射回来的电磁波的遥感传感器。目前，在主动式遥感传感器中，主要使用激光和微波作为辐射源；被动式遥感传感器是一种收集日太阳光的反射及目标，自身辐射的电磁波的遥感传感器，这类传感器工作在紫外，可见光，红外，微波等波段，目前，这类传感器占太空遥感传感器的绝大多数。

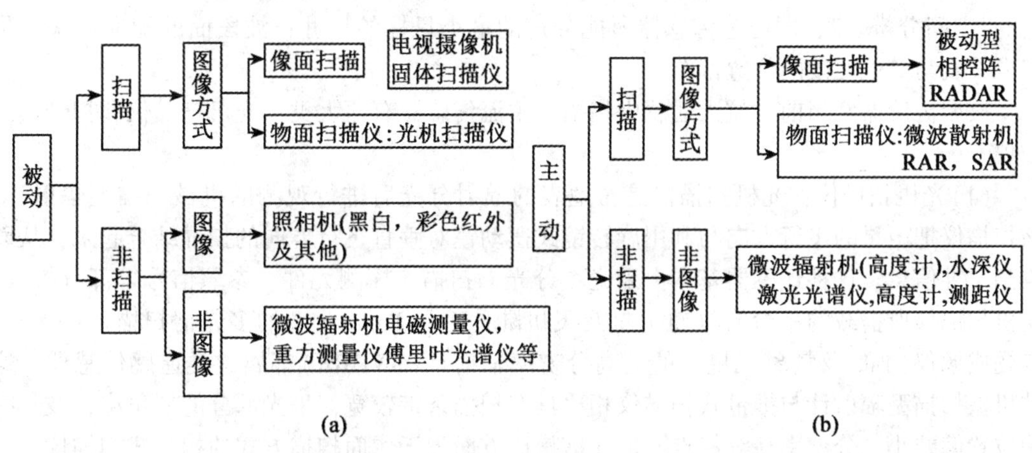

图 7-6　常见遥感传感器框图

按遥感传感器记录数据的不同形式，遥感传感器又可以分为成像遥感传感器和非成像遥感传感器，前者可以获得地表的二维图像；后者不产生二维图像。在成像传感器中又可以细分为摄影式成像遥感传感器(相机)和扫描式成像遥感传感器，相机是最古老和常用的遥感传感器，具有信息储存量大，空间分辨率高、几何保真度好和易于进行纠正处理。遥感传感器的扫描方式可以分为空间扫描方式和物空间扫描方式两种。前一种方式的代表是电视报像机，后一种方式的代表是光机扫描仪。推帚式扫描仪(固体扫描仪，也称为

CCD 摄影机)是两种方式的混合，即在行进的垂直方向上是图像平面扫描，在行进方向上是目标平面扫描。从可见光到红外区的光学领域的遥感传感器统称为光学遥感传感器，微波领域的传感器统称微波遥感传感器。

光学遥感传感器的特性。光学遥感传感器所获取的信息中最重要的特性有三个，即光谱特性，辐射度量特性和几何特性，这些特性确定了光学遥感传感器的性能。

(1)光谱特性主要包括遥感传感器能够观测到的电磁波的波长范围，各通道的中心波长等。在照相胶片型的遥感传感器中，其光谱特性主要由所用的胶片的感光特性和能用滤光片的透射特性率决定；而在扫描型的遥感传感器中，则主要由所用的探测元件及分光元件的特性来决定。

(2)光学遥感传感器的辐射度量特性主要包括遥感传感器的探测精度(包括所测亮度的绝对精度和相对精度)、动态范围(可测量的最大信号与遥感传感器的可检测的最小信号之比)，信噪比(有意义的信号功率与噪声功率之比)，等等，除此之外，还有把模拟信号转换为数字量时所产生的量化等级，量化噪声等。

(3)几何特性是用光学遥感传感器的获取的图像的一些几何学特征的物理量的描述的，主要指标有视场角，瞬时视场，波段间的配准等，视场角(Field of View，FOV)指遥感传感器能够感光的空间范围，也称为立体角，立体角与摄影机的视角扫描仪的扫描宽度意义相同；瞬时视场(Instantaneous Field of View，IFOV)是指探测系统在某一瞬时视场辐射列成像仪的总的辐射通量，而不管这个瞬时视场内有多少性质不同的目标。也就是说，遥感传感器不能分辨出小于瞬时视场的目标。因此，通常也把遥感传感器的瞬时视场称为它的“空间分辨率”，即遥感传感器所能分辨的最小目标的尺寸；波段面的配准用来衡量基准波段与其他波段的位置偏差。

典型传感器。当前，航天遥感中扫描式主流传感器有两大类：光机扫描仪和扫帚式扫描仪。

(1)光机扫描仪：光机扫描仪是对地表的辐射分光后进行观测的机械扫描型辐射计，该扫描仪把卫星的飞行方向与利用旋转镜式摆动镜对垂直飞行方向的扫描结合起来，从而收到二维信息。这种遥感器基本由采光、分光、扫描、探测元件，参照信号等部分构成。光机扫描仪所搭载的平台有极轨卫星及飞机陆地卫星 Landsat 上的多光谱扫描仪(MSS)，专题成像仪(TM)及气象卫星上的甚高分辨率辐射计(AVHRR)都属这类遥感传感器。这种机械扫描型辐射计与推帚式扫描仪相比具有扫描条带较宽，采光部分的视角小，波长间的位置偏差小，分辨率高等特点，但在信噪比方面劣于像面扫描方式的扫帚式扫描仪。

(2)扫帚式扫描仪：扫帚式扫描仪也称为刷式扫描仪，该扫描仪采用线列或面阵探测器作为敏感元件，线列探测器在光学焦面上垂直于飞行方向作横向排列，当飞行器向前飞行完成纵向扫描时，排列的探测器就好像刷子扫地一样扫出一条带状轨迹，从而得到目标物的二维信息，光机扫描仪是利用旋转镜扫描，一个像元一个像元地进行采光，而扫帚式扫描仪是通过光学系统一次获得一条线的图像，然后由多个固体光电转换元件进行电扫描。推帚式扫描仪代表了新一代遥感器的扫描方式，人造卫星上携带的推帚式扫描仪由于没有光机扫描那样的机械运动部分，所以结构上可靠性高，因此在各种先进的遥感传感器中均获得应用，但是由于使用了多个感光元件把光同时转换成电信号，所以当感光元件之间存在灵敏度差时，往往产生带状噪声，线性阵列遥感器多使用电荷耦合器件 CCD，它被用于 SPOT 卫星上的高分辨率遥感器 HRV，日本的 MOS-1 卫星上的可见光-红外辐射计 MESSR 等上。

7.3 遥感图像处理与解译

7.3.1 图像处理系统概述

图像处理系统是对图像信息进行处理的计算机应用系统。图像处理包括图像数字化、图像增强和复原、图像数字编码、图像分割、图像识别和图像理解等。图像处理技术是于 20 世纪 60 年代初开始发展起来的，现已进入实用阶段。图像处理主要应用在医学、遥感、工业检测和监视、军事侦察等领域。现代图像处理和图形处理都是以光栅扫描的像素为基础，同一系统可以实现两种处理，两者结合能进行立体成像，如医学上的三维 CT(计算机层析摄影)，军事模拟上的三维地理、地貌图。图像处理系统包括图像处理硬件和图像处理软件。遥感图像的图像处理是将传感器所获得的数字磁带，或经数字化的图像胶片数据，用计算机进行各种处理和运算，提取出各种有用的信息，从而通过图像数据去了解、分析物体和现象的过程。

1. 遥感图像处理的特点

遥感数字图像处理的主要目的是在计算机上实现生物，特别是人类所具有的视觉信息处理和加工功能，处理的实质是从遥感数字图像提取所需的信息资料。

(1)数据和运算量大。由于遥感图像数据是将图像上的每一个点都采用图像的行、列像元坐标以及该坐标上的亮度共同表示。如一张 3240×2340 的图像表示包含 7 581 600 个像元，排列成 3 240 列、2 340 行的矩阵。如果从中取出 512×512 个像元做一次三原色的假彩色合成，就要做 524 288 次加法。由此可见，如此庞大的数据量和运算量，就要求有大容量的存储设备，包括内存容量和外设磁盘。

(2)图像进出外部设备复杂。由于遥感资料除了数据磁带之外还有大批的可见影像，输入必须有数字化输入设备；影像经过处理获得所需的成果影像和图件，必须用自动化成图输出设备输出；图像处理的过程和中间结果也必须显示，以便及时地控制、修改处理程序或参数，以期获得满意的效果，这样必须有方便灵活的人机对话装置和影像显示系统。

(3)多终端多用户。图像处理一方面要求大容量、高速度，另一方面又需人机对话。因人的处理速度远比机器慢，这就出现矛盾。为了解决这一矛盾，可以采用取多终端、多用户的方法来防止浪费，提高计算机的使用率。

(4)软件系统庞大。由于遥感图像的复杂性和处理方法的多样性，因此遥感数字图像处理系统有一个庞大的软件系统，一般有程序数百个以上，用于图像的输入、输出、显示，图像的几何校正、辐射校正、增强处理、信息提取、图像分类和计算与统计等。

2. 遥感图像处理过程

遥感数字图像处理涉及数据的来源，数据的处理以及数据的输出，这就是处理的三个阶段：输入、处理和输出，处理过程流程如图 7-7 所示，其内容包括：

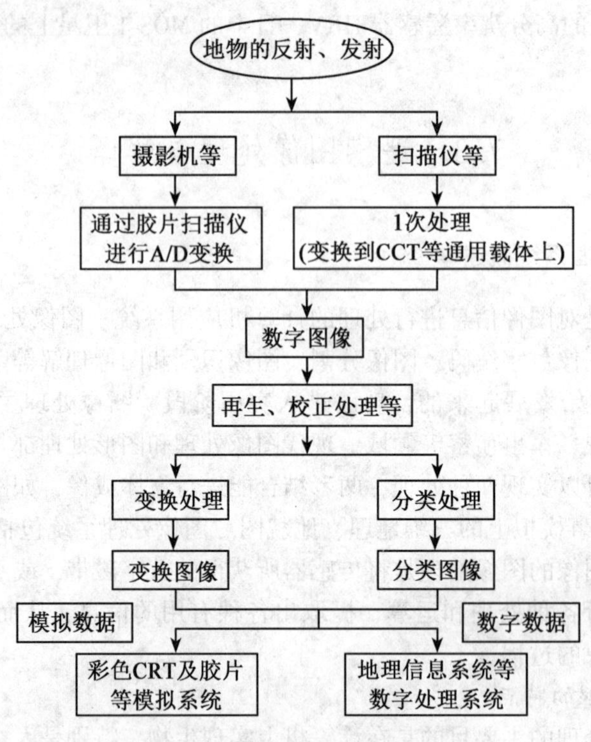

图 7-7　遥感数字图像处理过程框图

(1)数据的输入。采集的数据中包括模拟数据(航空照片等)和数字数据(卫星图像等)两种。

(2)校正处理。对进入处理系统的数据，首先，必须进行辐射矫正和几何纠正；其次，按照处理的目的进行变换、分类。

(3)变换处理。把某一空间数据投影到另一空间上，使观测数据所含的一部分信息得到增强。

(4)分类处理。以特征空间的分割为中心，确定图像数据与类别之间的对应关系的图像处理方法。

(5)结果输出。处理结果可以分为两种，一种是经 D/A 变换后作为模型数据输出到显示装置及胶片上；另一种是作为地理信息系统等其他处理系统的输入数据而以数字数据输出。

3. 遥感图像处理的硬件、软件介绍

(1)遥感数字图像处理硬件设备。

数字图像处理工作是在计算机和显示设备上完成的。由于遥感的数据源很多，有磁带数据、影像、专业图件、辅助资料等。所有这些资料数据，都需要经过输入设备从存储介质转移到计算机存储器上。处理后的数据也需经过各种输出设备记录到各种各样的介质上，如纸张、胶片等。因此，一个数字图像处理系统由三部分组成，如图 7-8 所示。

①输入设备。以不同方式存储的数据，需要不同的输入设备进行原始数据到计算机数据的转换和输入。存储在 CCT 磁带上的卫星图像数据，相应的输入设备是磁带机；如果是卫星影像、航空像片这一类记录在胶片(相纸)上的数据，需要经过扫描，用光-电转换方式将影像数字化，输入设备有扫描数字化仪、飞点扫描器等；对于专业图件一类以线划符号描述的信息，则采用数字化的方式，以矢量数据存储，输入设备为数字化仪。

②处理系统。一个完整的处理系统包括计算机部分和显示设备。对计算机系统的要求是：有一定的计算速度、一定容量的内存和大容量磁盘存储器。显示设备用于观察、监测处理的过程和结果图像，并能对图像进行一定的处理，显示设备中包括大容量的随机存储器阵列、彩色显示屏幕以及显示操作部件。

数字图像处理数据量非常大，但运算方式却比较规范，在现代的设备中，通常配置了专用的处理器来加快运算速度。

③输出设备。处理的结果总是要以各种形式提交给用户，输出设备完成记录结果的工作。磁带机既是输入设备又是输出设备，计算处理后的结果可以用磁带予以保留。打印机是最常用的一种输出设备，通过打印，将结果记录在纸质介质上，通常采用彩色喷墨打印的方式记录结果影像。

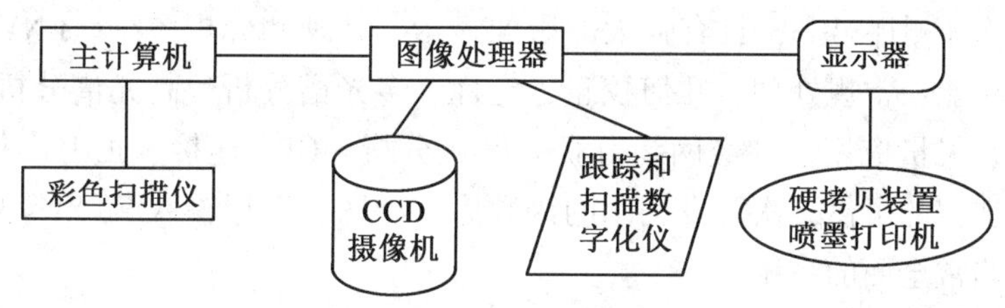

图 7-8　图像处理系统硬件设备框图

将处理结果记录在胶片上，也是一种输出方式。当然，专用的设备考虑了在摄像过程中可能出现的光学系统的误差和显示系统的畸变并予以校正，使得记录的结果更为可靠。这类设备有快速硬拷贝机(彩色记录仪)、扫描仪等。

图像处理系统在主计算机的控制下，通过输入设备将原始数据传送到计算机磁盘中储存起来。处理过程则通过硬磁盘、主机、显示器三者间的数据传输与交换来完成数据处理的工作。图像处理系统的显示器一般有它自己的中央控制单元，从而可以独立地进行一些处理工作而不受到主计算机控制。处理后的数据仍然是存储在硬磁盘上的，最后在经过各种输出设备记录在各种介质上，以供进一步识别与使用。

(2)遥感数字图像处理软件系统。

遥感数字图像处理软件系统包括系统软件和应用软件，应用软件又可以进一步分为图像处理软件和专题应用软件。

系统软件是现代计算机系统不可分割的组成部分。系统软件实现对计算机系统资源的集中管理(处理机管理、存储管理、输入输出设备管理以及文件管理等)，以提高系统的利用率；系统软件提供各种语言处理，为用户服务，是用户和计算机系统的一个界面。系统软件一般包括操作系统，各种语言编译、解释程序，服务程序以及数据库管理系统和网络通讯软件等。

图像分析处理软件是指各种专题处理时均要用到的一些基本的图像处理软件。如图像数据的格式转换、输入输出，图像的校正、变换、增强、配准、镶嵌、显示，各种算术和逻辑运算，各种度量的计算，直方图及各种统计计量的计算，特征参数的提取及监督分类和非监督分类等。专题应用软件是解决各种专业具体问题的软件。在当今遥感图像处理软件中，国际上最通用的有加拿大 PCI 公司开发的 PCI Geomatica、美国 ERDAS LLC 公司开发的 ERDAS Imagine 以及美国 Research System INC 公司开发的 ENVI；国产遥感图像处理软件主要有原地矿部三联公司开发的 RSIES、国家遥感应用技术研究中心开发的 IRSA、中国林业科学院与北大遥感所联合开发的 SAR INFORS、中国测绘科学研究院与四维公司联合开发的 CASM ImageInfo、北京东方泰坦科技股份有限公司研发的 Titan Image 遥感图像处理软件等。

ENVI(Environment for Visualizing Images)是一套功能齐全的遥感图像处理系统，是处理、分析并显示多光谱数据、高光谱数据和雷达数据的高级工具。获 2000 年美国权威机构 NIMA 遥感软件测评第一，具有强大的影像显示、处理和分析系统。ENVI 包含齐全的遥感影像处理功能：常规处理、几何校正、定标、多光谱分析、高光谱分析、雷达分析、地形地貌分析、矢量应用、神经网络分析、区域分析、GPS 连接、正射影像图生成、三维图像生成、丰富的可供二次开发调用的函数库、制图、数据输入/输出等功能组成了图像处理软件中非常全面的系统。

PCIGEOMATICA 是 PCI 公司将其旗下的 4 个主要产品系列，即是 PCI EASI/PACE、(PCI SPANS，PAMAPS)、ACE、ORTHOENGINE，集成到一个具有同一界面、同一使用规则、同一代码库、同一开发环境的一个新产品系列，该产品系列被称之为 PCI GEOMATICA。PCIGEOMATICA，该系列产品在每一级深度层次上，尽可能多地满足该层次用户对遥感影像处理、摄影测量、GIS 空间分析、专业制图功能的需要，而且使用户可以方便地在同一界面下完成他们的工作。PCI 的几何处理能力和雷达影像的处理效果很好。

ERDAS IMAGINE 是美国 ERDAS 公司开发的遥感图像处理系统。其软件处理技术覆盖了图像数据的输入/输出，图像增强、纠正、数据融合以及各种变换、信息提取、空间分析/建模以及专家分类、ArcInfo 矢量数据更新、数字摄影测量与 3 维信息提取，硬拷贝地图输出(在 3 维景观的绘图输出更是达到了所见即所得的清晰大数量的纸质图)、雷达数据处理、3 维立体显示分析。IMAGINE 软件可支持所有的 UNIX 系统，以及 PC 机的 Microsoft Windows2000Professional(需 Pack 2)，Windows XP Professional 操作系统。其应用领域包括：科研、环境监测、气象、石油矿产勘探、农业、医学、军事(数字地理战场，解译等)、电讯、制图、林业、自然资源管理、公用设施管理、工程、水利、海洋，测绘勘察和城市与区域规划等。

上述软件各有特点，但相比之下又都有功能上的缺陷。总体上，国外软件的功能相对强大一些，但界面不太适合国人的习惯，坐标系缺少国内通用的北京/西安坐标系，比较难学，且价格较昂贵；国产软件具有界面友好、价格便宜、容易掌握等特点，但相比之下功能有待于进一步完善。根据笔者近 10 年对遥感软件的使用，PCI 更适合于影像制图，ERDAS 的数据融合效果最好，ENVI 在针对像元处理的信息提取中功能最强大。国产软件中，RSIES 在区域地质调查的简单遥感解译中可以应用，IRSA 可以进行一些常规的图像处理工作，SAR INFORS 是专门针对成像雷达开发的软件，CASM ImageInfo 软件较实用。

7.3.2 遥感图像的处理方法

1. 遥感图像数据的特点

对遥感图像进行各种处理之前需要对遥感数据自身特点有所了解。由于遥感图像数据获取方式具有多平台、多传感器、多光谱、多角度、多时相、多极化、多尺度等特点，因此信息容量大，复杂度高。下面从遥感数据的分辨率、遥感数据格式、数据产品分级等方面介绍一下遥感数据。

(1)遥感数据的分辨率。

使用分辨率这个术语来描述遥感数据集反映地物性质的精细程度。由于数据集中包括空间变化、光谱变化、时间变化和辐射量变化 4 个方面，故分辨率也包含空间分辨率、光谱分辨率、时间分辨率和辐射分辨率 4 种。

①空间分辨率。遥感数据的空间分辨率是指数据集中的一个空间点所对应的地面单元的大小，空间分辨率反映了遥感数据描述地物形态特征的能力大小。空间分辨率取决于传感器的特性、介质(大气)的特性和成像比例尺。一般用地面单元边长大小(对数字产品)和线对/mm(对模拟产品)表示。

对于现代的光电传感器图像，空间分辨率通常用地面分辨率和影像分辨率来表示。地面分辨率是指地面可辨认的最小目标单元(像元)大小。地面分辨率的大小 R 是由传感器系统的分辨率 n 及传感器工作时的比例尺 s 决定的，即

$$R=\frac{n}{s} \tag{7-1}$$

其中，n 和 s 是定值，所以地面分辨率 R 也是不变的定值。但是形成影像的比例尺可以放大或缩小。将地面分辨率在不同比例尺的具体影像上的反映成为影像分辨率。影像分辨率随影像比例尺不同而变化。遥感影像的地面分辨率是指在影像数据中一个像素代表地面的大小，通常也是人眼能识别的最小地物大小。对于遥感影像而言，常说的分辨率即指地面分辨率。遥感卫星的飞行高度一般在 600~4000km 之间，影像分辨率一般在1m~1km 之间。影像分辨率可以这样理解，一个像元(像元相当于计算机显示屏幕上的一个像素)代表地面的面积是多少。当分辨率为 30m 时，一个像元代表地面 30m×30m 的面积；当分

辨率为 1m 时，图像上的一个像元相当于地面 1m×1m 的面积。遥感影像的地面分辨率可以在影像文件中反映，Geotiff、EOS-HDF 等用于地学应用的图像格式可以存储这项指标，也可以在文件外反映，如 tfw、jpw 等。

②光谱分辨率。光谱分辨率是指遥感数据所代表的辐射量所对应的波长间隔大小以及光谱连续性。光谱分辨率是传感器区分和记录电磁波谱的最小波谱间隔大小的能力，通常用波段带宽(以中心波长位置和宽度表示)、波段数目多少(通道数)来表示。根据光谱分辨率，遥感数据分为全色、多光谱和高光谱。

③时间分辨率。时间分辨率是指遥感器重复获取地面上同一区域影像的最小时间间隔。它由飞行器参数(轨道高度、轨道倾角、运行周期、轨道间隔、偏移系数)和遥感器特点(侧视能力)等决定。遥感数据的时间分辨率可分为短周期(时为单位)、中周期(天为单位)和长周期(年为单位)。时间分辨率的意义是反映地面现象随时间变化特征的精细程度

④辐射分辨率。辐射分辨率是遥感数据反映辐射量变化的度量，是对地物辐射量大小的区分能力或描述精度。辐射分辨率包括两个方面：一是传感器探测辐射的灵敏度；二是对辐射量的动态量化范围(在最大最小区间内的量化级数)，亦即记录辐射能的精度。

(2)遥感数据的格式。

遥感数据的格式是指数据在存储介质上的逻辑组织形式。如工业标准格式：如 EOSAT(Committee on Earth Observing System)；商用遥感软件的遥感图像格式：如 EARDAS 的 *.img；通用图像文件格式：GeoTiff，TIFF，JPEG 等。

例如 LANDSAT-5 卫星的产品格式有简单易读但辅助信息少的 EOSAT FAST B 格式；复杂难读辅助信息多的 CCRS LGSOWG 格式；易读但兼容性差的 GeoTiff 格式。

(3)遥感数据的分级。

遥感数据的级别是指其处理级别，即遥感数据供应商提供给用户的数据产品被预加工的层次。为了满足不同行业的不同客户对数据的不同要求，数据供应商对从卫星上接收下来的原始数据作一系列的预处理。其内容包括：补偿仪器原因引起的辐射和几何变化、生成使用和解释图像所需的辅助数据、将产品最终打包等。各种不同遥感卫星数据的预处理方式可能有所不同。下面以 COSMO-SkyMed 雷达卫星数据为例，说明遥感数据的产品分级：

①Level 0 产品。Level 0 产品包括回波相位资料，在解密和解压缩之后获得(如从 BAQ 编码数据转化到 8 比特均一的量化数据)并且在进行内定标和误差补偿之后；该产品应当包括所有的辅助资料(如传输单位，精确的有日期的卫星相关坐标，速度向量，几何学传感器模型，载荷状态，标定资料等)，用于产生其他基础或中间产品。

②Level 1A 产品。Level 1A 产品(又称为侧视单视复数据(SCS)或(SLC))，由经过内部辐射定标的 SAR 聚焦数据组成，采用零多普勒斜距方位向几何投影，为相关的辅助数据保留了自然的几何空间。

③Level 1B 产品。Level 1B 产品(又称为幅度地面多视图(MDG))，由经过内部辐射

定标、去散斑噪声、幅度探测的 SAR 聚焦数据组成，采用零多普勒地距方位向投影，并定义到相关椭球体或 DEM 上，利用辅助数据重采样到规则的地面间距。

④Level 1C 产品。Level 1C 类型产品(又称为地理编码椭球体纠正(GEC)产品)，由输入数据定义到一个相应的从预先设定系列中选取的椭球体上，并采用从预先设定的某一地图相关系统获取的规则栅格。

⑤Level 1D 产品。Level 1D 类别产品(又称为地理编码地形纠正(GTC)产品)，由输入数据定义到相应的高程表面采用从预先设定的某一地图系统中获取的规则栅格。

2. 遥感图像的表示

地物的光谱特性一般以图像的形式记录下来。地面反射或发射的电磁波信息经过地球大气到达遥感传感器，传感器根据地物对电磁波的反射强度以不同的亮度表示在遥感图像上。遥感传感器记录地物电磁波的形式有两种，一种以胶片或其他的光学成像载体的形式，另一种以数字形式记录下来，也就是所谓的光学图像和数字图像的方式记录地物的遥感信息。与光学图像处理相比，数字图像的处理简捷、快速，并且可以完成一些光学处理方法所无法完成的各种特殊处理，随着数字图像处理设备的成本越来越低，数字图像处理变得越来越普遍。本章主要讨论遥感数字图像处理的基础知识，为以后的遥感数字图像的各种处理打下基础。从空间域来说，图像的表示形式主要有光学图像和数字图像两种形式。图像还可以从频率域上进行表示。

一个光学图像，如像片或透明正片、负片等，可以看成是一个二维的连续的光密度(或透过率)函数。像片上的密度随坐标 x，y 变化而变化，如果取一个方向的图像，则密度随空间而变化，是一条连续的曲线。我们用函数 $f(x, y)$ 来表示，这个函数的特点，除了连续变化外其值是非负的和有限的。数字图像是一个二维的离散的光密度(或亮度)函数。相对光学图像，它在空间坐标 (x, y) 和密度上都已离散化，空间坐标 x，y 仅取离散值

$$\begin{cases} x = x_0 + m\Delta x \\ y = y_0 + m\Delta y \end{cases} \tag{7-2}$$

式中 $m=0, 1, 2, \cdots, m-1$；Δx，Δy 为离散化的坐标间隔。同时 $f(x, y)$ 也仅取离散值如取 0，1，2，…，255 等。数字图像可以用一个二维矩阵表示，即

$$f(x, y) = \begin{pmatrix} f(1, 1) & f(1, 2) & f(1, 3) & \cdots & f(1, n) \\ f(2, 1) & f(2, 2) & f(2, 3) & \cdots & f(2, n) \\ \vdots & \vdots & \vdots & \cdots & \vdots \\ \vdots & \vdots & \vdots & \cdots & \vdots \\ f(m, 1) & f(m, 2) & f(m, 3) & \cdots & f(m, n) \end{pmatrix} \tag{7-3}$$

矩阵中每个元素称为像元。图 7-9 直观地表示了一幅数字图像，实际上是由每个像元的密度值排列而成的一个数字矩阵。

	0	1	2	3	4	5	6	…	…	…	…	…	$n-1$	$\rightarrow x$
0	16	14	10	8	2	3	1	…	30	22	24	18	15	
1	16	16	6	12	8	6	4	…	32	32	40	45	45	
2	16	16	14	14	11	15	17	…	24	24	32	34	38	
3	16	16	16	16	14	14	8	…	16	22	24	28	36	
4	15	9	4	16	15	17	17	…	14	12	10	12	22	
5	13	7	12	15	16	19	18	…	16	14	12	14	18	
6	12	10	11	14	13	8	7	…	16	10	8	14	26	
⋮	⋮	⋮	⋮	⋮	⋮	⋮	⋮		⋮	⋮	⋮	⋮	⋮	
⋮	36	30	28	28	30	30	30		16	16	26	24	8	
↓ ⋮	34	36	32	24	22	22	22		28	24	24	20	6	
y $m-1$	36	32	20	20	26	28	26		26	22	24	20	22	

图 7-9　数字图像

光学图像与数字图像之间是可以转换的。光学图像变换成数字图像也就是把一个连续的光密度函数变成一个离散的光密度函数。图像函数 $f(x, y)$ 不仅在空间坐标上并且在幅度(光密度)上都要离散化，其离散后的每个像元的值用数字表示，整个过程称为图像数字化。图像空间坐标 $f(x, y)$ 的数字化称为图像采样，幅度(光密度)数字化则称为灰度级量化。图像数字化一般可以用测微密度计进行，为了得到数字形式的数字化数据，并与计算机接口，要配以模/数变换器，还应有驱动马达、接口装置等组合成一个数字化器。

数字图像转换为光学图像一般有两种方式，一种是通过显示终端设备显示出来，这些设备包括显示器、电子束或激光束成像记录仪等，这些设备输出光学图像的基本原理是通过数模转换设备将数字信号以模拟方式表现，如显示器就是将数字信号以蓝、绿、红三色的不同强度通过电子束打在荧光屏上表现出来，一个数字图像的像元如(70，60，80)以红色电子束强度为相对 70 打在荧光屏上，同理，绿色、蓝色的电子束也打在同一个位置，三个颜色的综合就显示出该像元应有的颜色。电子束或激光束成像记录仪工作原理与显示器基本相似。另一种是通过照相或打印的方式输出，如早期的遥感图像处理设备中包含的屏幕照像设备和目前的彩色喷墨打印机。

前面讨论的光学图像或数字图像是一种空间域的表示形式，它是空间坐标 x，y 的函数。图像还可以以另一种坐标空间来表示，即频率域的形式来表示。图像的频谱表示这时图像是频率坐标 μ，v 的函数，用 $F(\mu, v)$ 表示，通常将图像从空间域变入频率域是采用傅立叶变换，反之，则采用傅里叶逆变换。如图 7-10 所示，为简单狭缝图像的空间域图像和频率域频谱图像。

3. 遥感图像的统计特征

(1)遥感图像的基本统计量。

遥感图像作为一个整体，有其总体的信息特征；遥感图像的亮度值大小受多种因素影

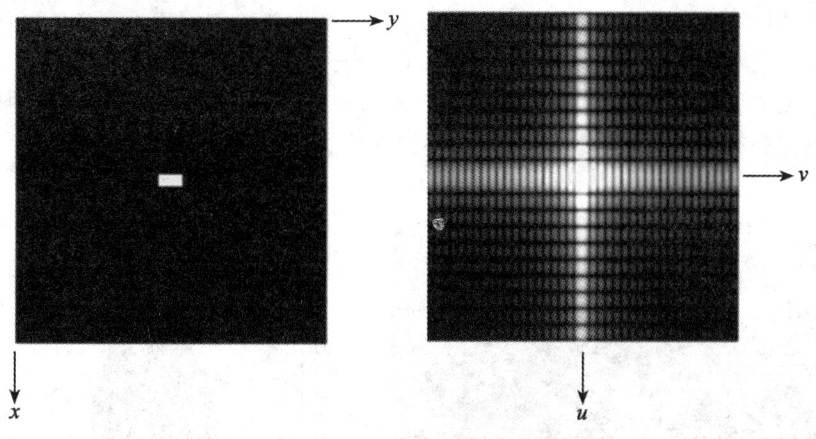

图 7-10　简单狭缝图像的空间域图像和频率域频谱图像

响，这些因素的变化又有很大的随机性，因而遥感图像的灰度值在很大程度上是一种随机变量。可以用密度函数来表示(或用分布函数来表示)，或者用统计特征参数来表示，如反映像素值平均信息的统计参数均值、中值、众数；反映像素值变化信息的统计参数数值域、方差、标准差、反差等。

均值是图像中所有像元亮度值的算术平均值；均值反映的是地物的平均反射张度，表示了地物的平均反射率，其大小由一级波谱信息决定。中值是图像灰度的中间值；由于遥感图像的灰度级绝大多数情况下是连续变化，大致反映了图像的总体亮度水平，其物理意义有时与均值相同。众数是图像中出现最多的灰度值。众数是一幅图像中最大地物类型反射能量的反映，当图像景区某一地物占绝对优势时，灰度直方图往往是单峰，只有一个众数，地物的平均反射能量主要取决于该类地物的反射强度。图像直方图为多峰时，表面主要地物类型不止一个而是多个。数值域是灰度值的动态变化范围。数值域是遥感图像灰度值变化程度的反映，可以间接地反映遥感图像的信息量。方差和标准差描述了像元值与图像平均值的离散程度，是图像信息量大小的重要标志之一。反差描述的是图像的显示效果，直接影响图像的可分辨性。

(2)图像的直方图。

①图像直方图的基本概念。图像直方图是图像中的每个波段亮度值的分布曲线。图像直方图的横坐标表示图像的灰度级变化，直方图的纵坐标表示图像中某个灰度级像元数占整个图像像元数目的百分比或累积百分比。直方图是图像灰度分布的直观描述，图像直方图能够反映图像的信息量及分布特征，因而在遥感图像的数字处理中，可以通过修改图像直方图来增强图像中的目标信息。如图 7-11 为一幅遥感图像和它的直方图。

②图像直方图的基本类型。在遥感图像的数字处理中，按照图像直方图纵坐标值的物理意义，可以分为两种基本类型即频数直方图和累积直方图。频数直方图的纵坐标值是某个灰度级的像元在图像中出现的百分数，频数直方图相当于概率密度曲线；累积直方图的纵坐标是小于或等于特定灰度级像元在图像中的百分数，累积直方图相当于累积概率密度

曲线。

③图像数据集的理想分布。大量的实践表明：在地物类型差异不很大的情况下，图像数据像自然界的其他现象一样，服从或接近于正态分布。

④直方图的偏斜与量度。在实际的遥感图像中，遥感图像数据并不完全服从正态分布，遥感图像分布曲线与正态分布曲线的差异就称为直方图的偏斜。

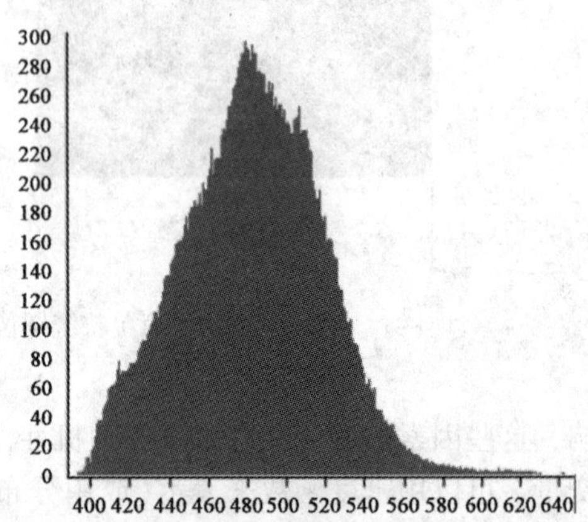

图 7-11　遥感图像及其直方图

(3)多波段图像信息特征的概貌分析。

对于多个波段的图像，每个像素在每个波段有一个灰度值，比如 LasndsatTM 有 7 个波段，则其每个像素有 7 个值。多波段图像除了单个波段图像的统计特征以外，波段图像之间也存在关联，波段图像波段之间的统计特征是波段图像分析的重要参数，又是图像合成方案的主要依据之一。如协方差与协方差阵、相关系数与相关矩阵等。描述波段图像统计特征的第一个参量是协方差与协方差阵。相关系数是描述波段图像的相关程度的统计量，相关系数表示了两个波段图像所包含信息内容的重叠程度，是多波段图像彩色合成的重要依据。

4. 遥感图像的校正

遥感技术是通过对反映地物电磁波辐射水平的灰度信息的处理分析与解译来进行地物识别和专题研究的。由于遥感成像过程中各种因素(例如，卫星速度变化、大气与地物反射与发射电磁波的相互作用、随机噪声等)的影响，实际的图像灰度值并不完全是地物辐射电磁波能量大小的反映，其中还包含着上述因素作用的结果，因此在进行遥感图像处理前，还需要进行校正处理(图像恢复处理)以消除上述因素的影响。上述因素对遥感图像的影响可归结为两大类：即遥感图像的辐射失真和遥感图像的几何畸变。输入到计算机的遥感数字图像必须经过几何畸变处理(包括几何粗校正与几何精校正)、图像的辐射校正、噪声压制处理等预处理后，才能根据实际问题的需要进行其他的专门处理(例如图像的增强处理和图像的分类处理)。

(1)遥感图像的辐射校正。利用遥感观测目标物辐射或反射的电磁能量时，从遥感得到的测量值与目标物的光谱反射率或光谱辐射亮度等物理量是不一致的，这是因为测量值中包含太阳位置、传感器性能及空间状态、薄雾及霭等大气条件所引起的失真。为了正确评价目标物的反射特征及辐射特性，必须消除这些失真。消除图像数据中依附在辐射亮度中的各种失真的过程叫辐射校正，包括由传感器的灵敏度特性所引起的畸变校正，由太阳高度和地形等所引起的畸变校正，以及大气质量引起的畸变校正。

①传感器的灵敏度特性引起的畸变校正。由光学系统的特性引起的畸变校正：在使用透镜的光学系统中，承影面中存在着边缘部分比中心部分暗的现象(边缘减光)。若光轴到承影面边缘的视场角为 θ，则理想的光学系统中某点的光量与 $\cos\theta$ 几乎成正比，利用这一性质可进行校正。

由光电变换系统的特性引起的畸变校正：由于光电变换系统的灵敏度特性通常有较高的重复性，故可定期地在地面测定其特性，根据测量值进行校正。

②太阳高度及地形等引起的畸变校正。视场角和太阳角的关系所引起的亮度变化的校正：太阳光在地表反射、散射时，其边缘比周围更亮的现象叫太阳光点(sun spot)，太阳高度高时容易产生。太阳光点与边缘减光等都可以用推算阴影(shading)曲面的方法阴性纠正。阴影面是指在图像的阴暗变化范围内，由太阳光点及边缘减光引起的畸变成分。一般用傅里叶分析等提出图像中平稳变化的成分作为阴影曲面。

地形倾斜的影响校正：当地形倾斜时，经过地表扩散、反射才入射到传感器的太阳光的辐射亮度就会因倾斜度而变，故必须校正其影响。可采用地表的法线矢量和太阳光入射矢量的夹角进行校正，或对消除了光路辐射成分的图像数据采用波段间的比值进行校正。

③大气校正。大气会引起太阳光的吸收、散射，也会引起来自目标物的反射及散射光的吸收、散射，入射到传感器的除目标物的反射光外，还有大气引起的散射光(光路辐射)，消除并校正这些影响的处理过程叫大气校正。

大气校正方法大致可分为：利用辐射传递方程式的方法，利用地面实况数据的回归分析方法和最小值去除法。

(2)遥感图像的几何校正。遥感成像时，由于飞行器姿态(侧滚、俯仰、偏航)、高度、速度，地球自转等因素而造成图像相对于地面目标而发生几何畸变，畸变表现为像元相对于地面目标实际位置发生挤压、扭曲、伸展和偏移等，针对几何畸变进行的误差校正称几何校正。这种畸变是随机产生的，多采用地面控制点的方法进行纠正。

图像几何纠正一般包括两个方面：一是图像像元空间位置的变换，另一个是像元灰度值的内插。故遥感图像几何纠正分为两步，第一步作空间变换，第二步作像元灰度值内插。

对一幅遥感图像进行几何纠正，首先应该在图像上和对应的地形图寻找一些典型的地物目标(或地面 GPS 实测的点)作为控制点，这些控制点分布应均匀合理，然后查找和计算这些控制点的图像坐标和大地坐标，并按某种数学变换关系进行控制点几何纠正。几何校正常用的变换的关系是高次多项式，通过地面控制点数据对原始图像的几何畸变过程进行数学模拟，建立原始畸变图像空间坐标(x, y)与大地标准空间(X, Y)的数学对应关系，从而用这种数学关系将畸变图像空间的像元转换为大地标准空间中的像元。

需要注意的是：几何校正中控制点的数目对校正精度有很大的影响，所用地面控制点越多，校正精度越高，测绘与计算工作量就越大；反之，所用地面控制点越少，校正精度越低，测绘与计算工作量也越小。同时，变换关系多项式的阶数取得越高，所用地面控制点越多，校正精度越高。所以，在进行几何校正时要选择和控制控制点的数目，不能太多，也不能太少。根据经验，一幅遥感图像一般选择 16~20 个控制点就行了。校正后标准图像空间中像元的灰度数值也要重新取样，即用原始图像空间的数据进行拟合，常用方法有最近邻法，双线性内插法和三次卷积法。经过空间的变换和重取样，就完成了几何纠正。

5. 遥感图像的增强与变换

(1)遥感图像的增强与变换简介。图像增强的方法是通过一定手段对原图像附加一些信息或变换数据，有选择地突出图像中感兴趣的特征或者抑制(掩盖)图像中某些不需要的特征，使图像与视觉响应特性相匹配。图像增强处理是遥感图像数字处理的最基本方法之一，通过增强处理可以突出图像中的有用信息，使图像中感兴趣的特征得以强调，使图像变得清晰，图像增强处理的主要目的是为了提高图像的可解译性。图像增强处理按照增强的信息内容可分为波谱特征增强、空间特征增强以及时间信息增强三大类。波谱信息增强主要突出灰度信息；空间特征增强主要是对图像中的线、边缘、纹理结构特征进行增强处理；而时间信息增强主要是针对多时相图像而言的，其目的是提取多时相图像中波谱与空间特征随时间变化的信息。图像增强处理方法就是按照这三种信息的提取而设计的，一些方法只用于特定信息的增强，而抑制或损失了其他信息，例如，定向滤波是用来增强图像中的线与边缘特征，在增强专题信息的同时，是以牺牲图像中的波谱信息为代价的；一些方法可以用于几种信息的同时增强，例如对比度扩展，对比度扩展能够突出特定的灰度变化信息，同时由于图像对比度的加大，图像中的线与边缘特征也得到了加强。

图像增强处理可以在空间域进行，也可以在频率域进行。从这个意义上来说，图像的增强处理又可以分为空间域增强和频率域增强两大类。一般说来，频率域方法与空间域方法在实质上没有太大差别，只是频率域的算法一般无边缘像元点损失，而以窗口方法为主的空间域方法，常常会造成图像边缘像元点的损失。

从图像处理的数学形式看，遥感图像的增强处理技术可以划分为点处理与邻域处理两大类。点处理是一种较简单的图像处理形式，点处理把原图像中的每一个像元值，按照特定的数学变换模式转换成输出图像中一个新的灰度值，例如多波段图像处理中的线性扩展、比值、直方图变换，等等；邻域处理中，输出图像的灰度值不仅仅只与原图像中所对应像元点的灰度值有关，邻域处理是针对一个像元点周围的一个小邻域的所有像元而进行，输出值的大小除与像元点在原图像中的灰度值大小有关外，还决定于它邻近像元点的灰度值大小，例如，卷积运算、中值滤波、滑动平均等都是邻域处理的例子。如果邻域不断扩大直至整个图像就成了整图处理，图像特征增强是一个相对的概念，特定的图像增强处理方法往往只强调对某些方面信息的突出，而另一部分信息(主要是对解译无益的信息，有时也含有其他的有用信息)受到压抑。同时一种图像增强方法的效果好坏，除与算法本身的优劣有一定的关系外，还与图像的数据特征有直接关系。这就是说，很难找到一种算法在任何情况下都是最好的。实际工作中应当根据图像数据特点和工作要求来选择合理的图像增强处理方法。图像增强处理方法很多，但从信息提取的角度看，有些方法彼此之间的差异很小。图 7-12 为遥感图像处理中常用的图像增强方法。

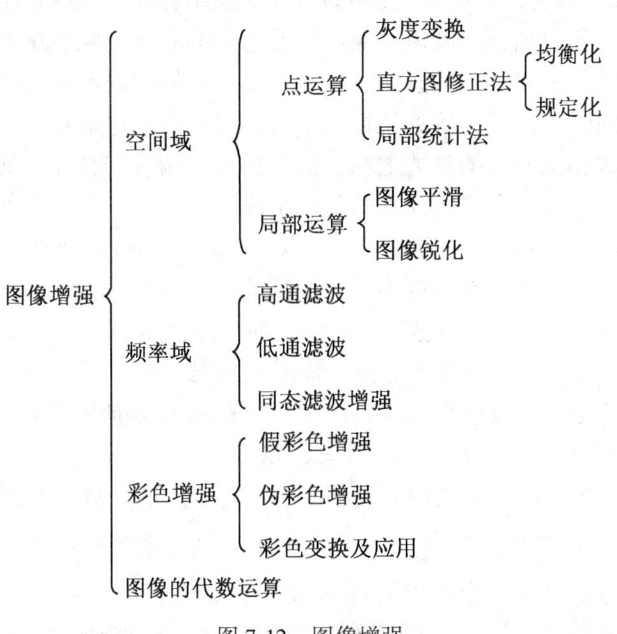

图 7-12　图像增强

(2)遥感图像增强和变换方法介绍。变换是为达到图像处理某种目的而使用的数学方法，由于这种变换方法是针对图像函数而言，所以称之为图像变换。图像变换的目的是简化图像处理、便于图像特征提取、增强对图像信息的理解以及图像压缩等。处理过程包括正变换和逆变换。正变换是将图像变换成新的图像，然后进行处理。逆变换是将处理后的图像还原为原始形式的图像，以便和原始图像进行对比。遥感图像处理和分析中经常用到的一些变换方法包括傅里叶变换、主成分变换(Karhunen-Loeve)、缨帽变换(Kauth-Thomas)、代数运算、彩色变换等。

①傅里叶变换。傅里叶变换是指非周期函数的正弦和或余弦和乘以加权函数的积分表示。傅里叶变换可分为连续傅里叶变换和离散傅里叶变换。数字图像处理中使用的是(二维)离散傅里叶变换，即将图像分离成不同空间频率组分的过程。一般情况下，空间上的高频率波决定图像的细节，空间上的低频率波决定图像的背景和动态范围。一个图像的尺寸为 $M\times N$ 的函数 $f(x, y)$ 的离散傅里叶变换如下

$$F(u, v)=\frac{1}{MN}\sum_{x=0}^{M-1}\sum_{y=0}^{N-1}f(x, y)\mathrm{e}^{-j2\pi\left(\frac{ux}{M}+\frac{vy}{N}\right)} \tag{7-4}$$

其中 $u=0, 1, 2, \cdots, M-1$，$v=0, 1, 2, \cdots, N-1$。已知 $F(u, v)$，则反离散傅里叶变换(Inverse Discrete Fourier Transform, IDFT)为

$$f(x, y)=\sum_{u=0}^{M-1}\sum_{v=0}^{N-1}F(u, v)\mathrm{e}^{j2\pi\left(\frac{ux}{M}+\frac{vy}{N}\right)} \tag{7-5}$$

其中 $x=0, 1, 2, \cdots, M-1$，$y=0, 1, 2, \cdots, N-1$。

图像处理过程中常需要对图像进行傅里叶变换，因为在傅里叶变换前的空间中复杂的卷积运算在傅里叶变换后的频域中变为简单的运算，使算法非常简洁，有利于处理速度的

提高。此外傅里叶变换还可以与其他变换如对数变换结合起来完成在空域中很难实现的图像增强处理。例如，我们知道亮度值是照度和反射率的乘积，频域中照度和背景相关联对应于低频成分，而反射率和目标信息相关联并对应于频域中的高频成分。直接对图像进行处理使背景减弱又同时增强目标信息是很困难的，但可以通过取对数的方法，则亮度值的对数等于照度的对数和反射率的对数之和，前者成为后两者的叠加。通过对它们进行傅里叶变换和高通滤波，就可以实现所要求的目标增强。

②K—L(Karhuncn—LoeYe)变换。K—L(Karhuncn—LoeYe)变换又称为主成分变换，是基于变量之间的相关关系，在尽量不丢失信息的前提下的一种变换方法，在遥感软件中常被称为K—L变换。该变换是遥感数字图像处理中最常用的一种也是最有用的一种变换算法。实质上K—L变换是一种线性变换，该变换的数学意义是对某一组多光谱图像 $\boldsymbol{X}$，利用K—L变换矩阵 $\boldsymbol{A}$ 进行线性组合，而产生一组新的多光谱图像 $\boldsymbol{Y}$，表达式为

$$\boldsymbol{Y}=\boldsymbol{A}\cdot\boldsymbol{X} \tag{7-6}$$

式中：$\boldsymbol{X}$ 为变换前的多光谱空间的像元矢量；$\boldsymbol{Y}$ 为变换后的主分量空间的像元矢量；$\boldsymbol{A}$ 为变换矩阵，是 $\boldsymbol{X}$ 空间协方差矩阵 $\sum x$ ‰的特征向量的转置矩阵。

对图像中每一像元矢量逐个乘以矩阵 $\boldsymbol{A}$ 使得到新图像中的每一个像元矢量。$\boldsymbol{A}$ 的作用是给多波段的像元亮度加权系数，实现线性变换。K—L变换的特点是：1)变换前各波段之间有很强的相关性，经过K—L变换组合，输出图像 $\boldsymbol{Y}$ 的各分量 y_i 之间将具有最小的相关性；2)变换后的新波段各主分量所包括的信息量呈逐渐减少趋势，第一主分量集中了最大的信息量，第二主分量、第三主分量的信息量依次很快递减，到了第 n 分量，最后的分量信息几乎为零，包含的全是噪声。因此，在遥感数据处理时常常运用K—L变换作数据分析前的预处理，以实现数据压缩和图像增强等。

③缨帽变换。缨帽变换又称K—T(Kauth-Thomas)变换，是一种经验性的多波段图像的线性变换。它是Kauth和Thomas(1976)通过分析MS5图像反映农作物或植被生长过程的数据结构后，提出的一种正交线性变换。这种变换也是一种线性组合变换，其变换公式为

$$\boldsymbol{Y}=\boldsymbol{B}\cdot\boldsymbol{X} \tag{7-7}$$

式中：$\boldsymbol{X}$ 为变换前多光谱空间的像元矢量；$\boldsymbol{Y}$ 为变换后的新坐标空间的像元矢量；$\boldsymbol{B}$ 为变换矩阵。该变换也是一种坐标空间发生旋转的线性变换，但旋转后的坐标轴不是指向主成分方向，而是指向与地面景物有密切关系的方向。K—T变换的应用主要针对TM数据的MSS数据，该变换抓住地面景物，特别是植被和土壤在多光谱空间中的特征，常常用于研究植物生长状态。

在遥感图像处理中，除傅立叶变换、K—L变换、K—T变换等常用的变换处理外，还有一些矩阵变换在遥感图像处理中也有很大的用途，例如，波段间的一维傅立叶变换、哈达玛变换、斜变换以及离散余弦变换等。

④彩色增强。根据色度学理论，将多幅单波段灰度图像叠加显示，形成色彩图像；或者是把单波段灰度图像通过密度分割，分别赋予不同的色彩，这种图像处理方法称为色彩增强。下面简单介绍一下彩色合成变换和IHS变换。

彩色合成变换。根据加色法彩色合成原理，选择三个波段的图像，分别赋予红(R)、绿

(G)、蓝(B)三种原色，就可以合成彩色影像，常用红绿蓝(RGB)颜色系统表达。由于原色的选择与原来遥感波段所代表的真实颜色不同，生成的合成色往往不是地物真实的颜色，因此这种合成也叫做假彩色合成。多波段影像合成时，方案的选择十分重要，方案的选择决定了彩色影像能否显示较丰富的地物信息或突出某一方面的信息。以陆地卫星 Landsat 的 TM 影像为例，TM 的 7 个波段中，第 2 波段是绿色波段，第 3 波段是红色波段，第 4 波段是近红外波段；当 4，3，2 波段分别赋予红，绿，蓝色时，即绿波段赋蓝，红波段赋绿，红外波段赋红时，这一合成方案被称为标准假彩色合成，是一种最常用的合成方案。实际应用时，应根据不同的应用目的，经实验、分析，寻找最佳合成方案，以达到最好的目视效果。以合成后的信息量最大和波段之间的信息相关最小作为选取合成的最佳目标。

IHS 变换。IHS 是代表明度、色调和饱和度(illumination、hue、saturation)的颜色系统。该颜色系统可以用近似的颜色立体来定量化。IHS 变换就是 RGB 颜色系统与 HIS 颜色系统之间的变换。把 RGB 模式转换成 IHS 模式，这两种模式的转换对于定量地表示色彩特性具有重要意义。从遥感角度讲，由多光谱图像的 3 个波段构成的 RGB 分量经 IHS 变换后，可以将图像的空间特征与光谱特征进行分离，变换后的明度分量 I 与地物表面粗糙相对应，代表地物的空间几何特征，色调分量 H 代表地物的主要频谱特征，饱和度分量 S 表示色彩的纯度。

6. 遥感数据的融合

随着空间技术的发展，利用多种不同的传感器获取可见光、红外、微波及其他电磁波的遥感影像数据与日俱增。这些数据在空间、时间、光谱等方面对于同一区域构成多源数据。单一传感器的影像数据通常不能提取足够的信息来完成某些应用。而对多传感器的数据进行融合，可以充分发挥各种传感器影像自身的特点，从而得到更多的信息。因此，有必要掌握多源遥感数据融合的相关知识。

所谓融合是指在多种信息集成过程中的任一步骤，由不同信息源的信息复合成一种表达形式。遥感影像数据融合是常见的数据融合形式之一，它是一种通过高级图像处理技术来复合多源遥感影像的技术，其目的是将单一传感器的多波段信息或不同类传感器所提供的信息加以综合，消除多传感器信息之间可能存在的冗余和矛盾，加以互补。降低其不确定性，减少模糊度，以增强影像中信息透明度，改善解译的精度、可靠性以及使用率，以形成对目标的完整一致的信息描述，并在以下几方面显示明显的优越性：①锐化影像；②改善几何纠正精度；③提高立体观测能力；④增加原单一数据源中不清晰的那些特征；⑤互补的数据集用于改善分类质量；⑥利用多时域数据进行变化检测；⑦实现某一影像中丢失的信息用另一传感器影像数据来替换(如可见光波段中的云层覆盖处，SAR 数据的阴影)；⑧克服目标提取与识别中数据不完整性等。目前，遥感影像数据融合可分为三个层次，即像元级、特征级和符号级。像元级融合的作用是增加图像中有用信息成分，以便改善如分割和特征提取等处理的效果；特征级融合使得能够以高的置信度来提取有用的影像特征；符号级融合允许来自多个源的信息在最高抽象层次上被有效地利用，在不同的融合层次上有不同的方法。目前，多源遥感数据融合方法主要是在像元级和特征级上进行的。常用的融合方法有 IHS 融合法、KL 变换融合法、高通滤波融合法、小波变换融合法、金字塔变换融合法、样条变换融合法等。

7. 遥感图像的分类

遥感技术是通过对遥感传感器接收到的电磁波辐射信息特征的分析来识别地物的，这可以通过人工目视解译来实现，或用计算机进行自动分类处理，也可以用人工目视解译与计算机自动分类处理相结合来实现。因此用计算机对遥感图像进行地物类型识别是遥感图像数字处理的一个重要内容。

(1)图像分类的概念与流程。图像分类就是把图像中的每个像元或区域划归为若干个类别中的一种，图像分类的过程就是模式识别过程。遥感图像分类的任务是通过对各类地物的光谱特征分析来选择特征参数，将特征空间划分为互不重叠的子空间，然后将影像内各个像元划分到各个子空间中去，从而实现分类。所谓的特征参数就是能够反映地物光谱信息并可用于遥感图像分类处理的变量，如多波段图像的每个波段都作为特征参数，多波段图像的比值处理结果及线性变换结果也可以作为分类的特征参数，由特征变量组成的高维空间就是特征空间。分类的流程如下：

①确定分类类别。根据专题目的和图像数据的特性确定计算机分类处理的类数与类特征。

②选择特征。选择能够描述这些类别的特征量。

③提取分类数据。即提取各个分类类别的训练数据。

④测算总体的统计量。或是对代表给定类别的部分进行采样测定其总体特征；或是用聚类分析方法对特征相似的像元进行归类分析，从而确定其特征。

⑤分类。使用给定的分类基准，对各个像元进行分类归并处理。

⑥检验结果。对分类的精度与可靠性进行分析。

(2)监督分类和非监督分类。监督分类是根据已知训练场地提供的样本，通过选择特征参数、建立判别函数，然后把图像中各个像元点归化到给定类中的分类处理。非监督分类是根据图像数据的本身统计特征及点群的分布情况，从纯统计学的角度对图像数据进行类别划分。监督分类与非监督分类的最大区别在于，监督分类首先给定类别，而非监督分类由图像数据的统计特征来决定。

①监督分类中常用的具体分类方法包括：

最小距离法：是以特征空间中的距离作为像元分类的依据，包括最小距离判别法和最近邻域分类法。最小距离分类法原理简单，分类精度不高，但计算速度快，它可以在快速浏览分类概况中使用。

多级切割法：通过设定在各轴上的一系列分割点，将多维特征空间划分成分别对应不同分类类别的互不重叠的特征子空间的分类。

特征曲线窗口法：是地物光谱特征参数构成的曲线。由于地物光谱特征受到大气散射、大气状况等影响，即使同类地物，它们所呈现的特征曲线也不完全相同，而是在标准特征曲线附近摆动变化。因此以特征曲线为中心取一条带，构造一个窗口，凡是落在此窗口范围内的地物即被认为是一类，反之，则不属于该类，这就是特征曲线法。

最大似然法(maximum likelihood classifier)：是通过求出每个像元对于各类别的归属概率，把该像元分到归属概率最大的类别中去的方法。最大似然法假定训练区地物的光谱特征近似服从正态分布，利用训练区可求出均值、方差以及协方差等特征参数，从而可求出总体的先验概率密度函数。

②非监督分类的前提是假定遥感影像上同类物体在同样条件下具有相同的光谱信息特征。非监督分类方法不必对影像地物获取先验知识，仅依靠影像上不同类地物光谱信息(或纹理信息)进行特征提取，再统计特征的差别来达到分类的目的，最后对已分出的各个类别的实际属性进行确认。非监督分类主要采用聚类分析的方法，聚类是把一组像元按照相似性归成若干个类别，即“物以类聚”。其目的是使得属于同一类别的像元之间的距离尽可能的小而不同类别上的像元间的距离尽可能的大。其常用方法如下：

分级集群法(hierarchical clustering)：当同类物体聚集分布在一定的空间位置上，它们在同样条件下应具有相同的光谱信息特征，这时其他类别的物体应聚集分布在不同的空间位置上。由于不同地物的辐射特性不同，反映在直方图上会出现很多峰值及其对应的一些众数灰度值，它们在图像上对应的像元分别倾向于聚集在各自不同众数附近的灰度空间形成的很多点群，这些点群就叫做集群。分级集群法采用“距离”评价各样本(每个像元)在空间分布的相似程度，把它们分布分割或者合并成不同的集群。每个集群的地理意义需要根据地面调查或者与已知类型的数据比较后方可确定。

动态聚类法：在初始状态给出图像粗糙的分类，然后基于一定原则在类别间重新组合样本，直到分类比较合理为止，这种聚类方法就是动态聚类。

(3)图像分类处理和图像增强处理的异同。图像增强处理与图像分类处理都是为了增强和提取遥感图像中的目标信息，图像增强处理主要是增强图像的视觉效果，提高图像的可解译性。因此可以说，图像增强处理给目视解译提供的信息是定性的。而图像分类直接着眼于地物类别的区分，所以说图像分类给目视解一译提供的是定量信息。

(4)遥感图像处理分类特点。多波段多时像是遥感对地观测的特点之一，一景遥感影像常常包含着几个波段，周期性观测有时使得参加分类的遥感图像集中包含多个时相的图像，在遥感图像分类处理时，波段之间的运算也可产生一些新的变量(如比值图像)。因此，遥感图像分类是多变量图像分类，是一个把多维特征空间划分为几个互不重叠子空间的过程。

多变量的遥感图像分类，不能仅仅依据个别波段的亮度值，而是要考虑整个向量的特征，在多维空间中进行。

7.3.3 遥感图像解译

1. 遥感图像的解译原理

遥感图像记录了丰富的地表信息，为人们利用遥感图像研究地面目标及其环境特征以及资源状况提供了大量有价值的资料。前面已经介绍了几种主要遥感传感器的成像几何特性，以及对其进行几何处理，从而获得目标的非语义几何信息的原理和方法。这里简要介绍遥感图像研究的图像解译，也称为图像判读。

遥感图像解译是根据图像的几何特征和物理性质，进行综合分析，从而揭示出物体或现象的质量和数量特征，以及它们之间的相互关系，进而研究其发生发展过程和分布规律，也就是说根据图像特征来识别它们所代表的物体或现象的性质。图像解译基本上可分为人工目视解译和计算机自动解译两种方法。这两种方法，最终都是对图像中的目标进行探测和识别，进而解决专题应用的问题。它们均是以对图像中影像要素或特征的分析和理解为基础的。

用肉眼或借助立体镜和光学-电子仪器来观察和分析遥感图像的方法，称为目视解译，俗称为目视判读。它既是原始的，也是最基本的一种解译方法。目视解译人员在掌握各种遥感图像的影像特性的基础上，依据影像的解译标志，并根据专业工作的实践经验，进行图像解译，这样才能取得良好的解译成果。

由计算机在一定的算法和法则的支持下，依据图像的解译标志，对图像进行自动解译，从而达到对图像信息与相应的目标实现属性识别的分类的目的，称为计算机自动解译。与人工目视解译相比，计算机自动解译技术的主要优点是速度快，同时能方便而准确地测算出各种类型的面积，更适合于研究快速的环境变化和进行动态监测。但是，在目前的技术条件下，目视解译在利用和综合影像要素或特征方面的能力远远高于计算机。因此，计算机解译的类别往往不如目视解译详细，其自动解译的成果仍需要专业人员加入目视鉴定，并以人机对话的方式加以调整和修改。正因为如此，现今不应该忽视目视解译的存在却一味地追求计算机自动解译，而且还应组织有经验的解译员总结目视解译的逻辑推理、归纳演绎的思维过程，以此作为将来发展具有人工智能特点的高级计算机图像分析系统的出发点的基础。

此外，无论采用人工目视解译，还是采用计算机自动解译，都是逆成像过程进行的，这为正确地解译带来了一定的困难。具体地说，遥感的成像过程是将地物的电磁辐射特性或地物波谱特性，用不同的成像方式(摄影、光电扫描、雷达)形成各种影像，即：

$$\text{地物(原型)}\xrightarrow[\text{成像方式(几何投影)}]{\text{地物波谱物波谱(物理属性)}}\text{影像(模型)}$$

一般来说，当选定时间、波段、位置、成像方式后，成像过程获得的像元与地面对应的单元一一对应；而解译过程就是成像过程的逆过程，即：

$$\text{影像(模型)}\xrightarrow[\text{坐标位置(几何性质)}]{\text{灰度或色标(物理性质)}}\text{地物(原型)}$$

由于影像中存在同物异谱、同谱异物的现象，因此，解译结果一般是不唯一的。为了获得唯一的解译，则需要用多种遥感的非遥感信息加以印证。在对图像进行解译之前，首先要弄清影像的性质，其次是影像比例尺、地域、季节、天气等因素。

2. 遥感影像的解译标志

(1)目视解译标志。它是地物本身属性在图像上的反映，即凭借图像特征能直接确定地物的属性。如：

形状：图像的形状是指物体的一般形式或特征在图像上的反映。各种物体都具有一定的形状和特有的辐射特性。前已述及，同种物体在图像上有相同的灰度特征，这些同灰度的像元在图像上的分布就构成与物体相似的形状。随图像比例尺的变化，“形状”的含义也不同。一般情况下，大比例尺图像上所代表的是物体本身的几何形状，而小比例尺图像上则表示同类物体的分布形状。

大小：大小特征是指地面物体的尺寸。物体在图像上的大小，取决于图像的比例尺，知道了图像的比例尺，就可以近似地算出物体的大小，根据日常所熟悉的某些物体的大小，用对比方法可以对某些物体加以区分或确定。

色调：地面物体在图像上所呈影像的黑白程度称为色调。对全色像片而言，凡是深色或黑色的物体，影像的色调则较深；凡是浅色或白色的物体，其影像的色调则较浅。色调与物体的物理性质、化学成分有关，一般的规律是：排水性能好、干燥、细粒、有机质成分低的土壤，以及中酸性岩浆岩、松散堆积物和新开垦的耕地，一般都具有浅色调，地下水位高、潮湿的土壤、排水不良的地面、粗粒物质、有机质成分高的土壤及基性、超基性岩浆岩。均具有较深的色调。土壤和岩石物质较均一，含水量和结构变化不大，则色调上表现出均匀一致的特点。小范围内地层或地表物质成分、含水状况有很大变化时，色调不均匀或呈斑状色调。此外，同一物体反射光线色度不同，影像色调也有差异。不同季节里，地面植物颜色变化，也使影像色调发生变化。所以在图像解译前必须了解成像的季节、地域、成像前三天的天气状况，才能正确判断色调的内涵。

阴影：对可见光图像，阳光照射下的物体产生的阴影或落影。阴影是物体上未被光线照射的部分，落影是由于部分光线被物体阻挡不能投落在地面而显现出的阴影。根据落影的方向能确定成像平面的方位；根据落影的长度可判断物体的高低。例如，我们可以从桥梁影子的形状和长短判定其结构、性质和高度。落影对解译有利，但落影遮盖其他物体，因而会给解译造成一定的困难。

图案：图案是指图像上由地面物体的形状、大小、阴影、色调所形成的影像的组合。如平原耕地为平板状，森林为颗粒状，河流具有条带状的图案等。

布局：布局是指物体间的空间位置。物体间一定的位置关系和排列方式，形成了很多天然和人工目标的特点。

纹理：纹理可解释为影像内部色调的变化。纹理是用来解译某些类型影像的主要特征。

地理位置：地理位置指的是物体的环境位置。由于事物都是相互联系的。在解译时，若其他标志不明确，亦可根据地理位置关系来解译。例如，有些植物专门生长在沼泽、堤岸等地形上，在某些情况下，可以在图像上先识别地形特点，然后推断出植物。

在解译时，必须从总体出发，全面分析，不能单凭某一特征来确定，否则就会发生错误。

(2)间接解译特征。

它是通过与之有联系的其他地物在图像上反映出来的特征、推断地物的类别属性。如地貌形态、水系格局、植被分布的自然景观特点、土地利用及人文历史特点，等等。多数采用逻辑推理和类比的方法引用间接解译标志。

值得指出的是，直接与间接标志是一个相对概念。常常是同一种解译标志对甲物体是直接解译标志。对乙物体可能是间接标志。因此，必须综合分析，首先是解译员发现和识别物体；其次是对物体进行测量；之后，根据解译员掌握的专门知识和取得的信息对物体进行研究。解译员必须具备把自己对物体的理解和物体的含义联系起来的能力，也就是具备生活的和实践的经验。

遥感图像目视解译的原则是：总体观察，综合分析，对比分析，观察方法正确，尊重影像的客观实际，解译图像耐心认真，有价值的地方重点分析。

图像目视解译的步骤主要是：从已知到未知，先易后难，先山区后平原，先地表后深部，先整体后局部，先宏观后微观，先图形后线形。

(3)应用解译特征应注意的问题。解译标志是遥感图像目视解译中经常用到的基本标志。由于遥感图像种类较多，投影性质、波谱特征、色调和比例尺等存在差异，故利用上述解译标志时应区分不同的遥感图像的不同特点，在具体应用时必须注意。

①彩红外图像。这种像片相对彩色像片而言，由于每一乳层(黄、品红、青)所感受的色光(绿、红、红外)向长波光区移动了一个“带区”，即底片上的蓝色是感受绿光后形成的，而绿色和红色是分别感受红、红外形成的，所以像片上的色彩与自然景物的色彩不同。从地物反射辐射的光谱特征曲线可知，健康的植物是绿色的，由于它大量地反射近红外辐射，使像片上的影像呈红色或品红色。有病虫害的植物，由于降低了红外反射，使像片上的影像呈现暗红色或黑色。水体由于对红外辐射有较高的吸收性，使像片上的影像呈现蓝色、暗蓝色或黑色。而沙土由于绿光或红外光谱段没有明显的选择反射，使像片上的影像呈白色或灰白色。

②多光谱图像中的单波段图像。多光谱图像中的单波段图像(MSS 有四个单波段图像)本身就是地物反射辐射强弱的反映。例如水体，由于红外辐射很弱，所以水体在 MSS7 波段上的影像呈现深色调，而 MSS4 和 MSS5 波段上其色调就相对地浅一些。绿色的植物对红外辐射较强，水体在 MSS7 波段上的影像色调较浅，而在 MSS4 和 MSS5 波段上，其色调就相对地深一些。

③假彩色合成图像。这种像片本身就是根据解译对象和要求，以突出解译内容为目的的像片(不同波段图像和不同滤光片的组合)，其影像色彩都是人为的。因此应用这种像片解译，必须了解假彩色合成图像生成的机理情况，以便建立起景物色彩与影像色彩相对应的解译标志。

④热红外图像。这种像片的影像形状、大小和色调(或色彩)与景物的发射辐射有关，景物发射辐射与绝对温度的四次方成比例，同一性质的物体(如冷水和热水)，由于温度不同，其影像色调(或色彩)也不同。影像的形状和大小只能说明物体热辐射的空间分布，不能反映物体真实的形状和大小。例如起飞后飞机尾部排出热辐射的影像形状和大小就是飞机的真正形状和大小。

⑤雷达图像。雷达图像是多中心斜距投影的侧视图像，具有与其他遥感图像不同的一些特点。主要是：图像比例尺的变化(比例尺是波束俯角的函数)使图像产生明显的失真，一块正方形的农田变成菱形；雷达图像具有透视收缩的特点，即在图像上量得地面斜坡的长度比实际长度要短；当雷达波束俯角与高出地面目标的坡度角之和大于 90°时，雷达图像产生顶底位移，即相对于飞行器的前景将出现在后景之后。如广场上一旗杆，在雷达图像上表现为顶在前，其根在后的一小线段，这与航空摄影中旗杆的影像正好相反；此外，在雷达图像上还会出现雷达阴影，即雷达波束受目标(如山峰)阻挡时，由于目标背面无雷达反射波而出现暗区。雷达图像的上述特点在目视解译中必须予以充分注意。

此外，在应用解译标志时，还必须注意图像的投影性质。中心投影的图像是按一定比例尺缩小了的地面景物，影像与物体具有相似性。MSS 和 TM 扫描图像是多中心动态投影，其图像具有“全景畸变”，随扫描角 θ 的增大，图像比例尺逐渐缩小，边缘的图像变形十分突出。当应用这种未经几何校正的图像解译时，就不能机械地使用形状和大小的标志。

3. 遥感图像的目视解译方法及流程

遥感图像的解译可以归纳为以下几种方法：

(1)直判法。直判法是指直接通过遥感图像的解译标志，就能确定地物存在和属性的方法。一般具有明显形状、色调特征的地物和自然现象，例如高速公路、河流、房屋、树木等均可用直判法辨认。

(2)对比法。对比法是指将要解译的遥感图像与另一已知的遥感图像进行对照，确定地物属性的方法。但对比必须在相同或基本相同的条件下进行，例如，遥感图像种类应相同，成像条件、地区自然景观、季相、地质构造特点等应基本相同。

(3)邻比法。在同一幅遥感图像或相邻遥感图像上进行邻近比较，从而区分出不同地物的方法，称为邻比法。这种方法通常只能将地物的不同类型界线区分出来，但不一定能鉴别地物的属性。运用邻比法时，要求遥感图像的色调或色彩保持正常。邻比法最好是在同一图像上进行。

(4)动态对比法。利用同一地区不同时相成像的遥感图像加以对比分析，从而了解地物与自然现象的变化情况，称为动态对比法。这种方法对自然动态的研究尤为重要，如沙丘移动、泥沙流活动、冰川进退、河道变迁、水库坍岸、河岸冲刷等。

(5)逻辑推理法。逻辑推理法是借助各种地物或自然现象之间的内在联系，用逻辑推理法，间接判断某一地物或自然现象的存在和属性。例如，当发现河流两侧有小路通至岸边，则可以推断该处是渡口或涉水处；若附近河面上无渡船，就可确认是河流涉水处。上述几种方法在具体运用中很难完全分开，总是交错在一起的，只不过在解译过程中某一方法占主导地位而已。

目视解译的一般程序如下：

(1)资料准备阶段。

针对研究对象的需要选择遥感图像的时相和波段，确定合成方案和比例尺。选择同比例尺的地形图，按地形图分幅或研究区范围镶嵌遥感图像，使其能与地形图配套，便于对应解译。分析已知专业资料，研究地物原型与影像模型之间的关系。

(2)初步解译阶段。

根据影像解译标志，即色调、形状、大小、阴影、纹理、图案、布局、位置等建立起的地物原型与影像模型之间的直接解译标志，运用地学相关分析法建立间接解译标志，进行遥感图像初步解译。

(3)野外调查阶段。

地面实况调查，包括航空目测、地面路线勘察、定点采集样品(例如：岩石标本、植被样方、土壤剖面、水质、含沙量等)和野外地物波谱测定；向当地有关部门了解区域发展历史和远、近期规划，收集区域自然地理背景材料和国民经济统计数据等。

(4)详细解译阶段。

根据实况调查资料，全面修正初步解译结果，提高解译可信度，可以详细解译图可以再次进行野外抽样调查或重点调查，确认可信度，直至满意为止。

(5)制图阶段。

遥感图像目视解译的成果，一般是以图的形式提供的。目视解译图，可以由人工描绘制图，也可在人工描绘基础上进行光学印刷制图，或计算机辅助制图。无论哪一种制图都要符合制图精度要求。

4. 遥感图像的计算机自动解译

遥感图像的自动识别是利用电子计算机，依据影像信息特征，对图像的内容进行分析和判别，弄清图像中的线条、轮廓、色调、图案、纹理等内容对应于地面景物的属性及这些景物所处的状态。图像识别的本质是分类，分类问题解决了，结合对照地面类型便可对图像进行识别。当前多数计算机图像处理系统，均是利用遥感图像的光谱信息特征进行统计识别分类，色调信息是其依据，而在人眼目视解译中直判法、对比法、邻比法、动态对比法这四种方法，究其实质也是以色调信息为主要解译标志的，所以也适于计算机图像处理系统。至于目视解译中的逻辑推理法，只有在能模拟人们对信息的观察、分析及经过大脑加工的条件下，即在包括信息的收集、认识、分析、推论、预测与决策系统思维劳动的知识系统支持下，才能在计算机图像识别中使用。所以，计算机自动识别方法在现阶段还无法替代目视解译方法。目前，用于图像识别的数学方法主要有：概率统计、语言结构识别及模糊数学等。

据计算机视觉研究发现，人的视觉系统对图形和图案的检测与人们的知识与经验密切相关。这促使人们利用知识工程和专家系统来解决遥感图像的自动解译问题。专家是利用各种经验性知识，在利用综合判断的同时进行图像解释。专家系统(Expert System)就是把某一特定领域的专家知识输入计算机，辅助人们解决问题的系统。利用这种系统可以把解译专家的经验性知识综合起来进行解译。在遥感图像自动解译处理、分析中，必须具备下面的知识：

(1)有关图像分析方法的知识。遥感图像处理、分析的方法在区别不同的目标、不同的状态下综合利用，才能发挥更大的作用。故必须建立具有适用的分析方法知识，并能提示、给出图像的最佳处理步骤的系统。

(2)关于目标物的知识。对图像数据进行目标的分类及解译时，必须具备关于目标物体的各种知识。

这种基于知识和专家系统的解译方法，在一定程度上可以提高计算机解译精度，但还远未达到实用阶段的水平。原因在于这些专家的解译知识多是基于特定地区、特定时相的解译知识，其针对性很强，随着地域、时域的变化，一些知识往往随之失去效用，不能在运行过程中自我学习，实现解译知识的更新；在解译过程中引入了专家系统，这是一个进步，从现有的情况看，专家系统工具是针对某一类问题而开发的，然后提炼为工具。这种工具往往不能满足遥感图像自动解译的要求，存在知识不全面、推理过程简单、控制策略不灵活、缺乏常识推理的弱点。这些都说明了基于知识的遥感图像解译仍处于发展过程中，需要进一步完善。

概括说来，遥感图像计算机分析处理具有探索性强，涉及的技术领域广，技术难度大等特点，需要采用模式识别、遥感图像处理、地理信息系统与人工智能(包括专家系统和人工神经网络)等多种技术综合研究，遥感图像的计算机自动解译也是学者们一直探索的问题。

7.4 遥感技术应用

7.4.1 遥感技术在测绘领域的应用

随着遥感技术、空间技术及数字图像处理技术的飞速发展，遥感技术进入了崭新的阶段，已渗透到国民经济的各个领域。遥感技术与测绘技术尤其是摄影测量，有着极其密切的关系，如遥感图像的几何关系，遥感图像的粗、精处理，数字调和模型的应用，遥感图像目视判读的原理与方法，遥感信息专题制图技术，地形测量数据库和地理信息系统的建立，等等。显然，遥感技术的迅猛发展，以及各种遥感图像特别是各种航天遥感图像有力地推动着测绘的发展。航天遥感图像可直接用于测绘，当前主要被用来测绘、修编、修测中小比例尺的地形图，制作影像地图和各种专题图以及为地理信息系统提供动态的空间数据。

1. 利用航天遥感图像进行解析空中三角测量

由摄影测量学知道，解析空中三角测量是根据航摄像片上所量测的像点坐标和极少量的地面控制点，通过计算机求得地面上加密点的大地坐标。利用航天遥感图像进行解析空中三角测量基本上可沿用摄影测量学中的方法。但许多航天遥感图像没有足够的旁向重叠，只是在有限的地区段范围内才能获得满足旁向重叠的区域图像，在这种情况下，进行解析空中三角测量，就要利用不同时期的遥感图像来进行。另外，由于遥感图像比例尺非常小，覆盖面积很大，地面控制点(如国家大地网点)在这样的图像上不能得到判别，而野外施测控制点显然是不适宜的。因此，进行解析空中三角测量，一般都在遥感图像上选用清晰的地物元素作为起始控制点，它们的坐标，可以从各种不同的地图资料获得。显然，由此得到加密点的精度，很大程度上取决于地图资料的精度。因此，在用航天遥感图像进行解析空中三角测量时，必须考虑控制点坐标的特性。

2. 利用航天遥感图像测制地形图

航天遥感图像用于测制地形图取决于航天遥感影像所提供的平面位置、高程精度以及影像分辨率的大小。当前应用航天遥感图像可以测制中小比例尺地图，这对于一些偏僻和困难地区的测图工作可以节省时间和减少费用，具有现实的意义。

另外，利用航天遥感图像与航空像片合成测制地形图，即用卫星像片进行空中三角测量，提供制作地形图所需要的几何信息，而用航空像片提取影像信息。其方法是：利用预先经过纠正和放大的卫星像片作为基础，对单张航空像片进行纠正，用光学镶嵌法制成像片镶嵌图，将卫星像片与航空像片的影像套合，来测制地形图。

3. 正射影像地图

具有影像内容、线画要素、数字基础和图廓整饰的地图称为影像地图。影像地图具有比线画地图多得无法比拟的信息量，而且具有直观易读、成图快，成本低廉的特点，在国民经济建设中有着广泛的应用。

在精度要求不高的情况下，这种影像地图的制作，其中纠正点的选取应尽可能选用固定的地形地物(如突出的山头，铁路和河岸交点等)。在地形图上量取点位坐标时起始读数应从最近的公里格网开始，并按地图投影的要求进行投影换算。线画要素的注绘和取舍应据影像地图的用途而定。一般情况，凡是通过影像较易识别出来的地理要素，均不用线画符号表示，如湖泊、河流、山体、冰雪覆盖区域等。凡影像能够显示出来，而图像不清晰，不易阅读的，可以用符号表示，如城镇居民地的外部轮廓、重要交通干线和桥梁、主要干堤等；凡影像上没有的内容用符号和注记表示，如河流的流向、高程点、境界线、地理名称注记等。

4. 地图的修测与更新

地形图作为国家测绘的最基本图件，是开展国土普查、自然资源调查和进行国民经济建设等的重要依据。自然界的地形在地球内力、外力以及人类的活动影响下不断地发生着变化，地形图需要及时地反映出这些变化，因而就必须及时地进行修测。利用航天遥感图像修测地形图具有重要的经济意义和社会意义，尤其对高山边远地区、沙漠、海湾更有其实际意义。

5. "3S"的综合应用

"3S"是遥感(Remote Sensing，RS)、地理信息系统(Geographic Information System，GIS)、全球定位系统(Global Positioning System，GPS)的简称。随着技术的发展，"3S"以其各自的技术特点日趋紧密结合，在资源与环境动态监测与趋势预报，重大自然灾害监测与预警以及灾情评估与减灾对策的制定，城市及经济开发区的规划、开发与管理等方面，有着广阔的应用前景。

(1)RS与GIS的结合应用。遥感(RS)图像是GIS提供地形信息。通过数字图像处理、模式识别等技术，对航天遥感数据进行专题制图，以获取专题要素的基本图形(点、线、面)数据及属性信息，为GIS提供图形信息。RS与GIS内在的紧密关系，决定了两者发展的必然结合。这种结合现在主要应用地形测绘/DEM数据自动提取、制图特征提取、提高空间分辨率和城市与区域规划以及变化监测等方面。

(2)RS与GPS的结合应用。GPS是一种利用卫星定位技术快速、实时地确定任一地面目标点空间坐标的方法。RS与GPS的结合应用，将大大减少遥感图像处理所需要的地面控制点，并且可实时获取数据、实时进行处理，使遥感图像的应用信息直接进入GIS系统，为GIS数据的现势性提供新的数据接口，由此可加速新一代遥感应用技术系统的自动化进程以及作业流程和处理技术的变革。目前，RS与GPS的结合主要应用于对地形较困难地区制图、地质勘探、考古、导航、环境动态监测以及军事侦察和指挥等方面。

(3)"3S"的综合应用。"3S"的综合应用是一种充分利用各自的技术特点，快速准确而经济地为人们提供所需要的有关信息的新技术。基本思想是利用RS提供最新的图像信息，利用GPS提供图像信息中的"骨架"位置信息，利用GIS为图像处理、分析应用提供技术手段，三者一起紧密结合可为用户提供精确的基础资料(图件和数据)。

大地震给人类社会造成的灾害是极其严重的。一次大地震发生后，抗震救灾工作的正确部署和迅速高效地实施，对于减轻地震灾害将发挥重要作用。将现代RS(航空遥感或卫星遥感)技术和GIS(地理信息系统)技术、GPS技术应用于抗震救灾工作，可大大提高抗震救灾工作的科技水平，大大提高抗震救灾工作的效率，加快灾区恢复重建的速度，最大限度地减轻地震灾害造成的经济损失。一次大地震发生后，抗震救灾工作的正确部署和迅速高效率地实施，对于减轻地震灾害将发挥重要作用。应用 RS 和 GIS 技术在平时建立起地震重点监视防御区的综合信息数据库和信息系统，一旦发生大地震，应用 RS 和 GIS 技术迅速获取震区的各种信息，经过快速处理，可以获得地震灾害的各种信息；同时利用 GPS 直接获取震害信息和为专题震害信息定位。这些信息不仅可以为抗震救灾的部署提供重要依据，也可为各种救灾措施的实施提供信息支持，提高抗震救灾的效率，最大限度地减轻地震造成的损失。2008 年的汶川地震和 2010 年的玉树地震后，利用光学遥感和雷达卫星数据进行评估，采用不同遥感信息源和不同遥感技术方法识别不同震害的效果，并制作专题信息图，为地震灾中救援和灾后重建提供决策依据，“3S”综合应用发挥了重要的作用。

7.4.2 遥感技术在农业中的应用

遥感技术在农业中的应用主要表现为：利用遥感技术可以进行土地资源的调查与监测；可以识别各类农作物，计算其种植面积，并根据作物生长情况估计产量；在作物生长过程中，可以利用遥感技术分析其长势，及时进行灌溉，施肥和收割等；当农作物受害时，可以及时预报和组织防治工作等等。主要的应用体现在：

1. *农作物长势监测和估产*

遥感技术具有客观、及时的特点，可以在短期内连续获取大范围的地面信息，用于农情监测具有得天独厚的优势。近 20 年，农作物遥感监测一直是遥感应用的一个重要主题。从“七五”利用气象卫星数据进行北方十一省市小麦估产起步，经过“八五”重点产粮区主要农作物估产研究，到“九五”建立全国遥感估产系统，使我国的遥感技术在农业领域的应用不断向实用化迈进。目前已经具有对全国冬小麦、春小麦、早稻、晚稻、双季稻、玉米和大豆等农作物的估产及其长势监测的能力，在作物收割前 2~4 周提供作物播种面积和总产数据，每 10 天提供一次作物长势监测结果。这些信息为国家掌握粮食生产、粮食储运、粮食调配和粮食安全提供了及时、准确的服务。

中国科学院建成了“中国农情遥感速报系统”，该系统包括作物长势监测、主要作物产量预测、粮食产量预测、时空结构监测和粮食供需平衡预警等 5 个子系统，可以实现全国范围主要农作物的长势监测、单产预测与估算、作物种植面积提取、种植结构变化监测、粮食总产分析计算、耕地复种指数获取、农业气象分析、农作物旱情遥感监测等农情监测业务，并能获取全球主要农业国家的作物长势遥感监测和重点产粮国的总产预测等信息。自 1998 年建设运行以来，该系统每年监测和预测的信息被国家发改委、国家粮食局、国家农业部等部门及一些省市应用。

国家农业部组织研发并投入业务运行的“国家农业遥感监测系统(CHARMS)”，可定期监测和评价全国大宗农作物面积、长势和产量、草地产草量和草地退化、农业土地资源、土壤墒情、农业灾害等主要农业动态信息，为农业结构调整、粮食安全预警和农业宏观决策提供可靠的技术支撑。

浙江大学 1983 年开始水稻卫星遥感估产研究，攻克了南方水稻卫星遥感估产的许多常规技术难以解决的难题。1999 年建成的“浙江省水稻卫星遥感估产运行系统”，经过 2 年的试运行估产精度达到 95%左右，已被浙江省政府采用，2001 年投入正式业务化运行。

这些业务运行系统的建成和使用，为科学合理地制定国家和区域经济社会发展规划、制定农产品进出口政策和计划、调控粮食市场、及时合理安排地区间的粮食运输调度、宏观指导和调控种植业结构、提高相关企业与农民的经营管理水平等做出了积极贡献，标志着我国作物长势监测与估产已进入新的阶段。

2. 精准农业

北京市农林科学院通过农业定量遥感反演农学参数，监测作物长势、养分、水分、墒情等，预测作物产量品质，结合作物生长模型技术，开发出了基于遥感的精准农业水分处方决策技术，研究成果填补了我国在该领域的空白。

在精准农业作物信息遥感获取理论和方法方面，突破了作物长势、养分等信息的遥感获取关键技术，开发出了作物叶面积指数(LAI)、氮素、叶绿素、水分等系列探测仪器设备，建立了基于多时相、多光谱、多角度的作物株型结构参数探测模型，提高了作物 LAI 和长势的遥感监测精度，提出了作物荧光被动遥感探测技术方法和基于红边特征、弱水汽吸收特征的植株水分光谱探测方法，建立了作物冠层组分垂直分布梯度与营养诊断应用模型。

为解决农田信息快速获取的瓶颈问题，构建了基于多平台、多源遥感信息融合的作物信息获取体系，提出了以星-机-地同步观测实验为基础、生化组分遥感填图为手段、作物 C/N 代谢平衡和优质均一化产品为应用目标的农学参量定量反演综合方法，实现了遥感“面状信息”与地面“点状信息”有机融合，显著提高了作物、土壤信息获取精度和判读能力。

针对不同生产条件，提出了基于遥感技术的作物精准变量施肥系列算法，开发了基于遥感和作物生长模型同化的作物精准肥水处方决策系统，可提供作物长势、旱情指数和预测产量等空间专题图，生成基于像元、农机作业单元、作业区和地块的精准肥水管理决策处方，为田间精准管理作业提供科学支持，并连续开展了多年的精准农业示范应用，节肥、节水、增产效果显著。

7.4.3 遥感技术在林业中的应用

遥感技术在林业中的应用主要表现为可以清查森林资源、监测森林火灾和病虫害。我国在云南腾冲地区的航空遥感试验中，曾根据对航片的判读分析，估算出该地区的森林面积和蓄积量。火灾是森林的大敌。据统计，世界各地每年发生森林火灾多达 20 万起，损失森林资源约千分之一。特别是全球气温变暖，使森林火灾发生的可能性大大增加。利用航空红外遥感技术，不仅能预报已燃烧起来的烈火，而且可以探测到面积小于$0.1\sim0.3m^2$的火情，还能及时预报由于自燃尚未起火的隐伏火情。利用卫星遥感，一次就可探测到数千平方公里范围内所发生的林火现象。遥感技术在我国扑灭大兴安岭特大林火中起了很大的作用。利用近红外和中红外波段的遥感可以探测到森林病虫害的情况，通过利用多时相的影像，可以实现病虫害的监测。

1. 森林资源调查与动态监测

森林是主要的生物资源，具有分布广、生长期长的特点。森林资源的调查是指查清资源的数量、质量、分布特征，掌握森林植被的类型、树种、林分类型、生长状况、宜林地数量和质量的各种数据。由于在人为和自然因素的双重作用下，森林资源会经常发生变化，因此，及时准确地对森林资源动态变化进行监测，掌握森林资源变化规律，具有重要的社会、经济和生态意义。森林资源遥感调查是根据遥感影像特征并辅以其他参考资料(如地形图、森林区划图、土壤图等)，通过目视解译或计算机自动识别来实现的。

2. 森林虫害的监测

森林虫害是影响林业持续发展的主要障碍因素，据统计，我国松林等针叶林约占全部森林面积的二分之一。每年，不同种类的松毛虫危害松林面积5000万亩以上，年损失木材生长量1000万平方米，年损失松脂约5000万公斤，对生态环境的影响更为严重。由于松毛虫灾多发生在人烟稀少、交通不便的山区，常规地面监测方法很难迅速、全面、客观地反映虫情发生动态，从而不能及时地、有针对性地采取防治措施，以致年年防治，年年成灾。因此，研究、发展新的虫情监测、预报技术方法，是减灾、消灾所面临的重要任务。

国外早已就运用卫星遥感数据评估由空气污染、森林病虫害等引起的针叶林灾害进行了大量研究。研究表明，森林虫害与TM图像的比值影像TM5/4及TM7/4有较好的相关性，利用TM数据与数字地形数据相结合，可准确建立起监测森林灾害的模型。利用遥感图像监测森林灾害的理论依据是：当森林遭到灾害侵袭时，在不同尺度上(细胞、树枝、单株树、林分、生态系统)会产生相应的光谱变化，这就是出现诸如变色、黑斑症、失叶、树死以及森林生态系统树种组成发生变化的征兆。因此，根据遥感影像光谱特征的异常可以反映森林遭受病虫害的影响。众多的研究表明，近红外和中红外波段对森林灾害有较高的灵敏度，因而是监测森林灾害不可缺少的光谱通道。我国在“七五”期间也利用TM图像对南方松林地区松毛虫灾害进行了监测，收到了满意的效果。

3. 森林火灾的遥感监测

遥感技术在森林火灾的监测中具有广泛的应用。例如，1987年5月7日我国大兴安岭发生火灾后，中国科学院遥感卫星地面站立即与美国陆地卫星控制中心取得了联系，首次成功地接收并处理了东西两个火灾区的火灾形势与火灾位置分布图，并在其后卫星每次路经灾区后几小时，地面站即将灾情的有关数据准确报给灭火指挥部，弥补了气象卫星和遥感飞机无法准确定位以及飞机受火灾影响难以侦察的不足，对灭火救灾的指挥决策价值极高。

7.4.4 遥感技术在地质矿产勘查中的应用

遥感技术为地质研究和勘查提供了先进的手段，可为矿产资源调查提供重要依据和线索，对高寒、荒漠和热带雨林地区的地质工作提供有价值的资料。特别是卫星遥感，为大区域甚至全球范围的地质研究创造了有利条件。

1. 区域地质填图的应用

遥感技术在地质调查中的应用，主要是利用遥感图像的色调、形状、阴影等标志，解译出地质体类型、地层、岩性、地质构造等信息，为区域地质填图提供必要的数据。

区域地质填图是区域地质调查的主要内容，为了提高填图质量，实现计算机成图，近几年我国在一些省区先后开展了应用遥感技术进行1∶5万、1∶20万、1∶25万比例尺的区域地质填图研究，取得了省时、省力、省填图经费、加速填图速度和保证填图质量的明显效果，为遥感技术在这一领域的推广和实施起到了重要的作用。

在内蒙古、山东、辽宁、北京等近十个省市开展的1∶5万区域调查中，使用了彩红外航片、黑白航片、TM卫星影像及侧视雷达图像，结果表明遥感资料在岩性识别、断裂解译、侵入岩体单元超单元划分及新生界成因划分和矿产信息分析等方面均具有优势。而航片与地形图的结合使用则使界线跟踪、范围圈定更加直观、准确。

在1∶25万区域地质填图研究中，利用彩红外图像、TM图像和计算机处理方式能有效地进行沉积岩、变质岩、岩浆岩的解译，建立的遥感地质单元符合1∶25万区域地质填图单元的技术要求。

2. 地质矿产调查中的应用

遥感技术在矿产资源调查中的应用，主要是根据矿床成因类型，结合地球物理特征，寻找成矿线索或缩小找矿范围，通过成矿条件的分析，提出矿产普查勘探的方向，指出矿区的发展前景。

我国有"七五"、"八五"期间在全国很多地区都曾利用遥感技术进行地质找矿研究，总结了一套普遍适合于地质找矿的遥感地质找矿理论和方法。例如，新疆国家305办公室与地矿部、中科院自20世纪80年代中期以来，成功地利用航空彩红外技术、航空多光谱技术和航天遥感技术(TM、SAR)在东/西准噶尔、阿舍勒、多拉纳萨依、东昆仑、西天山等地开展地质找矿研究。通过对这些地区的遥感资料解译分析和计算机信息增强与提取处理，编制了不同比例尺的遥感地质解译图及成矿预测和找矿靶区解译图，在综合物探、化探、地质资料的基础上，对成矿构造、成矿规律、成矿条件和矿化蚀变进行了系统的研究，取得了新的认识，建立了成矿远景地段及靶区优选的遥感地质找矿模式，圈定的一批找矿靶区和超大型找矿靶区具有很大的找矿前景和社会经济价值。青海柴达木盆地南北缘地区、甘肃北山地区、西南三江以及秦岭地区都是常规地质工作极困难地区。近年来利用遥感技术作为先导性的基本手段，在这些地区发现了重要的找矿线索。

3. 工程地质勘查中的应用

在工程地质勘查中，遥感技术主要用于大型堤坝、厂矿及其他建筑工程选址、道路选线以及由地震和暴雨等造成的灾害性地质过程的预测等方面。例如，山西大同某电厂选址、京山铁路改线设计等，由于从遥感资料的分析中发现过去资料中没有反映的隐伏地质构造，通过改变厂址与选择合理的铁路线路，在确保工程质量与安全方面起了重要的作用。在水文地质勘查中，则利用各种遥感资料(尤其是红外摄影、热红外扫描成像)，查明区域水文地质条件、富水地貌部位，识别含水层及判断充水断层。如美国在夏威夷群岛，用红外遥感方法发现200多处地下水出露点，解决了该岛所需淡水的水源问题。

近几年来，我国高等级公路建设进入了新的增长时期，如何快速有效地进行高等级公路工程地质勘查，是地质勘查面临的一个新问题。通过多条线路的工程地质和地质灾害遥感调查的研究表明，遥感技术完全可应用于公路工程地质勘查。

研究表明，利用遥感技术的多平台、多时相、多波段的特征，可以快速地获取地球表面及以下的光谱和空间信息，通过解译分析，能解决公路工程地质勘查中的问题。

7.4.5 遥感技术在水文学和水资源研究中的应用

遥感技术既可观测水体本身的特征和变化，又能对其周围的自然地理条件及人文活动的影响提供全面的信息，为深入研究自然环境和水文现象之间的相互关系，进而揭露水在自然界的运动变化规律，创造有利条件。又由于卫星遥感对自然界环境动态监测比常规方法更全面、仔细、精确，且能获得全球环境动态变化的大量数据与图像，这对于研究区域性的水文过程，乃至全球的水文循环、水量平衡等重大水文课题具有无比的优越性。因此，在陆地卫星图像广泛的实际应用中，水资源遥感已成为最引人注目的一个方面，遥感技术在水文学和水资源研究中已发挥了巨大的作用。在美国陆地卫星图像应用中，水文学和水资源方面所得的收益首屈一指，其中减少洪水损失和改进灌溉这两项就占陆地卫星应用总收益的41.3%。遥感技术在水文学和水资源研究方面的应用主要有：水资源调查、水文情报预报和区域水文研究。

1. 水资源调查

利用遥感技术不仅能确定地表江河、湖沼和冰雪的分布、面积、水量和水质，而且对勘测地下水资源也是十分有效的。在青藏高原地区，经对遥感图像解译分析，不仅对已有湖泊的面积、形状修正得更加准确，而且还新发现了500多个湖泊。我国利用陆地卫星资料分析计算地表水资源的研究工作已先后在山西、浙江、内蒙古等地取得进展。

2. 水文情报的预报

水文情报的关键在于及时准确地获得各有关水文要素的动态信息。以往主要靠野外调查及有限的水文气象站点的定位观测，很难控制各要素的时空变化规律，在人烟稀少、自然环境恶劣的地区，更难获取资料。而卫星遥感技术则能提供长期的动态监测情报。国外已利用遥感技术进行旱情预报、融雪径流预报和暴雨洪水预报等。遥感技术还可以准确确定产流区及其变化，监测洪水动向，调查洪水泛滥范围及受涝面积和受灾程度等。

3. 区域水文研究

在区域水文研究方面，国外已广泛利用遥感图像绘制流域下垫面分类图，以确定流域的各种形状参数、自然地理参数和洪水预报模型参数等。此外，通过对多种遥感图像的解译分析，还可进行区域水文分区、水资源开发利用规划、河流分类、水文气象站网的合理布设、代表流域的选择以及水文实验流域的外延等一系列区域水文方面的研究工作。

7.4.6 遥感技术在海洋研究中的应用

在过去的20年中，随着航天、海洋电子、计算机、遥感等科学技术的进步，产生了崭新的学科——卫星海洋学。这一学科形成了从海洋状态波谱分析到海洋现象判读等一套完整的理论与方法。海洋卫星遥感与常规的海洋调查手段相比具有许多独特优点：第一，卫星遥感不受地理位置、天气和人为条件的限制，可以覆盖地理位置偏远、环境条件恶劣的海区及由于政治原因不能直接去进行常规调查的海区。卫星遥感是全天时的，其中微波遥感是全天候的。第二，卫星遥感能提供大面积的海面图像，每个像幅的搜盖面积达上千平方公里。对海洋资源普查、大面积测绘制图及污染监测都极为有利。第三，卫星遥感能周期性地监视大洋环流、海面温度场的变化、鱼群的迁移、污染物的运移等。第四，卫星遥感获取海洋信息量非常大。以美国发射的海洋卫星(Seasat-1)为例，虽然它在轨有效运行时间仅105天，但它所获得的全球海面风向风速资料，相当于上个世纪以来所有船舶观测资料的总和，星上的微波辐射计对全球大洋做了100多万次海面温度测量，相当于过去50年来常规方法测量的总和。第五，能进行同步观测风、流、污染、海气相互作用和能量收支平衡等。海洋现象必须在全球大洋同步观测，这只有通过海洋卫星遥感才能做到。目前常用的海洋卫星遥感仪器主要有雷达散射计、雷达高度计、合成孔径雷达(SAR)，微波辐射计及可见光/红外辐射计、海洋水色扫描仪等。

7.4.7 遥感技术在环境监测中的应用

目前，环境污染已成为一些国家的突出问题，利用遥感技术可以快速、大面积监测水污染、大气污染和土地污染以及各种污染导致的破坏和影响。近些年来，我国利用航空遥感进行了多次环境监测的应用试验。

1. 大气环境遥感

影响大气环境质量的主要因素是气溶胶含量和各种有害气体。对城市环境而言，城市热岛也是一种大气污染现象。

(1)大气气溶胶监测。

气溶胶是指悬浮在大气中的各种液态或固态微粒，通常所指的烟、雾、尘等都是气溶胶。气溶胶本身是污染物，又是许多有毒、有害物质的携带者，其分布在一定程度上反映了大气污染的状况。测定气溶胶含量有专门的仪器，称为多通道粒子计数器，它能给出大气中气溶胶的水平分布和垂直分布。这里仅就遥感图像对分析大气气溶胶含量的效用作一分析。

在遥感图像上，工厂排放的烟雾、火山喷发产生的烟柱、森林或草场失火形成的浓烟以及大规模的尘暴都有清晰的影像，可直接圈定污染的大致范围。如火山正式喷发前会释放烟雾，据此可预报火山活动期的来临；利用周期性的气象卫星图像可监测尘暴的运动，估算其运动速度，预报尘暴的发生；森林或草场火灾也通过卫星遥感资料及早发现，把灾害损失降低到最小。此外，大比例尺的航空遥感像片还可用来调查城市烟囱的数量和分布情况，甚至可以通过烟囱阴影的长度计算其大致高度。

如用计算机进行辅助解译，还可测绘出烟雾浓度的分布状况，从而揭示扩散的规律，为采取防护措施提供依据。烟雾浓度实际上是单位体积空气中所含微粒的数目，当微粒数目多、浓度大时，其散射和反射的电磁辐射能量多，像片灰度值大，呈白色调；当微粒数目少、浓度小时，则像片灰度值小，呈灰色调。建立烟雾浓度与影像灰度值的相关关系，然后用电子计算机对影像进行微密度分割，则可绘出烟雾浓度的等值线图。

(2)有害气体监测。

有害气体通常指人为或自然条件下产生的二氧化硫、氟化物、乙烯、光化学烟雾等对生物有机体有毒害的气体。有害气体不能在遥感图像上直接显示出来，只能利用间接解译标志——植物对有害气体的敏感性来推断某地区大气污染的程度和性质。

一般说来，在污染较轻的地区，植被受污染的情形并不容易被人察觉，但是其光谱反射率却会产生明显变化，在遥感图像上表现为灰度的差异。生长正常的植物叶片对红外线反射强，吸收少，因此在彩色红外像片上色泽鲜艳、明亮，如臭椿呈发亮的朱红色，白杨为紫红色，柳树呈品红色。受到污染的叶子，其叶绿素遭到破坏，对红外线的反射能力下降，反映在彩色红外像片上颜色发暗，如白蜡树受污染后呈紫红色，柳树呈品红色夹带有蓝灰色。除植物的颜色以外，还可通过植物的形态、纹理和动态标志加以综合判断。

(3)城市热岛监测。

城市热岛效应是现代城市由于人口密集、工业集中，形成市区温度高于郊区的小气候现象。由于热岛的热动力作用，形成从郊区吹向市区的局地风，把从市区扩散到郊区的污染空气又送回市区，使有害气体和烟尘在市区滞留时间增长，加剧了市区的污染。因此城市热岛并不是单纯的热污染现象，是城市环境的一个不可缺少的重要组成部分。红外遥感图像反映了地物辐射温度的差异，能快速、直观而准确地显示出热环境信息，为研究城市热岛提供依据。

红外遥感得到的是地物的辐射温度，而城市热岛的定性是以气温为依据的。气温的高低取决于诸多因素，但大气低层的气温尤与地面辐射强弱紧密相关。一般认为，气温、辐射温度和地表温度是相辅相成的，都可作为研究热岛的依据。只要掌握了相对的温度情况，即可直接用遥感图像上的温度定标读取辐射温度。辐射温度经过订正，可换算出地表真实温度。

2. 水环境遥感

在江河湖海各种水体中，污染种类繁多。为了便于用遥感方法研究各种水污染，习惯上将其分为泥沙污染、石油污染、废水污染、热污染和富营养化等几种类型，表 7-4 列举了各种污染水体在遥感图像上的特征。表中这些影像特征是监测各种污染的依据。

表 7-4　　水污染的遥感影像特征

污染类型	生态环境变化	遥感影像特征
泥沙污染	水体浑浊	在 MSS5 像片上呈浅色调，在彩色红外片上呈淡蓝、灰白色调，浑浊水流与清水交界处形成羽状水舌。
石油污染	油膜覆盖水面	在紫外、可见光、近红外、微波图像上呈浅色调，在热红外图像上呈深色，为不规则斑块状。
废水污染	水色水质发生变化	单一性质的工业废水随所含物质的不同色调有差异，城市污水及各种混合废水在彩色红外像片上呈黑色。
热污染	水温升高	在白天的热红外图像上呈白色或灰白色的羽毛状，也称羽状水流。
富营养化	浮游生物含量高	在彩色红外图像上呈红褐色或紫红色，在 MSS7 图像上呈浅色调。
固体漂浮物		各种图像上均有漂浮物的形态。

3. 土地环境遥感

土地环境遥感包括两个方面的内容，一是指对生态环境受到破坏的监测，如沙漠化、盐碱化等；另一是指对地面污染如垃圾堆放区、土壤受害等的监测。

(1)生态环境的监测。

森林或草场覆盖率是一个国家重要的国情指标，以往由于许多客观或主观上的原因，人们的统计资料常与实际情况有较大的出入，而遥感图像则能相当精确地提供这一数据。利用多时相遥感图像可以推测沙漠化的进程。沙漠地区几乎没有植被，但有沙丘或沙链等形态标志，能与周围地区明显区别开来，比较多年的沙漠区界线，就可得知沙漠的进退规律。我国的黄土高原地区，沟壑纵横，在图像上，超过图像地面分辨率的冲沟都能辨认出来。

(2)土壤污染监测。

土壤污染的监测也是通过植物的指示作用实现的。土壤酸碱度的变化和某些化学元素的富集会使某些植物的颜色、形态、空间组合特征出现异常，或者使一些植物种属消失，而出现另一些特有种属。据此规律反推，便可知土壤污染的类型和程度。例如钼的富集可导致树木死亡，非洲某地的钼矿体就是根据其在原始森林中形成的植被“天窗区”而被发现的。铀矿使植物发生白叶病和矮化症，而瓦斯则可使植物巨型化或开花异常。其他如锌、铜、硼、锰等矿体的指标植物也都是通过土壤作为媒介来相互指证的。

(3)垃圾堆积区的监测。

城市生活垃圾和工业垃圾常在规定的垃圾场堆积，在航空遥感像片上能显示出来，垃圾一般呈圆锥形，在图像上有阴影伴随出现。如垃圾堆放时间过长，长满了植物，则不易与山丘区分，要根据实地调查情况加以确定。

7.4.8 遥感技术与GIS在洪水灾害监测与评估中的应用

洪水灾害是一种骤发性的自然灾害，其发生大多具有一定的突然性，持续时间短，发生的地理变化易于辨识。但是，人们对洪水灾害的预防和控制则是一个长期的过程。遥感和地理信息系统作为一门高新技术，可以直接应用于洪灾研究的各个阶段。实现洪水灾害的监测与灾情评估分析。

目前用于洪涝灾害监测的遥感手段主要有两种：主动遥感和被动遥感。主动遥感手段在我国采用的是机载侧视雷达的微波遥感，它通过接收发射天线发射的回波信号来识别地面物体。在洪水灾害监测中所用的被动遥感手段主要是卫星遥感，依据平台不同又可以分为资源卫星遥感和气象卫星遥感。航空侧视雷达能够穿透云层探测地面目标，具有全天候的监测能力，这是它最主要的特点和最大的优势。其致命的弱点是运行费用太高，难以经常运行，一般只在遭到特大水灾或紧急情况时使用。目前所用的航空雷达获取的信息一般为模拟信号，通常采用目视解译的方法进行分类判读。资源卫星具有较高的空间和光谱分辨率。数据所具有的信息量十分丰富。但资源卫星的时间分辨率较低，且受云层影响较大，在洪水期间很难得到可用的资源卫星图像，因此资源卫星的时间遥感通常用于灾前的本底情况(如土地利用)调查与灾后的灾情程度调查。气象卫星的主要特点是时间分辨率较高，两颗NDAA卫星每天可以在不同时间过境四次，这就有可能避开云层，提高洪水期间无云观测的可能性。此外，利用其星载热红外通道也可以对洪灾进行昼夜监测。气象卫星的弱点是空间分辨率太低，但对于洪水灾害场景的宏观监测，仍不失为日常业务运行系统的一个主要手段。

【习题和思考题】

1. 试简述遥感的基本概念。
2. 遥感成像传感器主要有哪些类型？
3. 遥感中所用的传感器主要由哪几个部分组成？每部分各有什么作用？
4. 遥感图像处理主要包括哪几个方面？
5. 遥感图像解译有哪些方法？
6. 遥感技术的应用主要有哪些方面？

参 考 文 献

[1]李德仁，王树根，周月琴. 摄影测量与遥感概论[M]. 北京：测绘出版社，2008.
[2]米志强. 摄影测量与遥感概论[M]. 北京：煤炭工业出版社，2008.
[3]潘时祥. 像片判绘[M]. 北京：解放军出版社，1990.
[4]张剑清，潘励，王树根. 摄影测量学[M]. 武汉：武汉大学出版社，2003.
[5]张祖勋，张剑清. 数字摄影测量学[M]. 武汉：武汉大学出版社，2001.
[6]张祖勋，张剑清. 数字摄影测量学的发展与应用[J]. 测绘通报，1997(6)：30~40.
[7]李德仁，周月琴，金为铣著. 摄影测量与遥感概论[M]. 北京：测绘出版社，2000.
[8]陈永明. 航空摄影测量[M]. 北京：建筑工业出版社，2003.
[9]林君建. 摄影测量学[M]. 北京：国防工业出版社，2006.
[10]宁书年等. 遥感图像处理与应用[M]. 北京：地震出版社，1995.